series ⑦
電気・電子・情報系

半導体デバイス

松波 弘之・吉本 昌広／著

共立出版株式会社

「series 電気・電子・情報系」刊行にあたって

　電気・電子・情報分野はとくに技術の進展が著しく，したがってその教育に対する社会の要望も切実である．一方，大学工学部の電気・電子系，情報系では，関連学科の新設や再編成など，将来の展望を考えながら新しい時代に対応した技術教育・研究の体制を構築している．また，一般教育科目の見直しやセメスター制の導入に伴い，カリキュラムも再編されている．

　このような状況を考慮して，本シリーズでは電気・電子・情報系の基礎科目から応用科目までバランスよく，また半期単位で履修できるテキストを編集した．シリーズ全体を，基礎／物性・デバイス／回路／通信／システム・情報／エネルギー・制御の6分野で構成し，各冊とも最新の技術レベルを配慮しながら，将来の専攻にかかわらず活用できるよう基本事項を中心とした内容を取り上げ，解説した．

　本シリーズが大学などの専門基礎課程のテキストとして，また一般技術者の参考書・自習書として役立つことができれば幸いである．

編集委員

岡山理科大学教授・工博　　田丸　啓吉
慶應義塾大学名誉教授・工博　森　　真作
名城大学教授・工博　　　　小川　　明

まえがき

　本書は，大学などの専門基礎課程のテキストおよび一般技術者の入門・自習書として企画された「series 電気・電子・情報系」の中の1冊として，エレクトロニクスの根幹を支えている半導体デバイスについて，基本的な事柄をまとめたものである．

　本書の前半では，半導体デバイスの基本となるpn接合と半導体–絶縁体接合の物理の基礎を修得することを目的とした．pn接合は，ダイオード単体としてだけでなく，バイポーラトランジスタ，電界効果トランジスタや光エレクトロニクスデバイスなどの半導体デバイスの大部分において構成要素として用いられている．半導体デバイスの動作を理解するためには，まず，pn接合の特性を理解することが重要である．これに加えて半導体–絶縁体接合の特性を理解すれば，半導体デバイスの基本が習得できる．

　後半では，トランジスタなど各種の半導体デバイスの構造および動作原理を述べた．半導体デバイスは，その機能によって，高速化，大電力化，高集積化が要求される．各デバイスについて，これらの要求に留意しながら，動作原理を学ぶことを薦める．

　本書は，まず1章で半導体の電子構造について概説したあと，半導体中の電気伝導を担う自由電子と正孔について，それらの個数の数え方を中心に述べる．2章では自由電子および正孔による電気伝導の機構について述べる．3章でpn接合，4章では半導体–絶縁体接合および電極について説明する．以上で，半導体デバイスの基礎についての概説とする．5章ではバイポーラトランジスタ，6章では電界効果トランジスタについて述べる．7章では集積回路について，半導体デバイスの物理の観点から基本的な事項を解説する．8章では電力を制御するデバイスであるパワーデバイスについて概観する．9，10章では受光デバイス，発光デバイスを取り扱い，光エレクトロニクス用半導体デバイスを概説する．

電子・情報分野が近年，いっそうの広がりを見せている中で，とくに，半導体デバイスを使う側として半導体デバイスを学ぶ必要が増えていることを考え，本書では，半導体デバイスの前提となる固体の物理についての知識は前提とせず，大学初級程度の物理，数学の知識と，電気・電子回路の初歩的な知識があれば理解できるように留意した．数式の導出もできるだけ詳細なものとし，重要な結果を表す数式は枠で囲った．また，適宜，例題と演習問題を設け，実際の数値を用いて計算し，理解を深められるようにした．まず半導体デバイスについて具体的な内容から学び始めたい場合には，3章から始め，必要に応じて1および2章に戻ってもよい．進んだ内容については，活字を小さくしてある．もとより，至らないところや間違った点については，ご叱正とご寛容をお願いしたい．

　最後に，本書の出版に当たって，さまざまなご配慮を頂いた共立出版（株）の方々にお礼申し上げる．

2000年3月

著　者

目　次

1　半導体の電子構造

1.1　結晶構造 ··· 1
　1.1.1　結晶とは ·· 1
　1.1.2　結晶の不完全性 ·· 4
1.2　エネルギー帯構造 ··· 5
　1.2.1　孤立原子における電子のエネルギー準位 ························· 5
　1.2.2　結晶における電子のエネルギー準位 ······························ 6
　1.2.3　結晶中の電子 ··· 7
1.3　真性半導体・外因性半導体 ··· 10
1.4　キャリア密度 ·· 14
　1.4.1　状態密度 ·· 14
　1.4.2　占有確率 ·· 16
　1.4.3　キャリア密度の導出 ··· 17
1.5　フェルミ準位 ·· 20
　1.5.1　真性半導体 ·· 20
　1.5.2　n形半導体 ··· 21
　1.5.3　p形半導体 ··· 22
　演　習 ·· 24

2　半導体における電気伝導

2.1　キャリアの熱運動 ··· 25
2.2　ドリフト電流 ·· 27
2.3　ホール効果——キャリア密度と移動度の実測法 ······················· 28
2.4　拡散電流 ·· 31
2.5　キャリアの生成・消滅 ··· 33
　2.5.1　熱平衡状態での生成・消滅 ··· 33
　2.5.2　過剰キャリアの消滅 ··· 34
　2.5.3　少数キャリアによる伝導——連続の式と拡散方程式 ··········· 36
　2.5.4　トラップと間接再結合 ·· 38
2.6　多数キャリアの振る舞い ·· 42

  2.6.1 誘電緩和 ……………………………………………………… *42*
  2.6.2 多数キャリアの拡散方程式 …………………………………… *43*
 演 習 …………………………………………………………………… *44*

3   pn 接合ダイオード

3.1 pn 接合の整流性 …………………………………………………… *45*
3.2 直流電流-電圧特性——理想特性 ………………………………… *47*
  3.2.1 拡散電位 ………………………………………………………… *47*
  3.2.2 少数キャリアの注入 …………………………………………… *49*
  3.2.3 拡散方程式による理想特性の導出 …………………………… *51*
3.3 理想特性からのずれ ………………………………………………… *56*
  3.3.1 生成電流 ………………………………………………………… *57*
  3.3.2 再結合電流 ……………………………………………………… *57*
  3.3.3 高注入状態 ……………………………………………………… *58*
  3.3.4 直列抵抗効果 …………………………………………………… *60*
3.4 空乏層の解析 ………………………………………………………… *60*
  3.4.1 階段接合 ………………………………………………………… *61*
  3.4.2 傾斜接合 ………………………………………………………… *64*
3.5 pn 接合の破壊 ……………………………………………………… *65*
3.6 交流特性 ……………………………………………………………… *68*
  3.6.1 拡散容量 ………………………………………………………… *68*
  3.6.2 パルス応答 ……………………………………………………… *71*
3.7 種々の pn 接合ダイオード ………………………………………… *74*
 演 習 …………………………………………………………………… *76*

4   半導体異種材料界面

4.1 金属-半導体界面 …………………………………………………… *78*
  4.1.1 金属-半導体界面のエネルギー帯図 …………………………… *78*
  4.1.2 電流-電圧特性 ………………………………………………… *80*
  4.1.3 電流輸送機構 …………………………………………………… *82*
  4.1.4 空乏層の解析 …………………………………………………… *84*
  4.1.5 オーム性接触 …………………………………………………… *86*
  4.1.6 トンネル効果による伝導 ……………………………………… *87*
4.2 絶縁物-半導体界面 ………………………………………………… *88*
  4.2.1 界面準位 ………………………………………………………… *88*
  4.2.2 理想 MIS 構造の物理 ………………………………………… *89*

4.2.3　実際のMIS構造 ·· 93
　演　習 ··· 94

5　バイポーラトランジスタ

5.1　基本構造と動作特性 ··· 95
　　5.1.1　接地形式 ··· 95
　　5.1.2　ベース接地 ··· 97
　　5.1.3　エミッタ接地 ··· 99
5.2　直流特性 ··· 100
　　5.2.1　少数キャリアの到達率 ·· 100
　　5.2.2　エミッタ注入率 ·· 104
　　5.2.3　電流増幅率の最適化 ·· 105
5.3　電気的諸特性 ··· 107
　　5.3.1　電流増幅率のコレクタ電流依存性 ································ 107
　　5.3.2　ベース抵抗 ·· 108
　　5.3.3　ベース幅変調 ·· 108
　　5.3.4　なだれ破壊 ·· 109
　　5.3.5　熱暴走 ·· 110
5.4　高周波特性 ··· 111
　　5.4.1　交流特性 ·· 111
　　5.4.2　遮断周波数 ·· 112
　　5.4.3　ドリフトトランジスタ ·· 114
　　5.4.4　パルス特性 ·· 115
5.5　ヘテロバイポーラトランジスタ ······································· 118
　　5.5.1　ヘテロ接合 ·· 118
　　5.5.2　ヘテロ接合の電流-電圧特性 ····································· 119
　　5.5.3　ヘテロバイポーラトランジスタ ·································· 119
　演　習 ·· 120

6　電界効果トランジスタ

6.1　MOS形電界効果トランジスタ ·· 122
　　6.1.1　構造と原理 ·· 122
　　6.1.2　電流-電圧特性 ··· 124
　　6.1.3　短チャネル効果とスケーリング則 ································ 129
　　6.1.4　種々のMISトランジスタ ··· 131
6.2　接合形電界効果トランジスタ ··· 132
　　6.2.1　pn接合形 ·· 132

　　　　6.2.2　ショットキー障壁形 ·· *133*
6.3　高電子移動度トランジスタ ·· *135*
6.4　静電誘導トランジスタ ·· *137*
　　　演　習 ··· *138*

7　集積回路

7.1　集積回路の分類 ··· *139*
7.2　バイポーラ集積回路 ··· *140*
7.3　MOS集積回路 ·· *143*
　　　7.3.1　基本構造 ··· *143*
　　　7.3.2　インバータ回路 ·· *144*
7.4　メモリ回路 ··· *145*
　　　7.4.1　揮発性メモリ ·· *146*
　　　7.4.2　不揮発性メモリ ·· *148*
7.5　CCD ·· *151*
7.6　多様化する集積回路 ··· *152*
　　　演　習 ··· *153*

8　パワーデバイス

8.1　パワーデバイスの種類と用途 ··· *155*
8.2　サイリスタ ··· *157*
　　　8.2.1　pnpn接合の特性 ·· *157*
　　　8.2.2　サイリスタの構造と動作 ·· *158*
　　　8.2.3　種々のサイリスタ ·· *160*
8.3　パワートランジスタ ··· *163*
　　　8.3.1　パワーバイポーラトランジスタ ··· *164*
　　　8.3.2　パワーMOSFET ·· *165*
　　　8.3.3　絶縁ゲートバイポーラトランジスタ ··· *167*
　　　演　習 ··· *168*

9　受光デバイス

9.1　半導体の光学的性質 ··· *170*
　　　9.1.1　光の透過，反射，吸収 ·· *170*
　　　9.1.2　半導体の光吸収 ·· *173*
9.2　半導体の光電的性質 ··· *175*

    9.2.1　光導電効果 ………………………………………………………… 175
    9.2.2　光起電効果 ………………………………………………………… 178
 9.3　太陽電池 …………………………………………………………………… 180
 9.4　光検出器 …………………………………………………………………… 183
    9.4.1　光導電セル ………………………………………………………… 183
    9.4.2　ホトダイオード …………………………………………………… 184
    9.4.3　ホトトランジスタ ………………………………………………… 185
    演　習 ………………………………………………………………………… 186

10　発光デバイス

10.1　半導体の発光 ……………………………………………………………… 187
10.2　発光ダイオード …………………………………………………………… 188
10.3　レーザ ……………………………………………………………………… 191
10.4　半導体レーザ ……………………………………………………………… 193
    10.4.1　構　造 ……………………………………………………………… 193
    10.4.2　発振波長 …………………………………………………………… 195
    10.4.3　種々の半導体レーザ ……………………………………………… 197
    演　習 ………………………………………………………………………… 200

演習解答 ………………………………………………………………………… 201
索　引 …………………………………………………………………………… 208

表 1　主な物理定数

電子の電荷	$e = -1.602176 \times 10^{-19}$	[C]
電子の静止質量	$m_0 = 9.10938 \times 10^{-31}$	[kg]
プランク定数	$h = 6.62607 \times 10^{-34}$	[Js]
ボルツマン定数	$k = 1.38065 \times 10^{-23}$	[J/K]
光速度	$c = 2.99792458 \times 10^{8}$	[m/s]
真空の誘電率	$\varepsilon_0 = 10^7/4\pi c^2 = 8.854 \times 10^{-12}$	[F/m]

表 2　本書で用いた単位の 10^n の接頭記号

				10^{-2}	c	centi	センチ
10^{3}	k	kilo	キロ	10^{-3}	m	milli	ミリ
10^{6}	M	mega	メガ	10^{-6}	μ	micro	マイクロ
10^{9}	G	giga	ギガ	10^{-9}	n	nano	ナノ
				10^{-12}	p	pico	ピコ

1

半導体の電子構造

　1947年にトランジスタが発明されて以来，さまざまな機能をもつ半導体デバイスが開発され，実用化されてきた．半導体デバイスの種類が非常に多いために，初学者にとって半導体デバイスの動作原理は一見複雑に見えるかもしれない．しかし，半導体デバイスは基本的にこれから本書で述べるpn接合，絶縁物-半導体接合，電極の3つの要素から構成されており，これらの3要素の電流-電圧特性を理解すれば，半導体デバイスの基本原理を修得したといえる[*1]．さまざまな半導体デバイスの動作原理は，この基本3要素を組み合わせた応用問題として考えればよい．電流-電圧特性を理解することは，電圧の印加によって，上記の3要素の中を，荷電粒子がどのように運動するかを理解することである．

　手始めに，本章では運動する荷電粒子の個数の数え方について学ぶ．半導体デバイスの中で運動する荷電粒子は自由電子と正孔であり，この電子と正孔は原理的には量子力学により記述される．しかしながら，初歩的な理解をする上で，電子と正孔は古典力学の法則に従う粒子として近似して差し支えない．本章では固体の原子配列，電子のエネルギー準位，および正孔という概念について概説した後，半導体中の電子密度および正孔密度について述べる．

1.1 結晶構造

1.1.1 結晶とは

金属の抵抗率は10^{-6}から$10^{-8}\,\Omega\mathrm{m}$程度であり，絶縁体の抵抗率は$10^{8}\,\Omega\mathrm{m}$

[*1] 太陽電池や発光ダイオードなどでは，これに加えて光が関与する．詳しくは9および10章で述べる．

程度以上の値を示す．半導体はこれらの中間の値 10^{-6} から $10^4 \Omega \mathrm{m}$ 程度の抵抗率を示す固体の総称である．しかし，抵抗率だけで半導体とはいえない．半導体の電気的特性を理解するためには，固体の電子構造およびそれを決めている結晶構造に立ち戻る必要がある．

固体は**結晶** (crystal) と**非晶質** (amorphous) とに大別される．結晶は原子または分子が規則正しく配列したもので，結晶全体が1つの結晶であるものを**単結晶** (single crystal) とよぶ．多くの半導体デバイスは単結晶半導体を母材として製作されている（図 1.1(a)）．小さな単結晶の集まりであるものを**多結晶** (poly crystal) という．多結晶半導体は，単結晶半導体より製造が容易で，太陽電池の母材や，単結晶半導体を母材とする半導体デバイスの一部として広く用いられている（図 1.1(b)）．非晶質は，原子または分子が不規則に配列しているものである（図 1.1(c)）．非晶質半導体は，単結晶や多結晶の場合と異なり，ガラスを始めとする各種の母材の上に薄膜状に比較的容易に製作でき，大面積化も容易なことから，太陽電池や表示デバイスなどに広く用いられている．以下では，母材としてもっとも頻繁に用いられる単結晶半導体を念頭において話を進める．

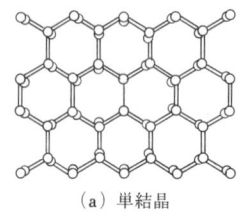
(a) 単結晶

(b) 多結晶：囲まれた領域がそれぞれ単結晶．各領域は原子間隔よりはるかに大きな寸法

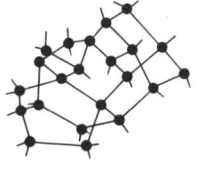
(c) 非晶質

図 1.1　固体の構造

結晶を形成している原子間には，化学結合力が働いている．化学結合には，**共有結合** (covalent bond)，**イオン結合** (ionic bond)，金属結合，水素結合，ファン・デル・ワールス結合などがあるが，半導体結晶では，共有結合とイオン結合が重要である．とくに半導体デバイスの9割以上が母材としている**シリコン** (Si) では，共有結合により結晶が構成されている．

原子の最外殻が閉殻[*1]になったときに原子間の結合はもっとも安定になる．Si やゲルマニウム (Ge) では，各原子がもっている 4 個の価電子をお互いに共有することにより，見かけ上，閉殻になり，安定な化学結合ができる．共有結合の結果，Si や Ge は図 1.2 に示す正四面体構造をとっている．

結晶中での原子や分子の配列の規則性を結晶構造といい，それは 7 つの晶系 (三斜，単斜，斜方，菱面体，正方，**六方** (hexagonal)，**立方** (cubic)) と 4 つの単位格子 (単純，底心，**面心** (face center)，体心) の組合せにより分類される．Si を中心とする多くの半導体は，面心立方格子を体対角方向に体対角線長の 1/4 だけずらした構造をとっている．このうち，図 1.3(a) の

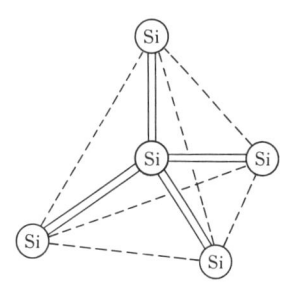

図 1.2 正四面体構造

ように，1 種類の原子により構成されている場合を**ダイヤモンド** (diamond) **構造**という．Si や Ge がこの構造をとる．炭素 (C) がこの構造をもつ場合，ダイヤモンドとなることから，この名が付けられた．また，図 1.3(b) のように，それぞれの面心立方格子が異種原子により構成されている場合を**閃亜鉛鉱** (zincblende) **構造**という．ガリウムヒ素 (GaAs) やインジウムリン (InP) がこの構造をとる代表例である[*2]．図 1.3 で，長さ a を**格子定数** (lattice constant) といい，原子間隔を特徴づける値である．表 1.1 に格子定数の例を示す．

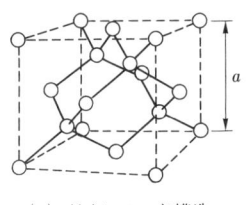 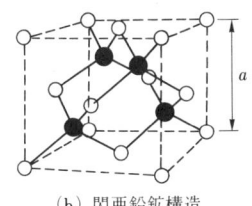

(a) ダイヤモンド構造　　　　　　(b) 閃亜鉛鉱構造

図 1.3 結晶構造

[*1] 殻に収容されている電子数がその殻に与えられた最大数 (Si, Ge の場合 8) になる場合，その殻を閉殻という．
[*2] GaAs や InP では共有結合のほかにイオン結合の寄与がある．

表1.1 格子定数 (1 nm=10^{-9}m)

Si	Ge	GaAs	
0.54310	0.56579	0.56533	[nm]

1.1.2 結晶の不完全性

現実の結晶には，原子配列の規則性に乱れがある．また，結晶の大きさは有限であるから結晶の表面や境界に特異な状態が生じる．これらを**格子欠陥** (lattice defect) とよぶ．以下に，代表的な格子欠陥を簡単に説明する．

(1) **格子間原子** (interstitial atom)：図1.4(a) のように，規則的に並んだ原子間のすきまに入り込んだ原子のことをいう．

(2) **空格子点** (vacancy)：図1.4(b) のように原子が欠けている点を空格子点という．

(3) **不純物原子** (impurity atom)：結晶を構成する原子以外に含まれる異種原子を不純物原子という．不純物原子が構成原子を置換する**置換形** (substitutional) と，不純物原子が格子間原子となる**割り込み形** (interstitial) がある．半導体デバイスでは，この不純物原子の種類と濃度を制御することがきわめて重要になる．

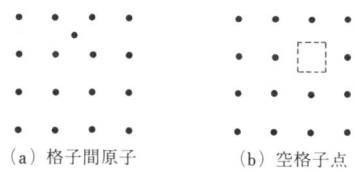

(a) 格子間原子 　　(b) 空格子点

図1.4 結晶の不完全性

以上の格子欠陥を，次の転位と区別するために点欠陥と総称することがある．

(4) **転位** (dislocation)：結晶中の原子配列の規則性にずれやすべりが生じたものが転位である．図1.5のようにすべりの生じ方により**刃状転位** (edge dislocation)，**らせん転位** (screw dislocation) がある．転位近傍には空格子点などの点欠陥が存在していることが多く，転位自身またはその点欠陥が半導体の電気的特性に大きな影響を与える．半導体デバイスの研究・開発では転位や点欠陥をできるだけ少なくするように努力が払われている[*1]．

[*1] 刃状転位，らせん転位，および，この両方の成分をもった複合転位を総称して完全転位とよぶ．このほか不完全転位と総称されるいくつかの転位が知られている．また，積層欠陥 (stacking fault) とよばれる面状の欠陥がある．積層欠陥は不完全転位で取り囲まれており，転位と密接な関係がある．

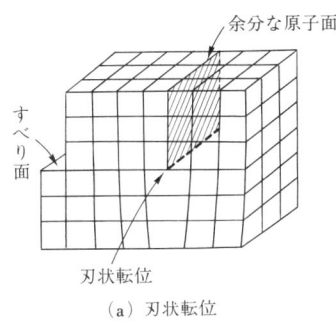
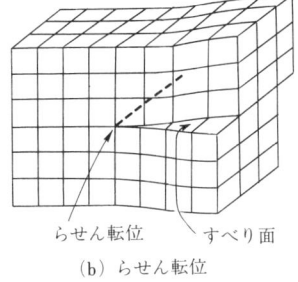

図 1.5 転 位

1.2 エネルギー帯構造

　原子の中の電子のエネルギー準位は任意の値ではなく，離散的な値をとる．半導体の中でも，電子のエネルギー準位は任意の値をとるのではなく，半導体の原子の種類と結晶構造で決まる値をとる．電子は量子力学で記述されるので，まず孤立原子を例にとって量子力学の初歩を復習し，その後，固体（金属，絶縁体，半導体）中の電子のエネルギー準位と，そのエネルギー準位が電子によって満たされる様子について学ぶ．とくに「帯構造」および「正孔」という概念を理解することが重要である．

1.2.1 孤立原子における電子のエネルギー準位

　1個の原子が真空中に存在し，周囲の影響をまったく受けていない場合，その原子を孤立原子という．孤立原子の構造は，ボーアの模型で説明でき，図 1.6 に示すように電子は原子核の周囲を円軌道を描きながら回転しているとみなせる．円軌道の半径を r，原子番号を Z，電荷素量を e，電子の質量を m，速度を v とすると，電子の全運動エネルギー E は，軌道上の静電ポテンシャルと電子の運動エネルギーの和で表され

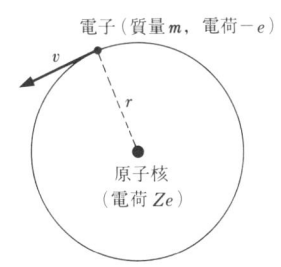

図 1.6 原子模型

となる．ここで，ε_0 は真空の誘電率である．電子に働く遠心力とクーロン力はつり合っているので

$$E = -\frac{Ze^2}{4\pi\varepsilon_0 r} + \frac{mv^2}{2} \tag{1.1}$$

$$\frac{mv^2}{r} = \frac{Ze^2}{4\pi\varepsilon_0 r^2} \tag{1.2}$$

となる．式 (1.1) および (1.2) から

$$E = -\frac{Ze^2}{8\pi\varepsilon_0 r} \tag{1.3}$$

が求まる．軌道半径が，ボーアの量子条件

$$mvr = \frac{nh}{2\pi} = n\hbar \quad (n = 1, 2, \cdots) \tag{1.4}$$

を満たす値をとるときのみ，電子の軌道は安定である．ここで h はプランク定数である．式 (1.2)，(1.3) と (1.4) から

$$E_n = -\frac{mZ^2e^4}{8\varepsilon_0^2 h^2}\frac{1}{n^2} \tag{1.5}$$

が得られ，電子のエネルギーは離散的な値をとることを示している．この離散的な値を**エネルギー準位** (energy level) とよび，$n = 1$ の場合を**基底状態** (ground state)，$n \geq 2$ を**励起状態** (excited state) とよぶ．基底状態と $n = \infty$ のエネルギー準位の差を**イオン化エネルギー** (ionization energy) とよぶ．水素原子の場合，式 (1.5) は

$$E = -13.6\frac{1}{n^2} \quad [\text{eV}] \tag{1.6}$$

となる[*1]．

1.2.2 結晶における電子のエネルギー準位

表 1.1 の格子定数をもとに考えると，結晶内では，原子間隔が 0.1nm 程度にまで接近している（演習 1.1 参照）．電子の広がりの一例として水素原子の軌道

[*1] 1 eV は 1 個の電子を 1 V の電位差の中で動かすときに必要なエネルギー．1 eV=1.60×10^{-19} J.

半径を式 (1.2) と (1.4) から求めると 0.053nm となる（演習 1.2 参照）．仮に，2 つの水素原子の距離が 0.1nm 程度にまで接近したとすると，それぞれの原子に所属する電子は相互に作用し合うと予想される．孤立原子が近づいて結晶を構成する場合にも同じように考えられる．原子間距離が変化したとき，量子力学に基づく計算により求めた電子のエネルギー準位の変化の様子を図 1.7 に示す[*1]．

この計算結果は**帯構造** (band structure) とよばれる 2 つの大きな特徴をもっている．

(1) 孤立原子の状態では各原子内のエネルギー準位が離散的でそれぞれ同じ値を示していたのが，原子間隔が減少するに従い原子の個数分だけのエネルギー準位が現れてくる．考慮する原子数が非常に多いために，個々の準位間のエネルギー差は非常に小さくなり，各準位がほぼ連続した準位に見える．この連続した準位を**エネルギー帯** (energy band) という．

(2) エネルギー準位は任意の値をとり得るのではなく，電子の存在の許される範囲と許されない範囲に分かれ，それぞれを**許容帯** (allowed band) および**禁制帯** (forbidden band) という．

実際の半導体は，図 1.7 で原子間距離が格子定数に対応するところのエネルギー帯構造をもつ．

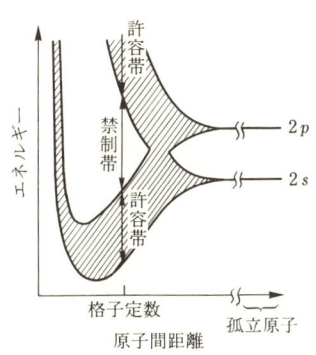

図 1.7　エネルギー帯構造形成の概念図

1.2.3　結晶中の電子

これまで説明した電子のエネルギー準位に，[1 原子当たりの電子の個数] × [原子数] だけの電子が，エネルギーの低い準位から順に詰まっていく．電子で完全に詰まった許容帯を**充満帯** (filled band) という．さらに，充満帯のうちもっともエネルギーの高いものを**価電子帯** (valence band) という．

[*1] この結果は強結合近似とよばれる計算法により求められる．

結晶に電圧を印加したときに電子は電界からエネルギーを受け取り加速される[*1].量子力学の教えるところでは,電子などの微小な粒子が,あるエネルギーをもつ状態に移り変わる[*2]ためには,移り変わる先のエネルギー準位が空でなければならない.ところが,充満帯ではすべての準位が電子で詰まっているので,充満帯内の電子は電界からエネルギーを得て別の準位へ遷移することができない.このことから,充満帯(価電子帯を含む)の電子は電界を印加されても,移動することができず,電気伝導に寄与できない(図 1.8(a)).

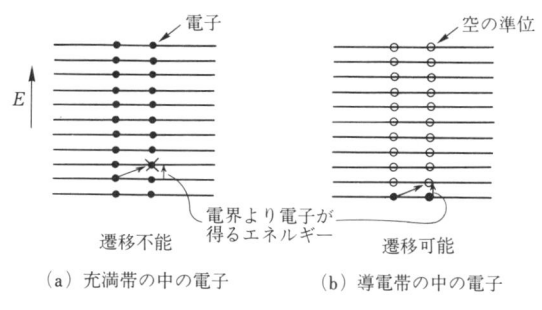

図 1.8　帯内の電子

空または一部だけ電子の詰まっている許容帯を**導電帯** (conduction band) とよぶ.導電帯は価電子帯のすぐ上にある許容帯である.導電帯の中の準位は大方が空であるから,電子は電界からエネルギーを受け取り別の準位に遷移でき,その結果,加速され電気伝導に寄与できる.このような電子を自由電子とよんでいる(図 1.8(b)).

金属は導電帯の途中の準位まで電子が詰まっている(図 1.9(a)).導電帯の電子は電気伝導に寄与するので,金属の導電率は大きなものとなる.絶縁体では,価電子帯までで電子が詰まりきってしまい,導電帯中に電子がほとんど存在しないので,導電率は非常に小さくなる(図 1.9(b)).

半導体でも,価電子帯までで電子が詰まりきってしまう.ただし,価電子帯と導電帯のエネルギー差である**禁制帯幅** (bandgap) E_g が比較的小さいので,価電子帯から導電帯への電子の遷移が可能になり,わずかながら自由電子が存

[*1] 詳細は 2.2 節で述べる.
[*2] 「遷移する」といい慣わしている.

1.2 エネルギー帯構造

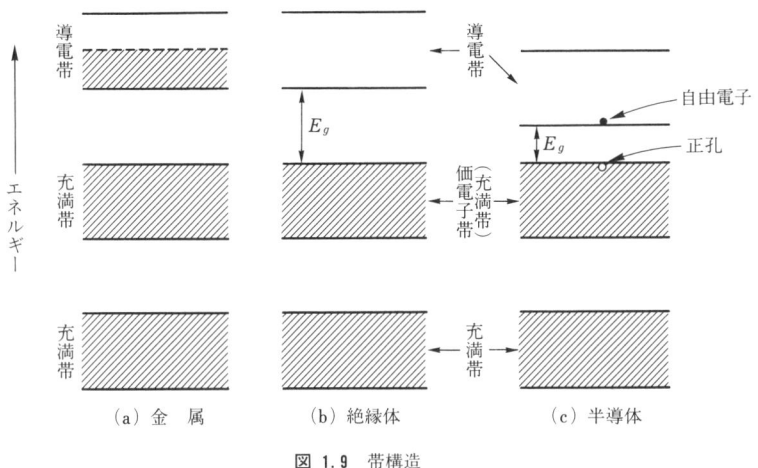

図 1.9 帯構造

在する．

価電子帯では電子の遷移した後に空の準位が残される．この準位は，電気的に中性のところから自由電子を生み出した後の抜け殻であるから正の電荷をもっているとみなせる．空の準位へは，価電子帯の電子が容易に遷移可能である．電界が印加されると，この空の準位に電子が遷移し，後に空の準位を残す．この過程が続いて起こることにより，ちょうど空の準位が順送りで伝導しているように見える．空の準位を**正孔** (hole) とよぶ．半導体ではこの自由電子と正孔が電気伝導に寄与するので，2つを総称して**キャリア** (carrier) という．

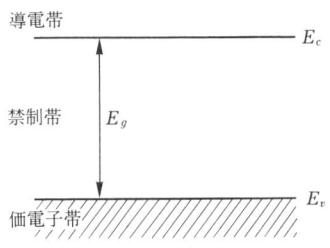

図 1.10 簡単化した半導体の帯構造

表 1.2 代表的な半導体の室温における禁制帯幅

Si	Ge	GaAs	
1.12	0.66	1.42	[eV]

以上のように，半導体における電気伝導は自由電子と正孔が担っていることから，図 1.9 の帯構造のうち，価電子帯の上端と導電帯の下端のみを取り出して議論することが多く，図 1.10 のように簡単化したバンド図を用いる．表 1.2

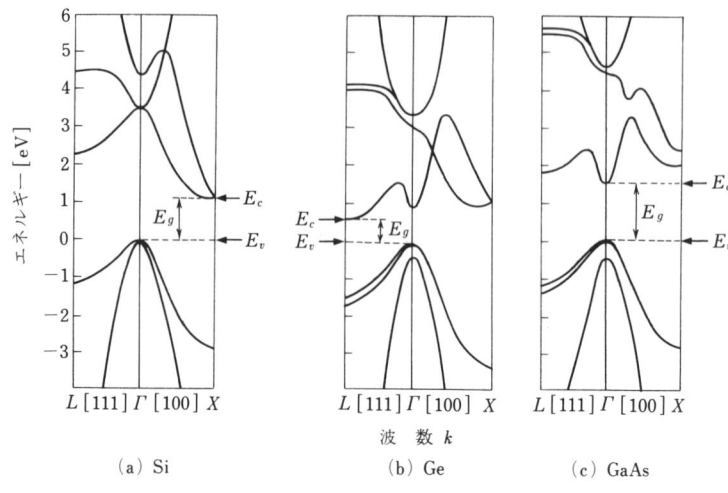

図 1.11 半導体の帯構造

に代表的な半導体の禁制帯幅を示す．

　代表的な半導体である Ge, Si, GaAs の帯構造は図 1.11 のようになっていることが知られている．この図は，結晶内のポテンシャルエネルギーや結晶構造の対称性を考慮してシュレディンガー方程式から導出したものである．図 1.10 は横軸が位置を示しているのに対して図 1.11 の横軸は波数になっている．帯構造を考える場合には，さらに，後述する各エネルギー値での状態密度が重要になる．

1.3　真性半導体・外因性半導体

　前節の帯構造およびその中の自由電子，正孔という概念は，いわば自然から与えられたものである．半導体デバイスを作るためには，この与えられたものに，人間が制御できる部分がなくてはならない．以下に述べるように，半導体の電気的性質は，不純物の種類や濃度で大きく変化できる．このことが，多様な半導体デバイスを生み出す基礎となっている[*1]．

　不純物を含まない純粋な半導体を**真性半導体** (intrinsic semiconductor) という．真性半導体では，半導体を構成している共有結合が完全であるときは自由

[*1] 別のいい方をすれば，不純物の種類や濃度変化で電気的性質を制御できる半導体が，半導体デバイスに応用されている．技術的に電気的性質の未だ制御不能な半導体は，デバイスに応用されないか，されたとしてもきわめて狭い範囲に限られている．

電子および正孔は存在していない．しかし，ある有限な温度では，周囲から熱エネルギーを得て，一部の共有結合が切れて，自由電子が放出され（図 1.12(a) 中の実線矢印），また，同時に正孔が生成される（図 1.12(a) 中の点線矢印）．帯構造でこれを表すと，図 1.12(b) のように価電子帯の電子が導電帯に遷移し，自由電子および正孔が生成する．価電子帯の電子がエネルギーの大きな導電帯に遷移することを**励起** (excitation) という．真性半導体では自由電子と正孔の数は同数になる．また，温度が上昇すると熱エネルギーを得て切れる共有結合が増えるので，自由電子および正孔も増大する．

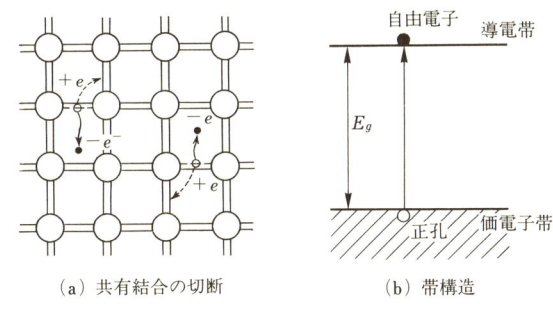

(a) 共有結合の切断　　(b) 帯構造

図 1.12　真性半導体

一方，半導体中に存在する不純物により，その電気的性質が支配されている半導体を**外因性半導体** (extrinsic semiconductor) とよぶ．例えば 14 族の Si に 15 族のリン (P) やヒ素 (As) が添加され，Si 原子と置き換わったとする（図 1.13(a)）．15 族の元素では結合に寄与しない価電子が 1 個存在する．この電子は共有結合に関与していないので，比較的小さな熱エネルギーを受け取ることにより容易に自由電子となる．自由電子を放出した後の 15 族原子は正にイオン化する．自由電子と違って，イオン化した原子は動くことができない．この不純物原子のことを**ドナー** (donor) とよぶ．

この様子を帯構造で示すと図 1.13(b) のように，導電帯からエネルギー ΔE だけ低いところにドナーが準位を作っていると考えられる．ドナー準位の電子は周囲からイオン化エネルギー ΔE を熱エネルギーとして得ることにより，導電帯に励起され自由電子となる．ドナーは不純物として半導体中に含まれており，まばらに半導体内に分布していることを表現するために通常図中のように

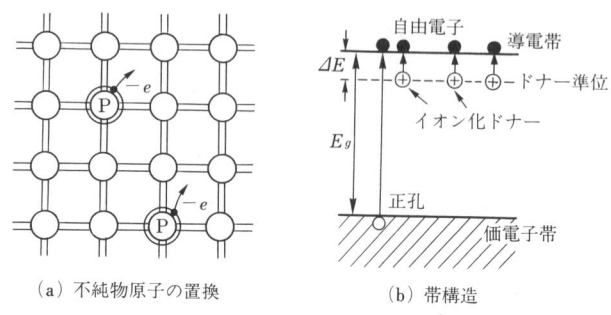

(a) 不純物原子の置換　　(b) 帯構造

図 1.13　n 形半導体

点線で表す．このような半導体を **n 形半導体** (n-type semiconductor) とよぶ．

　ドナーとして積極的に添加される不純物では，ΔE が小さいために，ドナーは完全にイオン化していると考えてよいことが多い．ただし，ドナー原子から電子が励起されている一方，電子正孔対の生成も同時に起こっているので，自由電子に比べるとごくわずかではあるが，正孔も存在している．n 形半導体における自由電子を**多数キャリア** (majority carrier)，正孔を**少数キャリア** (minority carrier) とよぶ．半導体デバイスでは，多数キャリアだけでなく少数キャリアもきわめて重要な役割を果たす．

　次に，Si に 13 族のホウ素 (B) やアルミニウム (Al) が添加され，Si 原子と置き換わったとする (図 1.14(a))．13 族の元素では共有結合を形成するには電子が 1 個不足し，他から電子を奪いやすい状態になっている．この電子が 1 個不足した状態は正孔として振る舞う．電子を奪った 13 族元素は負イオンとなる．このような 13 族原子を**アクセプタ** (acceptor) とよぶ．イオン化アクセプタも動くことはできない．

　この様子を帯構造で示すと図 1.14(b) のように，価電子帯からエネルギー ΔE だけ高いところにアクセプタが準位を作っていると考えられる．価電子帯の電子は周囲からイオン化エネルギー ΔE を熱エネルギーとして得ることにより，アクセプタ準位に励起され，後に多数キャリアである正孔を残す．このような半導体を **p 形半導体** (p-type semiconductor) という．アクセプタとして積極的に添加される不純物も，ΔE が小さいために，多くの場合，ほとんどイオン化している．また，n 形半導体と同じ理由で，少数キャリアとなる自由電子が存在している．

1.3 真性半導体・外因性半導体

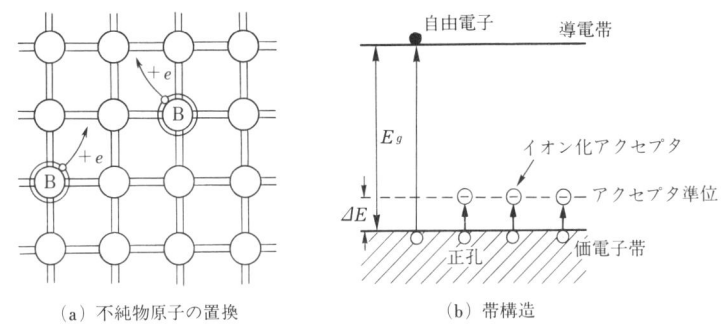

(a) 不純物原子の置換 　　(b) 帯構造

図 1.14　p形半導体

不純物のイオン化エネルギーは近似的に以下のように求められる．ドナーの1個の過剰な電子を除く電子とドナーの原子核とを水素類似原子の原子核とみなし，過剰な電子を水素類似原子の電子とする．半導体中であるので式 (1.5) で，誘電率を真空の誘電率 ε_0 から半導体の誘電率 $\varepsilon_r \varepsilon_0$ に，電子の質量を m_0 から**有効質量** (effective mass)m^* に置き換えることにより次式を得る[*1]．ここで ε_r は半導体の比誘電率である．

$$\Delta E = -13.6 \frac{1}{\varepsilon_r^2 n^2} \frac{m^*}{m_0} \quad [\text{eV}] \tag{1.7}$$

Si 中の自由電子に関して，$\varepsilon_r = 11.9$，$m^* = 0.33 m_0$ を代入すると $\Delta E = 0.032\,\text{eV}$ が求まる．このモデルに従えば，15族元素であれば不純物元素の種類によらず同じ ΔE になるが，実際には Si 中で P(0.044 eV)，As(0.049 eV)，Sb(0.039 eV) と 0.032 eV に近い値となり，不純物の種類によって変化する．

[**例題 1.1**] 式 (1.7) を求めるために仮定した水素類似原子の電子の軌道半径を求めよ．ただし，半導体は Si とし，$n=1$ とする．求めた軌道半径を半径とする球内に含まれる Si 原子の個数を求めよ．

(**解**)　式 (1.4) より，$v = nh/2\pi mr$ を得る．これを式 (1.2) に代入する．

$$\frac{m^*}{r}\left(\frac{nh}{2\pi m^* r}\right)^2 = \frac{e^2}{4\pi \varepsilon_r \varepsilon_0 r^2}$$

[*1] 半導体の中の自由電子は原子核のポテンシャルの影響で見かけの質量が，真空中の電子の質量と異なる．

$$r = \frac{\varepsilon_r \varepsilon_0 h^2}{\pi m^* e^2} n^2 = \frac{11.9 \cdot 8.85 \times 10^{-12} (6.63 \times 10^{-34})^2}{\pi \cdot 0.33 \cdot 9.11 \times 10^{-31} (1.60 \times 10^{-19})^2} 1^2 = 1.92 \times 10^{-9} \text{m} = 1.92 \text{ nm}$$

ここで，電子の有効質量と，半導体の比誘電率を考慮している．

図 1.3(a) で示したダイヤモンド構造の中には原子が 8 個含まれる．Si の格子定数 $a = 0.543$ nm より，原子の個数で数えた Si の密度は，$8/(0.543 \times 10^{-9})^3 = 5.00 \times 10^{28}$ 個/m^3 となる．球の体積は $4\pi(1.92 \times 10^{-9})^3/3 = 2.96 \times 10^{-26}$ m^{-3}．この球内には，$2.96 \times 10^{-26} \times 5.00 \times 10^{28} = 1480$ 個の Si 原子が存在する．

1.4　キャリア密度

この節では，統計力学の初歩を復習し，半導体中の電子密度および正孔密度を定量的に求める[*1]．

1.4.1　状態密度

半導体中のキャリア密度は，不純物濃度を制御することで変化させている．変化できる幅は半導体の種類によって異なるが，Si の場合 10^{19}m^{-3} 以下から 10^{26}m^{-3} 程度まで変化できる．このような大量のキャリアの運動を，個々のキャリアの運動方程式から記述することは不可能であり，統計力学を用いた記述が必要となる．統計力学では，エネルギー E と $E + dE$ の間にあるキャリア密度 $n(E)dE$ は**状態密度** (density of states)$Z(E)$ と**占有確率** $F(E)$ の積で表される．

$$n(E)dE = Z(E)F(E)dE \tag{1.8}$$

状態密度は，単位体積，単位エネルギー当たりにとり得る力学的状態の数である．質量 m，エネルギー E の気体分子を例にとると，古典力学では，分子の力学的状態は位置 $r = (x, y, z)$ および運動量 $p = (p_x, p_y, p_z)$ からなる 6 次元空間での一点として表される．この 6 次元空間を**位相空間** (phase space) という．簡単のために運動量のみを考えると，位相空間は図 1.15 に示す 3 次元空間になる．

[*1] 本書ではこれ以降，自由電子を単に「電子」とよぶ．

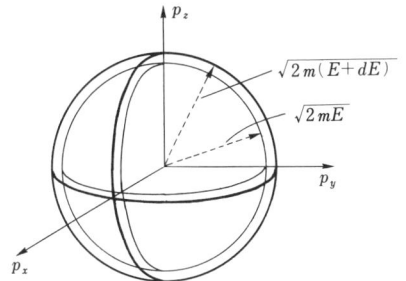

図 1.15 $p_x p_y p_z$ 空間における半径 p および $p+dp$ の球殻．微小立方体 $\delta p_x \delta p_y \cdot \delta p_z$ はこの図ではきわめて小さく，点状になる．

　位相空間内には力学的状態が一様に存在していると考える．位相空間内において，同じエネルギーをとる力学的状態の数を数えれば，単位エネルギー当たりの力学的状態の数すなわち状態密度が求まる．具体的には，状態密度は以下のように求まる．

　位相空間における力学的状態の数を数えるために，微小量 δp_x, δp_y, δp_z で囲まれた微小な立方体を考え，各微小立方体を1つの力学的状態とみなす．気体の運動エネルギーは

$$E = \frac{1}{2m}(p_x^2 + p_y^2 + p_z^2) \tag{1.9}$$

と表せる．位相空間内には力学的状態が一様に存在しているので，運動エネルギーが E から $E+dE$ の間をとる状態の数 $Z(E)dE$ は，位相空間（図 1.15）で半径 $\sqrt{2mE}$ および $\sqrt{2m(E+dE)}$ の球殻で囲まれる体積に比例する．したがって，次式を得る．

$$Z(E)dE = 4C\pi p^2 dp \tag{1.10}$$

ただし，$p = \sqrt{2mE}$, C は比例定数である[*1]．式 (1.10) に $p = \sqrt{2mE}$ および $dp/dE = \sqrt{m/2E}$ を代入することで

$$Z(E) = 4\sqrt{2}C\pi m^{3/2} E^{1/2} \tag{1.11}$$

[*1] 気体分子の場合，$\int_0^\infty Z(E)F(E)dE$ が気体分子の密度に等しいとおくことで C が求まる．

となる．状態密度は気体分子のエネルギーの平方根に比例して大きくなる．

電子の場合は，電子の波動性のためにエネルギーが量子化され，また，気体分子などの古典的粒子のように速度または運動量で運動が記述されるのではなく，波数で運動が記述される．電子の状態密度はスピンを考慮して

$$Z(E) = 4\pi \left(\frac{2m^*}{h^2}\right)^{3/2} E^{1/2} \tag{1.12}$$

と表されることが知られている．気体分子の場合と同じように，エネルギーの平方根と質量の 3/2 乗に比例する．

1.4.2 占 有 確 率

占有確率は，ある温度においてあるエネルギー準位がどの程度電子によって占有されているかを示している．気体分子では占有確率は**マクスウェル・ボルツマン** (Maxwell-Boltzmann) 分布関数 $\exp(-E/kT)$ で表される．k はボルツマン定数，T は絶対温度である．気体分子密度は標準状態 (0°C, 1 気圧) で 2.7×10^{25} m^{-3} であるのに対して，金属中の電子密度は $10^{28} \sim 10^{29}$ m^{-3} とはるかに大きい．また，電子はパウリの排他律に従って，ある 1 つのエネルギー準位に 1 個の電子しか存在し得ない*1．このため，金属中の電子はボルツマン分布関数ではなく**フェルミ・ディラック** (Fermi-Dirac) 分布関数

$$F(E) = \frac{1}{1 + \exp\left(\dfrac{E - E_F}{kT}\right)} \tag{1.13}$$

で表される．E_F を**フェルミ準位** (Fermi level) という．半導体中の電子についても，電子密度が金属中の電子密度に近い場合には，フェルミ・ディラック分布関数を用いる必要がある．

式 (1.13) は図 1.16 で表され，$F(E_F) = 0.5$ となる．$T = 0$ K では，図のように $E \leq E_F$ ときに $F(E) = 1$，$E > E_F$ ときに $F(E) = 0$ となるステップ関

---

*1 スピンの違いを考慮すると 2 個存在できる．

1.4 キャリア密度

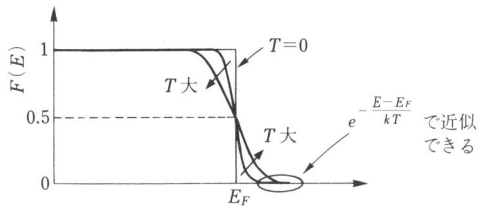

図 1.16 フェルミ・ディラック分布関数

数になる．つまり，0K では E_F が電子の存在し得る上限のエネルギーとなる．温度 T が上昇するにつれて，フェルミ分布は，図のように急峻さを失う．

半導体では考察の対象となるエネルギー E について $E - E_F \gg kT$ が成り立つ場合が多く，その場合，式 (1.13) は

$$F(E) \approx \exp\left(-\frac{E - E_F}{kT}\right) \tag{1.14}$$

と，マクスウェル・ボルツマン分布に類似の式で近似でき，古典力学的な粒子として扱える．

1.4.3 キャリア密度の導出

半導体中の電子密度を式 (1.8) を用いて導出する．図 1.17 では n 形半導体を例にとって示している．状態密度 $Z(E)$ は，式 (1.12) より

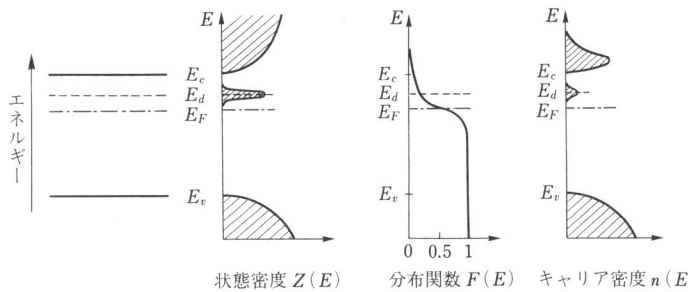

図 1.17 n 形半導体の帯構造とキャリア密度

$$Z(E) = 4\pi \left(\frac{2m_n^*}{h^2}\right)^{3/2} (E - E_c)^{1/2} \tag{1.15}$$

となる．ここで，m_n^* は電子の有効質量である．導電帯の電子密度 n は，式 (1.13) および式 (1.15) より

$$n = \int_{E_c}^{E_m} Z(E) F(E) dE = 4\pi \left(\frac{2m_n^*}{h^2}\right)^{3/2} \int_{E_c}^{E_m} \frac{(E - E_c)^{1/2}}{1 + \exp\left(\dfrac{E - E_F}{kT}\right)} dE \tag{1.16}$$

となる．ここで，E_m は電子が導電帯中で占める最大のエネルギー準位である．フェルミ・ディラック分布では，十分大きなエネルギーでは 0 になるので，式 (1.16) の積分範囲の上限を ∞ としても誤差は少ない．さらに，$E_c - E_F \gg kT$ を満たすとき，フェルミ・ディラック分布は式 (1.14) で近似できるので，$E - E_c \to E$ と変数変換して

$$\begin{aligned} n &\approx 4\pi \left(\frac{2m_n^*}{h^2}\right)^{3/2} \int_0^\infty E^{1/2} \exp\left(-\frac{E + E_c - E_F}{kT}\right) dE \\ &= N_c \exp\left(-\frac{E_c - E_F}{kT}\right) \end{aligned} \tag{1.17}$$

$$N_c = 2\left(\frac{2\pi m_n^* kT}{h^2}\right)^{3/2} = 2.51 \times 10^{25} \left(\frac{m_n^*}{m_0} \frac{T}{300}\right)^{3/2} \ [\mathrm{m^{-3}}] \tag{1.18}$$

を得る．ここで，計算には $\int_0^\infty \sqrt{x} \exp(-x) dx = \sqrt{\pi}/2$ を用いた．N_c を導電帯の**有効状態密度** (effective density of states) とよぶ．

同様にして，価電子帯の正孔密度 p は

$$p \approx N_v \exp\left(-\frac{E_F - E_v}{kT}\right) \tag{1.19}$$

$$N_v = 2\left(\frac{2\pi m_p^* kT}{h^2}\right)^{3/2} = 2.51 \times 10^{25} \left(\frac{m_p^*}{m_0} \frac{T}{300}\right)^{3/2} \ [\mathrm{m^{-3}}] \tag{1.20}$$

と表される.

式 (1.17), (1.18), (1.19), (1.20) および $E_c - E_v = E_g$ を用いて次式が求まる.

$$pn = 4\left(\frac{2\pi m_n^* kT}{h^2}\right)^{3/2}\left(\frac{2\pi m_p^* kT}{h^2}\right)^{3/2}\exp\left(-\frac{E_g}{kT}\right) \quad (1.21)$$

$$= 6.30 \times 10^{50}\left(\frac{m_n^* m_p^*}{m_0^2}\right)^{3/2}\left(\frac{T}{300}\right)^3 \exp\left(-\frac{E_g}{kT}\right) \quad (1.22)$$

この式は,電子密度と正孔密度の積が,温度 T と半導体材料固有の m_n^*, m_p^* および E_g によって決まり,フェルミ準位 E_F に依存していないことを示している.

真性半導体では,その定義から電子密度と正孔密度が等しい.**真性キャリア密度** (intrinsic carrier density) を n_i とすると,式 (1.21) より

$$pn = n_i^2 \quad (1.23)$$

$$n_i = 2.51 \times 10^{25}\left(\frac{m_n^* m_p^*}{m_0^2}\right)^{3/4}\left(\frac{T}{300}\right)^{3/2}\exp\left(-\frac{E_g}{2kT}\right) \quad [\text{m}^{-3}] \quad (1.24)$$

となる.代表的な半導体の室温における有効状態密度および真性キャリア密度を表 1.3 に示す.

表 1.3 代表的な半導体の室温における有効状態密度と真性キャリア密度

	Si	Ge	GaAs
導電帯の有効状態密度 [m^{-3}]	2.86×10^{25}	1.04×10^{25}	4.7×10^{23}
価電子帯の有効状態密度 [m^{-3}]	3.10×10^{25}	6.0×10^{24}	7.0×10^{24}
真性キャリア密度 [m^{-3}]	1.08×10^{16}	2.3×10^{19}	2.1×10^{12}

[**例題 1.2**] Si の禁制帯幅を 1.12 eV とし,電子および正孔の有効質量をそれぞれ $m_n^* = 0.33 m_0$, $m_p^* = 1.15 m_0$ として,室温での真性キャリア密度を求めよ.

(**解**) 例えば,GaAs であれば図 1.11(c) に示したように,価電子帯の頂上および導電帯の底がともに 1 個であり,式 (1.18), (1.20), (1.24) はそのまま用いることができ

る．Si の場合は，図 1.11(a) にあるように，価電子帯の頂上は 1 個であるが，導電帯には波数の [100] 方向に 6 個の谷が存在している．このため，式 (1.20) はそのまま用いることができるが，導電帯の有効状態密度は式 (1.18) で求めた値を 6 倍する必要がある．このため，真性キャリア密度は式 (1.24) で求めた値の $\sqrt{6}$ 倍になる．よって，
$n_i = \sqrt{6} \cdot 2.51 \times 10^{25}(0.33 \cdot 1.15)^{3/4} \exp(-1.12 \cdot 1.60 \times 10^{-19}/2 \cdot 1.38 \times 10^{-23} \cdot 300) = 1.19 \times 10^{16} \mathrm{m}^{-3}$ となる．

1.5 フェルミ準位

式 (1.17) および (1.19) から，フェルミ準位の高低によって電子密度や正孔密度が決まる．フェルミ準位は，電子密度や正孔密度を計る「水位計」のようなものといえる．また，半導体デバイスの動作原理の説明でしばしばフェルミ準位が登場する．以下で，フェルミ準位について詳しく述べる．

ドナーおよびアクセプタを同時に含む半導体について考える．ある温度では，ドナーの一部とアクセプタの一部がイオン化し，それぞれ，電子および正孔が生成している．半導体は，熱平衡状態で電気的に中性であるので

$$p + N_d^+ = n + N_a^- \tag{1.25}$$

が成り立つ．ここで，N_d^+ はイオン化ドナー濃度，N_a^- はイオン化アクセプタ濃度である．n および p はそれぞれ式 (1.17)，(1.19) で示したように E_F の関数である．また，N_d^+ および N_a^- も後述するように E_F の関数である．したがって，式 (1.25) を E_F について解けば，E_F が求まる．

1.5.1 真性半導体

真性半導体では $N_d^+ = N_a^- = 0$ であるので，$n = p$，すなわち，式 (1.17) および (1.19) より

$$\exp\left(\frac{2E_F - E_c - E_v}{kT}\right) = \frac{N_v}{N_c} \tag{1.26}$$

となる．よって

$$E_F = \frac{E_c + E_v}{2} + \frac{1}{2}kT \ln\left(\frac{N_v}{N_c}\right) = \frac{E_c + E_v}{2} + \frac{3}{4}kT \ln\left(\frac{m_p^*}{m_n^*}\right) \tag{1.27}$$

となる．$m_p^* = m_n^*$ の場合，$E_F = (E_c + E_v)/2$ となり，フェルミ準位は禁制帯の中央に存在することになる．実際の半導体では，$m_p^* > m_n^*$ であることが多いので，フェルミ準位は禁制帯中央よりごくわずかに上になる．

1.5.2 n 形半導体

n 形半導体の場合は，式 (1.25) でイオン化アクセプタ N_a^- を無視する．n および p は，それぞれ式 (1.17) および (1.19) によって与えられる．ドナーのうち電子が捕獲されているものの濃度 N_d^0 はスピンを考慮したフェルミ・ディラック統計により次式で表されることが知られている．

$$N_d^0 = N_d \frac{1}{1 + \frac{1}{2}\exp\left(\frac{E_d - E_F}{kT}\right)} \tag{1.28}$$

ここで，N_d はドナー濃度である．したがって，

$$\begin{aligned}N_d^+ = N_d - N_d^0 &= N_d \left\{ 1 - \frac{1}{1 + \frac{1}{2}\exp\left(\frac{E_d - E_F}{kT}\right)} \right\} \\ &= N_d \frac{1}{1 + 2\exp\left(\frac{E_F - E_d}{kT}\right)}\end{aligned} \tag{1.29}$$

を得る．よって，式 (1.25) を n 形半導体について書き下すと

$$N_v \exp\left(-\frac{E_F - E_v}{kT}\right) + N_d \frac{1}{1 + 2\exp\left(\frac{E_F - E_d}{kT}\right)} = N_c \exp\left(-\frac{E_c - E_F}{kT}\right) \tag{1.30}$$

となる．解析的に解くのは容易ではないので，解の一例を図 1.18，1.19 に示す．

温度が高くほとんどのドナーがイオン化しているときは $N_d = N_d^+$ とみなせる．正孔密度が十分小さいとすれば，式 (1.30) より

$$E_F \approx E_c - kT \ln\left(\frac{N_c}{N_d}\right) \tag{1.31}$$

となり，N_d が小さいか T が大きいほどフェルミ準位は低くなり，禁制帯幅中央に近づく．

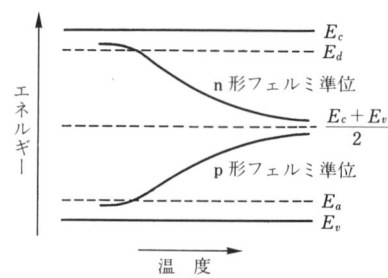
図 1.18 フェルミ準位の温度変化

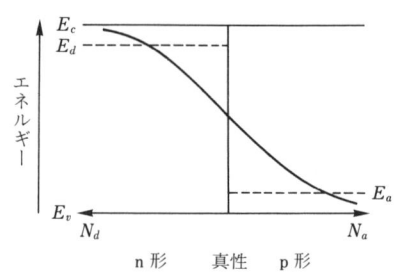
図 1.19 フェルミ準位の不純物濃度による変化

式 (1.31) を式 (1.17) に代入すると

$$n \approx N_d \tag{1.32}$$

を得る．この式と式 (1.23) から，

$$p \approx \frac{n_i^2}{N_d} \tag{1.33}$$

を得る．ドナー濃度が真性キャリア密度より十分大きく，ドナーがすべてイオン化しているときには，電子密度はドナー濃度にほぼ等しいことを示している．

1.5.3 p形半導体

p形半導体の場合，スピンおよび価電子帯の電子構造を考慮して N_a^- はフェルミ・ディラック統計により次式のように記述されることが知られている[*1]．

$$N_a^- = N_a \frac{1}{1 + \frac{1}{4} \exp\left(\frac{E_a - E_F}{kT}\right)} \tag{1.34}$$

n形半導体のときと同様にして，電子密度 n を無視すると

$$N_a \frac{1}{1 + \frac{1}{4} \exp\left(\frac{E_a - E_F}{kT}\right)} = N_v \exp\left(-\frac{E_F - E_v}{kT}\right) \tag{1.35}$$

[*1] 指数関数の係数の分母が式 (1.28) では 2 であったが，この場合 4 になっていることに注意．

を得る．温度に対する E_F の変化を図 1.18 に示す．温度が高くほとんどのアクセプタがイオン化しているときは $N_a = N_a^-$ とみなせる．したがって，式 (1.35) より

$$E_F \approx E_v + kT \ln\left(\frac{N_v}{N_a}\right) \tag{1.36}$$

となり，N_a が小さいか T が大きいほどフェルミ準位は高くなり，禁制帯幅中央に近づく．n 形半導体のときと同様に，アクセプタ濃度が真性キャリア密度より十分大きく，アクセプタがすべてイオン化しているときには

$$p \approx N_a \tag{1.37}$$

$$n \approx \frac{n_i^2}{N_a} \tag{1.38}$$

を得る．

　ドナーとアクセプタの両方を含む半導体を**補償形** (compensated) 半導体という．$N_d > N_a$ であれば $N_d - N_a$ が導電帯中の電子となり，半導体は n 形となる．$N_a > N_d$ であれば，p 形となる．

　[例題 1.3]　ドナー濃度 $N_d = 5 \times 10^{21} \mathrm{m}^{-3}$ の Si において，室温における電子と正孔の密度およびフェルミ準位の位置を求めよ．これに $N_a = 1 \times 10^{21} \mathrm{m}^{-3}$ のアクセプタを加えると，電子密度はいくらとなるか．

　(**解**)　ドナーはすべてイオン化しているとして，電子密度は $5 \times 10^{21} \mathrm{m}^{-3}$ となる．式 (1.23) の関係より，正孔密度は $(1.08 \times 10^{16})^2 / 5 \times 10^{21} = 2.33 \times 10^{10} \mathrm{m}^{-3}$ である．
　式 (1.31) より，$E_F \approx E_c - kT \ln(N_c/N_d) = E_c - 26 \ln(2.86 \times 10^{25}/5 \times 10^{21})$ [meV] $= E_c - 225$ [meV]，つまりフェルミ準位は導電帯の底から 225 meV 下に位置している．アクセプタの添加により電子密度は $4 \times 10^{21} \mathrm{m}^{-3}$ になる．
　(補足)　1.3 節の終わりで述べたように，シリコン中の 15 族ドナーのイオン化エネルギー ΔE は 39 meV から 49 meV になる．$\Delta E = 49$ meV として，$E_d - E_F = E_c - \Delta E - E_F$ であることを考慮すると，$E_d - E_F = 225 - 49 = 176$ meV を得る．この値を式 (1.29) に代入すると，$N_d^+/N_d = 0.998$ が得られる．これより，ドナーは完全にイオン化しているとの仮定は妥当といえる．

演　習

1.1 Si の単結晶で隣接する原子の間隔を求めよ．

1.2 円軌道を仮定して，水素原子における電子の軌道半径を式 (1.2) と (1.4) を用いて $n = 1, 2, 3$ の場合について求めよ．

1.3 77 K，300 K，500 K において，式 (1.13) のフェルミ・ディラク分布関数の値が，0.1 および 0.9 となるエネルギーは，フェルミ準位からみて何 eV 離れたところか求めよ．

1.4 禁制帯幅 2.0 eV の真性半導体において，$m_p^* = 4m_n^*$ として，77 K，300 K および 500 K におけるフェルミ準位を計算せよ．

1.5 ドナー濃度が N_d，アクセプタ濃度が N_a である n 形半導体で，ドナーとアクセプタの両方が完全にイオン化しているとする．式 (1.23) と (1.25) を用いて，この半導体の中の電子密度と正孔密度を求めよ．ただし，$N_d > N_a$，$N_d - N_a \gg n_i$ が成り立つとする．

2

半導体における電気伝導

前章で，電子および正孔の数を決める要因を述べた．本章では，キャリアの動きを決めている主要な物理現象を理解し，ドリフト電流と，拡散電流について学ぶ．また，キャリアは動くだけでなく，生成され，消滅している．キャリアの生成，消滅現象について学んだ後，半導体デバイスの原理を理解する上でもっとも重要な少数キャリアの拡散方程式を導出する．最後に，多数キャリアによる誘電緩和現象と多数キャリアの拡散方程式について触れる．

2.1　キャリアの熱運動

真空中で外部電界 F が印加されたときの電子の運動は，$mdv/dt = -eF$ で表される．半導体中の電子や正孔も同じ物理法則に従って運動する．しかし，半導体中では真空中と大きく異なり，次に例示するような半導体内の不均質によりキャリアの運動が妨げられる．

(1) 図 2.1 のように原子が熱運動によって本来の位置を中心にして振動する．このような原子の熱振動を**格子振動** (lattice vibration) という[*1]．格子振動のために，原子のつくるポテンシャルが局所的に変動し，キャリアの速度が変化する．

(2) イオン化した不純物が半導体内に散在しているために，図 2.2 のようにクーロン力によりキャリアの速度が変化する．

(3) 半導体内の中性不純物によりポテンシャルが乱されキャリアの速度を変化させる．

[*1] 光が波動と粒子の両方の性質をもつように，格子振動も粒子性をもっている．格子振動を粒子と見るときは，ホノン（音子：phonon）という名称を用いる．

図 2.1 原子の熱運動

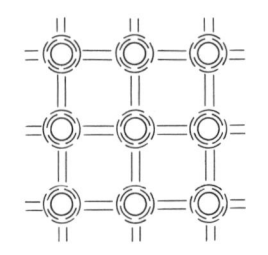

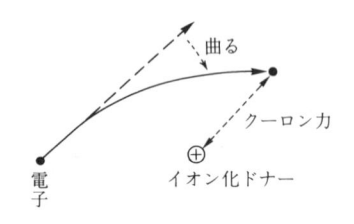

図 2.2 イオン化不純物による散乱

このようにキャリアの速度が変化させられることを散乱とよぶ．散乱機構には上述のほかにも多く知られている．

半導体内のキャリアは図2.3のように散乱を受けながら熱運動とよばれる運動をしている．直進しているときの平均の速度は熱速度 v_{th} とよばれている．散乱と散乱の間の平均距離を平均自由行程 λ，その間の平均時間を緩和時間 τ とよび

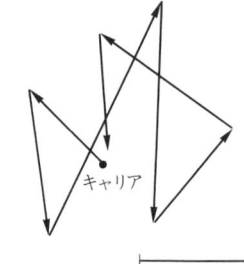

図 2.3 半導体中のキャリアの熱運動

$$\tau = \frac{\lambda}{v_{th}} \tag{2.1}$$

の関係がある．例えば，室温の Si では，$\lambda \approx 10^{-8}$ m(=10 nm)，$\tau \approx 10^{-13}$ s(=0.1 ps) である．

実用の半導体デバイスの原理を理解する上で，個々のキャリアの熱運動は平均化されて観測されると扱ってよく，大量のキャリアは流体として近似できる．平均自由行程分だけ位置が変化しても，キャリア密度やキャリアの平均速度は一定とみなせる．いいかえると，キャリア密度やキャリアの平均速度は，平均自由行程よりはるかに大きな尺度で見て，はじめて変化して見える．また，キャリア密度やキャリアの平均速度が変化する時間的尺度は緩和時間よりはるかに長い．

2.2　ドリフト電流

キャリアが電子の場合，外部電界と逆方向に動くので，流体としての電子の平均速度（ドリフト速度）v_d は

$$v_d = -\mu_n F \tag{2.2}$$

で表される．係数 μ_n は**ドリフト移動度** (drift mobility) とよばれ，単位は $\mathrm{m^2 V^{-1} s^{-1}}$ で表される．式 (2.2) は，次のように求められる．

キャリアは時間 τ ごとに散乱によって運動量が変化する．この運動量の変化を平均化して，$m^* v / \tau$ とすると，電子の運動方程式は

$$m_n^* \frac{dv}{dt} = -eF - m_n^* \frac{v}{\tau} \tag{2.3}$$

と表される．ここで，m_n^* は電子の有効質量である．簡単のために初速度を 0 として，これを解くと

$$v = -\frac{e}{m_n^*} \tau F \left\{ 1 - \exp\left(-\frac{t}{\tau}\right) \right\} \tag{2.4}$$

となる．この解は，τ に比べて十分時間が経てば

$$v_{t \to \infty} = -\frac{e\tau}{m^*} F \tag{2.5}$$

となり

$$\mu_n = \frac{e\tau}{m^*} \tag{2.6}$$

となることを示している．

電流に寄与している電子密度，すなわち導電帯の電子密度を n $[\mathrm{m^{-3}}]$ とすると，電子の個数で勘定した電子の流れは，nv_d $[\mathrm{m^{-2} s^{-1}}]$ となる．したがって，電流を電流密度 J $[\mathrm{Am^{-2}}]$ として表すと次のようになる．

$$J = -env_d = (-e)n(-\mu_n F) = en\mu_n F = \sigma F \tag{2.7}$$

ここで，σ $[\mathrm{Sm^{-1}}]$ は導電率で，抵抗率を ρ $[\Omega\,\mathrm{m}]$ とすると

$$\sigma = en\mu_n = \frac{1}{\rho} \tag{2.8}$$

である．式 (2.7) はオームの法則と同じ形である．

正孔は電界と同じ方向に動くので，式 (2.2) の符号が変わる．さらに，正孔の電荷が $+e$ であるので，式 (2.7) は電子の場合と同じく，$J = ep\mu_p F$ と表される．ここで，p は正孔密度，μ_p は正孔のドリフト移動度である．

電子と正孔が同時に存在する場合には

$$\sigma = e(n\mu_n + p\mu_p) \tag{2.9}$$

と表される．

図 2.4 に，n 形 Si のドナー濃度および p 形 Si のアクセプタ濃度に対する抵抗率の関係を示す．

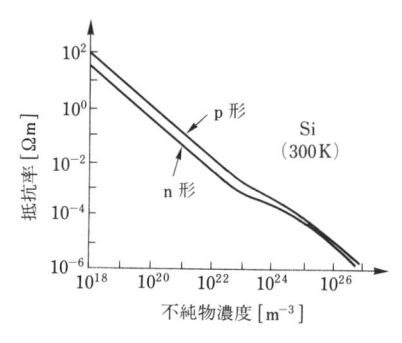

図 2.4 Si の不純物濃度と抵抗率の関係

[**例題 2.1**] ある n 形半導体で室温での電子の移動度が $0.2 \text{ m}^2\text{V}^{-1}\text{s}^{-1}$ であった．電子が散乱される時間間隔を求めよ．電子の熱速度を考慮することで平均自由行程を求めよ．ただし，電子の有効質量を $0.1\, m_0$ とする．

(**解**) 式 (2.6) より，散乱される時間間隔は $\tau = m^*\mu/e = 0.1 \cdot 9.11 \times 10^{-31} \cdot 0.2/1.60 \times 10^{-19} = 1.14 \times 10^{-13}$ s となる．

電子の速度がマクスウェル・ボルツマン分布に従うとして，気体の分子運動論から，電子の熱速度は，$\sqrt{<v^2>} = \sqrt{3kT/m^*}$ と表される．室温での電子の熱速度は $(3 \cdot 1.38 \times 10^{-23} \cdot 300/0.1 \cdot 9.11 \times 10^{-31})^{1/2} = 3.69 \times 10^5$ m/s となる．式 (2.1) より，平均自由行程は $1.14 \times 10^{-13} \cdot 3.69 \times 10^5 = 4.2 \times 10^{-8}$ m となる．

2.3　ホール効果——キャリア密度と移動度の実測法

図 2.5 に示すような直方体の半導体の $+x$ 方向に電流 I を流す．ついで $-z$ 方向に磁束密度 B の磁界を印加すると，ドリフト伝導しているキャリアには y 軸方向にローレンツ力が働く．p 形半導体であれば正孔が $+y$ 方向に片寄っ

て分布し，$-y$ 側にはイオン化アクセプタが残される．この結果，$+y$ 方向から $-y$ 方向に向けて電界が発生する．この電界により，半導体試料の y 軸に沿って発生する電圧を**ホール電圧** (Hall voltage)V_H という．n 形半導体であれば電子が $+y$ 方向に片寄って分布するので，ホール電圧の向きは p 形とは反対方向になる．ホール電圧が誘起される現象を**ホール効果** (Hall effect) という．

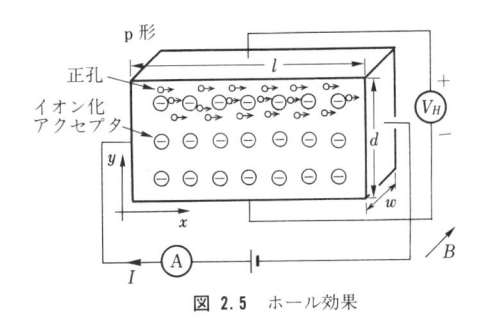

図 2.5 ホール効果

ホール電圧は以下で示すように，多数キャリア密度に反比例する．p 形半導体を例にとって説明する．速度 v_d でドリフト伝導している正孔に働くローレンツ力 f は

$$f = ev_d B \tag{2.10}$$

となる．ローレンツ力とホール電界 F_H による電気力がつり合うことで平衡に達する．これを式で表すと

$$ev_d B = \frac{eV_H}{d} \tag{2.11}$$

の関係が得られる．ここで，d は半導体の y 軸方向の長さである．平衡状態では正孔は $+x$ 方向に直進するので

$$I = epv_d wd \tag{2.12}$$

となる．ここで p は正孔密度，w は z 軸方向の試料の長さである．式 (2.11) と (2.12) から v_d を消去して

$$V_H = \frac{IB}{epw} = R_H \frac{IB}{w} \tag{2.13}$$

を得る．ここで

$$R_H = \frac{1}{ep} \tag{2.14}$$

は，**ホール係数** (Hall coefficient) とよばれている．n 形半導体の場合は，ホール係数は $R_H = -1/(en)$ で表される．V_H, I, B および w を実測することによりキャリア密度 p または n が求まる[*1]．

式 (2.8) に示したように，$\sigma = en\mu$ であるので，導電率 σ を実測することにより

$$\mu_H \equiv \sigma R_H \tag{2.15}$$

で定義される**ホール移動度** (Hall mobility) が求まる[*2]．

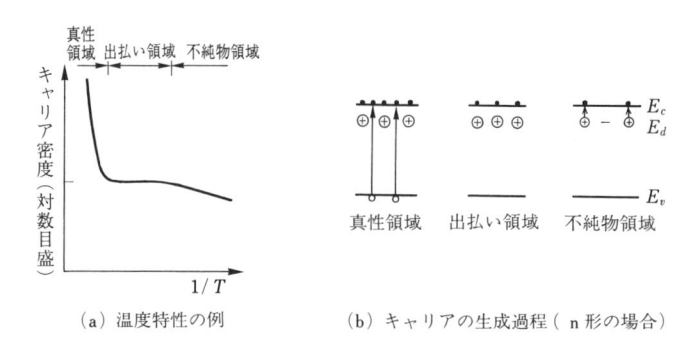

(a) 温度特性の例　　(b) キャリアの生成過程 (n 形の場合)

図 2.6 キャリア密度の温度特性

キャリア密度の温度特性の一例を図 2.6 (a) に示す．n 形の場合を考えると (図 2.6 (b) 参照)，低温領域では，ドナーから放出される電子が温度上昇により

[*1] 熱運動によりキャリアは速度分布をもっている．このことを考慮した解析により補正係数 γ を用いて $R_H = \gamma/(ep)$ または $R_H = -\gamma/(en)$ と表せることが知られている．γ はキャリアの散乱機構によって異なり，1 から 2 程度の値をとる．

[*2] 補正係数 γ を考慮するとドリフト移動度 μ と μ_H の間には，$\gamma\mu = \mu_H$ の関係が成り立つ．また，キャリアとして正孔と電子が同時に存在する場合には，

$$R_H = \gamma \frac{p\mu_p^2 - n\mu_n^2}{e(n\mu_n + p\mu_p)^2}$$

で与えられる．

多くなるので，電子密度は温度とともに増大する．この領域を**不純物領域**という．やがて，すべてのドナーが電子を放出すると，それ以上電子密度は増えなくなり，一定となる．この領域を**出払い領域**という．さらに温度が上昇すると価電子帯から導電帯に電子が励起されるようになり，再び電子密度は上昇し始める．この領域を**真性領域**という．この領域のキャリア密度の温度変化は，真性半導体と同じであるので，式 (1.24) に従う．つまり，真性領域でのキャリア密度の温度変化から禁制帯幅を見積ることができる．

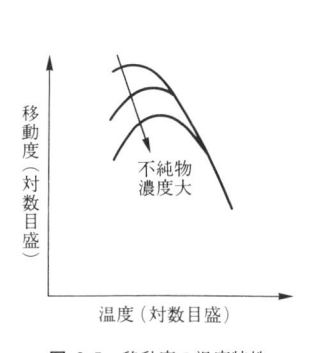

図 2.7 移動度の温度特性

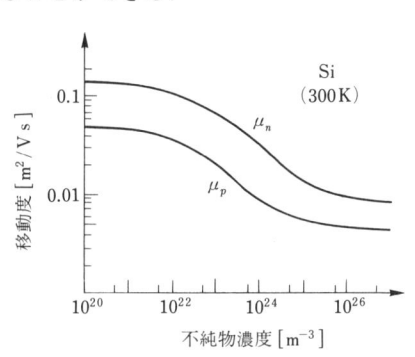

図 2.8 移動度の不純物濃度依存性

移動度の温度特性の一例を図 2.7 に示す．低温側では，低温になるほど移動度は低下する．これは，温度低下によりキャリアの熱速度が減少するのに従って，イオン化不純物のクーロン力による散乱 (2.1 節参照) が激しくなるためである．不純物濃度が大きくなるに従って，散乱の度合いも大きくなる．高温側では，温度が高くなると移動度が低下する．これは，温度の上昇に伴って，格子振動が激しくなり，それによる散乱が顕著になるためである．

図 2.8 に Si の移動度の室温における不純物濃度依存性を示す．不純物濃度が大きくなるに従って，p 形，n 形とも移動度は低下する．

2.4 拡散電流

気体や液体中で濃度差が生じた場合，濃度を均一にしようとする動き「拡散」が見られる．例えば，空気中の煙や水面に落ちた 1 滴のインクが広がる様子は

拡散現象である．前節で述べたように，半導体中の大量のキャリアは流体として近似でき，また，個々のキャリアは熱運動をしている．したがって，キャリアもその密度差に応じて拡散運動をする．キャリアの拡散運動による電流を**拡散電流** (diffusion current) とよび，半導体デバイスの動作原理の中できわめて重要な役割を果たしている．

半導体内で図 2.9 のような正孔密度 $p(x)$ の変化がある場合，x と $x+dx$ に囲まれる領域を通過する正孔を考える．正孔は正電荷をもつので，拡散により移動する電流（拡散電流）は，J_p を電流密度として

$$J_p = -eD_p \frac{dp}{dx} \tag{2.16}$$

で表される．式中に負号がついているのは，図 2.9 中で正孔の流れ（すなわち電流）が，

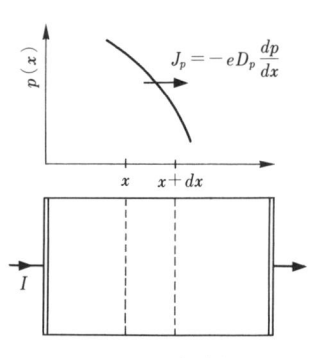

図 2.9 拡散電流

正孔密度の濃い方（左）から薄い方（右）に向かっていることを示している．比例定数 $D_p [\mathrm{m^2 s^{-1}}]$ を**拡散定数**という．電子の場合も，同様にして，電子の拡散定数を D_n として

$$J_n = eD_n \frac{dn}{dx} \tag{2.17}$$

となる．ここで，式の符号が正になっているのは，電子の流れと電流の向きが逆向きであることによる．

ドリフト電流および拡散電流のどちらの電気伝導にも，キャリアの熱運動が密接に関与している．拡散定数と移動度には，アインシュタインの関係とよばれる次の関係がある．

$$\frac{D_n}{\mu_n} = \frac{D_p}{\mu_p} = \frac{kT}{e} \tag{2.18}$$

アインシュタインの関係が成立していることは，次のように示される．図 2.10 に示すアクセプタ濃度が不均一な半導体を考える．正孔は，アクセプタ濃度の大きい側から小さい側へ拡散により移動し，後にはイオン化したアクセプタが

残される．このため，アクセプタ濃度の大きい側が負，小さい側が正になるような電界が発生する．誘起された電界 F によるドリフトと拡散がつり合うところで，正孔の分布は平衡に達する．

任意の位置 x での電位を $V(x)$ とすると，電界 F は $F = -dV(x)/dx$ で表される．熱平衡状態での正孔密度はマクスウェル・ボルツマン分布を用いて

$$p(x) = C\exp\left(-\frac{eV(x)}{kT}\right) \quad (2.19)$$

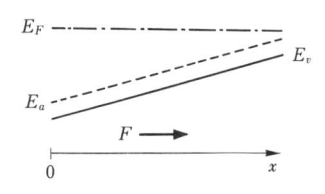

図 2.10 アインシュタインの関係の検証．不純物濃度に勾配のある p 形半導体中のキャリアの拡散とエネルギー帯構造

と表せる．ここで，C は定数である．両辺を x で微分すると

$$\frac{dp}{dx} = -\frac{Ce}{kT}\exp\left(\frac{-eV(x)}{kT}\right)\frac{dV(x)}{dx} = \frac{e}{kT}pF \quad (2.20)$$

を得る．熱平衡状態では正孔電流は流れないので，ドリフト電流と拡散電流がつり合っていると考えられ

$$ep\mu_p F = eD_p\frac{dp}{dx} = \frac{e^2}{kT}D_p pF \quad (2.21)$$

が成り立つ．これより，式 (2.18) のアインシュタインの関係が成り立っていることが確かめられる．

2.5 キャリアの生成・消滅

2.5.1 熱平衡状態での生成・消滅

キャリア密度が一定であったとしても，個々のキャリアに視点を移すと，電子と正孔が生成・消滅を繰り返している．消滅する過程では，電子と正孔が対になって消滅しエネルギーを放出する．生成する過程には，熱エネルギーによって電子正孔対が生成する過程と，光などの熱以外のエネルギーによって電子正孔対が生成する過程がある．

正孔を例にとると，正孔の生成・消滅は次式のように表される．

$$\frac{dp}{dt} = G - R \tag{2.22}$$

ここで，G は単位時間，単位体積当たりの正孔の生成量，R は消滅量である．

正孔の生成が熱エネルギーによって起こっている場合を考える．通常議論する半導体中のキャリア密度は，価電子帯および導電帯の状態密度より十分小さい．したがって，価電子帯には，電子正孔対を生成し得る電子が十分存在し，また，導電帯には，生成された電子が占め得る空の準位が十分存在している．そのため，G は電子密度や正孔密度に関係なく，半導体の母体そのものの性質と，温度によって決まる一定値になる．

一方，導電帯の電子がエネルギーを放出して価電子帯の正孔を埋める過程が，電子正孔対の生成と平行して起こっている．この過程を再結合とよぶ．もっとも単純な再結合は，図 2.11 のように電子と正孔が直接に再結合する過程である．この場合，式 (2.22) で消滅量 R は電子密度と正孔密度に比例する．再結合確率を r とすると，$R = rnp$ となり，式 (2.22) は

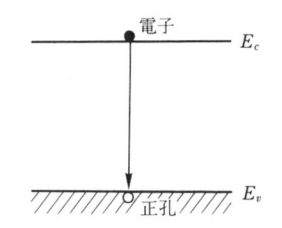

図 2.11 電子と正孔の直接再結合

$$\frac{dp}{dt} = G - rnp \tag{2.23}$$

と表せる．平衡状態では，$dp/dt = 0$ であるので

$$np = \frac{G}{r} = 一定 \tag{2.24}$$

となり，式 (1.23) と同じ結果が得られる．

2.5.2 過剰キャリアの消滅

光を半導体に照射すると，光のエネルギーが禁制帯幅エネルギー以上であれば，半導体内には電子正孔対が生成する．このとき，電子正孔対が熱エネル

2.5 キャリアの生成・消滅

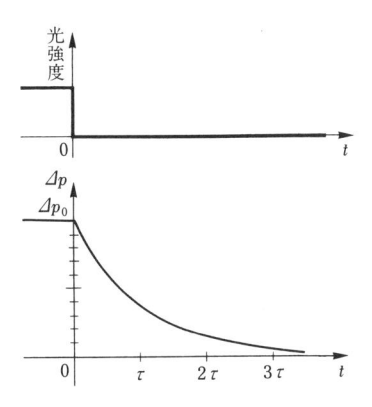

図 2.12 過剰少数キャリアの消滅過程

ギー以外で生じることになり，半導体内の少数キャリア密度は熱平衡状態より多くなる[*1]．また，次章で述べる少数キャリアの注入によっても，少数キャリア密度は熱平衡状態より多くなる．ここでは，熱平衡状態より多くなった少数キャリアの消滅過程を考える．

n 形半導体の熱平衡状態での電子密度を n_0，正孔密度を p_0 とする．図 2.12 のように時刻 $t = 0$ まで半導体に光が照射され，Δp_0 の電子正孔対が生成されていたとする．つまり，電子および正孔密度の熱平衡状態からのずれはともに Δp_0 であるとする．時刻 $t = 0$ 以降は，電子正孔対の生成は熱エネルギーによるので，式 (2.24) より $G = rn_0p_0$ である．正孔密度の熱平衡状態からのずれを Δp とすれば，$p = p_0 + \Delta p$, $n = n_0 + \Delta p$ が成り立ち，式 (2.22) の消滅量 R は，$R = r(n_0 + \Delta p)(p_0 + \Delta p)$ と表せる．よって，式 (2.22) は

$$\frac{dp}{dt} = rn_0p_0 - r(n_0 + \Delta p)(p_0 + \Delta p) \tag{2.25}$$

となる．熱平衡状態からのずれは小さいとして，$n_0 \gg \Delta p$ とすると

$$\frac{d(\Delta p)}{dt} \approx -r(n_0 + p_0)\Delta p \tag{2.26}$$

と近似できる．$t = 0$ で $\Delta p = \Delta p_0$ であるので，この式の解は

$$\Delta p = \Delta p_0 \exp(-\frac{t}{\tau}) \tag{2.27}$$

[*1] 詳しくは 9 章参照．

となり，少数キャリアの過剰分は時間経過とともに図2.12のように指数関数的に減少していく．ここで

$$\tau = \frac{1}{r(n_0 + p_0)} \tag{2.28}$$

である．τ のことを，少数キャリアの**寿命** (lifetime) という．

また，式 (2.26) は

$$\frac{dp}{dt} = -\frac{p - p_0}{\tau} \tag{2.29}$$

と書ける．

2.5.3 少数キャリアによる伝導——連続の式と拡散方程式

正孔の流れがある場合には，式 (2.29) に流れの項が付け加わる．図2.13のような断面積 S の p 形半導体で，x に流入する正孔電流密度を $J_p(x)$，$x + dx$ から流出する正孔電流密度を $J_p(x + dx)$ とする．単位時間当たりに，x と $x + dx$ で囲まれた微小な体積に残る正味の正孔の数は，流入量から流失量を差し引いたもの

$$\frac{\{J_p(x) - J_p(x + dx)\}S}{e} = -\frac{1}{e}\frac{dJ_p(x)}{dx}Sdx \tag{2.30}$$

になる．この，正孔の増減を単位体積当たりに直すと

$$-\frac{1}{e}\frac{dJ_p(x)}{dx} \tag{2.31}$$

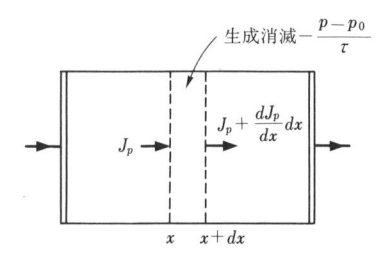

図 2.13 正孔電流が流れている場合

となる．したがって，正孔電流が流れている場合，生成・消滅を表す式 (2.29) に式 (2.31) を付け加えた，次式が成り立つ．

$$\frac{\partial p}{\partial t} = -\frac{p - p_0}{\tau} - \frac{1}{e}\frac{\partial J_p}{\partial x} \tag{2.32}$$

ここで，正孔密度 p が時間と位置の関数であるので，偏微分方程式の形で表した．式 (2.32) を正孔の**連続の方程式** (continuity equation) とよぶ．

電子に対しても同様の連続の方程式が成り立つ．

$$\frac{\partial n}{\partial t} = -\frac{n - n_0}{\tau} + \frac{1}{e}\frac{\partial J_n}{\partial x} \tag{2.33}$$

電子の場合，電流の向きと電子の流れの向きが逆であるので，第 2 項の符号が正になる．

半導体中の電流はドリフト電流と拡散電流からなるので，式 (2.7)，(2.16) および (2.17) より

$$J_p = ep\mu_p F - eD_p \frac{\partial p}{\partial x} \tag{2.34}$$

$$J_n = en\mu_n F + eD_n \frac{\partial n}{\partial x} \tag{2.35}$$

となる．この 2 式を式 (2.32) および (2.33) に代入して，n および p について解けば，半導体内のキャリア分布および電流が求まる．とくに少数キャリアの場合，キャリア密度が小さいことから，ドリフト電流成分を無視できる場合がある[*1]．その場合，式 (2.16) および (2.17) をそれぞれ，式 (2.32) および (2.33) に代入することにより次式を得る．

$$\frac{\partial p}{\partial t} = -\frac{p - p_0}{\tau} + D_p \frac{\partial^2 p}{\partial x^2} \tag{2.36}$$

[*1] 詳細は 2.6.2 項で述べる．

$$\frac{\partial n}{\partial t} = -\frac{n - n_0}{\tau} + D_n \frac{\partial^2 n}{\partial x^2} \qquad (2.37)$$

これを**拡散方程式** (diffusion equation) とよび，後でダイオードやバイポーラトランジスタなどの動作特性を解析するときに用いる基本的な方程式である．

[例題 2.2] 電子密度 $10^{22} \mathrm{m}^{-3}$ の n 形 Si がある．これに定常的に光を照射することで，この Si 中に均一に，電子正孔対が $10^{25} \mathrm{m}^{-3}\mathrm{s}^{-1}$ の割合で生成しているとする．キャリアの寿命が 10^{-6} s のときの，電子密度，正孔密度を求めよ．

(解) 式 (2.29) に光による電子正孔対の生成の項 g_L を加えた

$$\frac{dp}{dt} = g_L - \frac{p - p_0}{\tau} \qquad (2.38)$$

が成り立っている．定常状態なので $dp/dt = 0$ である．よって，光照射による正孔密度の増加分 $p - p_0 = g_L \tau = 10^{25} \cdot 10^{-6} = 10^{19}$ m^{-3} を得る．電子正孔対が生成しているので，電子密度の増加分も，求めた正孔密度の増加分に等しい．

光を照射しないときの電子密度は 10^{22} m^{-3} であり，また，$np = n_i^2$ の関係から，正孔密度は 1×10^{10} m^{-3} である．これらの値と，$p - p_0$ の値を比較することで，光照射時の電子密度は 10^{22} m^{-3}，正孔密度は 10^{19} m^{-3} である．

2.5.4　トラップと間接再結合

過剰少数キャリアの消滅過程として，今までは，図 2.11 のように導電帯の電子と価電子帯の正孔が直接に再結合すると考えてきた．この過程を**直接再結**

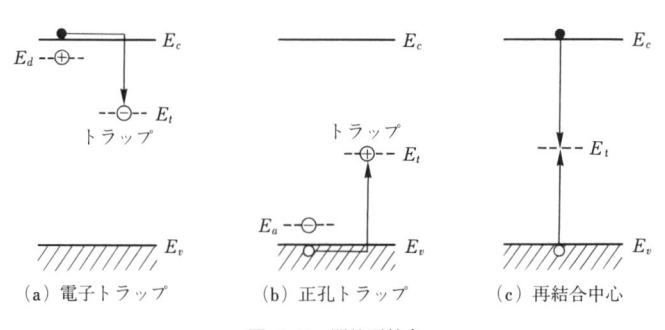

図 2.14　間接再結合
(a) 電子トラップ　　(b) 正孔トラップ　　(c) 再結合中心

合 (direct recombination) とよぶ．これに対して**再結合中心** (recombiation) を介して電子と正孔が再結合する**間接再結合** (indirect recombination) とよばれる過程がある．半導体中には，導電形を制御するために意図的に添加されたドナーやアクセプタのほかに不純物が混入していることがあり，その不純物が図 2.14(a) に示すように価電子帯や導電帯からエネルギー的に比較的離れたところに局在したエネルギー準位[*1]を形成する場合がある．また，結晶の不完全性によってもこのような準位が形成される．これらを一般的に**深い準位** (deep level) とよぶ．

この深い準位は，通常，空の準位であるが，近傍にやってきた導電帯の電子が捕獲され，もっているエネルギーの一部を光や熱として放出する（図 2.14(a)）．このような準位を**電子トラップ** (electron trap) とよぶ．捕獲された電子はエネルギーを得て再び導電帯に放出されることがある．アクセプタも電子を捕獲する性質をもっているが，すでに電子を捕獲しているので電子トラップとしては働かない．

ある準位が通常は電子を捕獲しているが，その電子がエネルギーを失って価電子帯に移る場合がある．これは見方を変えると正孔が捕獲されたといえるので**正孔トラップ** (hole trap) とよぶ（図 2.14(b)）．

これらのトラップのうち，まず電子を捕獲しその後正孔を捕獲するもの，または，まず正孔を捕獲しその後電子を捕獲するものが，再結合中心である（図 2.14(c)）．

間接再結合の場合，式 (2.22) で右辺 $G - R$ は

$$G - R \equiv U = \frac{pn - n_i^2}{\{n + N_c \exp(-\frac{E_c - E_t}{kT})\}\tau_{p0} + \{p + N_v \exp(-\frac{E_t - E_v}{kT})\}\tau_{n0}} \quad (2.39)$$

と表されることが知られている．ここで

$$\tau_{n0} = \frac{1}{v_n S_n N_t} \quad (2.40)$$

$$\tau_{p0} = \frac{1}{v_p S_p N_t} \quad (2.41)$$

[*1] 局在したエネルギー準位を**局在準位** (localized state) という．深い準位のほかに，ドナー準位やアクセプタ準位も局在準位である．

で，E_t はトラップの深さ，N_t はトラップ密度，v はキャリアの熱速度である．S はトラップの捕獲断面積とよばれるものである．

n 形半導体で，過剰少数キャリアの正孔が電子に比べて十分少なく，トラップ準位が導電帯からある程度低いところにあって $n \gg N_c \exp\{-(E_c - E_t)/kT\}$ が成り立つ場合，式 (2.22) と式 (2.39) から

$$\frac{dp}{dt} = -\frac{p - p_{n0}}{\tau_{p0}} \tag{2.42}$$

と単純化でき，式 (2.29) の τ を τ_{p0} に置き換えたものが得られる．p 形半導体でも，過剰少数キャリアである電子が正孔より十分少なく，トラップ準位が価電子帯よりある程度高いところにあれば，同様に単純化できる．

[**例題 2.3**] 例題 2.2 と同様に電子密度 $10^{22} \mathrm{m}^{-3}$ の n 形 Si に光を照射して，シリコン内に均一に電子正孔対が生成した．ただし，シリコンの表面に再結合中心が多数存在し，そこで電子正孔対が消滅しているとする．消滅の割合が

$$D_p \frac{\partial p_n}{\partial x}\bigg|_{x=0} = s(p_n(0) - p_{n0}) \tag{2.43}$$

で表されるとして，電子および正孔の密度分布を求めよ．ただし，正孔の拡散定数を $9 \times 10^{-4} \mathrm{m}^2/\mathrm{s}$，正孔の比例定数 $s = 10 \mathrm{~m/s}$ とする[*1]．

(**解**) 半導体表面で盛んに再結合が起こっているので，キャリア密度には分布がある．式 (2.38) に，拡散の項を付け足して

$$\frac{dp_n}{dt} = g_L - \frac{p_n - p_{n0}}{\tau} + D_p \frac{d^2 p_n}{dx^2} \tag{2.44}$$

が，正孔の密度分布を表す微分方程式となる．定常状態なので $dp_n/dt = 0$ が成り立つ．よって，上式は

$$\frac{d^2 p_n}{dx^2} = \frac{p_n - (p_{n0} + g_L \tau)}{D_p \tau} \tag{2.45}$$

となる．この微分方程式の一般解は

$$p_n - (p_{n0} + g_L \tau) = C_1 \exp\left(-\frac{x}{\sqrt{D_p \tau}}\right) + C_2 \exp\left(\frac{x}{\sqrt{D_p \tau}}\right) \tag{2.46}$$

となる．C_1, C_2 は定数である．十分大きな x では，p_n は表面での再結合の影響を受けず例題 2.2 で求めた有限の値になるので，$C_2 = 0$ である．また，式 (2.43) の左辺に式 (2.46) を微分して求めた $D_p dp_n/dx|_{x=0}$ を代入し，右辺に式 (2.46) から求めた $p_n(0)$ を代入して次

[*1] この比例定数を表面再結合速度 (surface recombination velocity) という．

式を得る．

$$-D_p \frac{C_1}{\sqrt{D_p \tau}} = s(C_1 + g_L \tau)$$
$$C_1 = -\frac{g_L \tau}{1 + \sqrt{\frac{D_p}{\tau s^2}}} \qquad (2.47)$$

よって

$$p_n - p_{n0} = g_L \tau \left\{ 1 - \frac{1}{1 + \sqrt{\frac{D_p}{\tau s^2}}} \exp\left(\frac{-x}{\sqrt{D_p \tau}}\right) \right\} \qquad (2.48)$$

$$= 10^{19} \left\{ 1 - \frac{1}{1 + \sqrt{\frac{9 \times 10^{-4}}{10^{-6} \cdot 10^2}}} \exp\left(\frac{-x}{\sqrt{9 \times 10^{-4} \cdot 10^{-6}}}\right) \right\}$$

$$= 10^{19} \left\{ 1 - \frac{1}{4} \exp\left(\frac{-x[\mathrm{m}]}{3 \times 10^{-5}}\right) \right\} [\mathrm{m}^{-3}]$$

を得る．ここで，例題 2.2 の結果である $g_L \tau = 10^{19} \mathrm{m}^{-3}$ を用いた．$np = n_i^2$ の関係より $p_{n0} = 10^{10} \, [\mathrm{m}^{-3}]$ である．$p_n(x)$ の概略は図 2.15 を参照．過剰少数キャリアが式 (2.48) で表されるので，電荷中性の条件を満たすために，過剰多数キャリア（電子）については次式が成り立つ．

$$n - 10^{22} [\mathrm{m}^{-3}] = 10^{19} \left\{ 1 - \frac{1}{4} \exp\left(\frac{-x[\mathrm{m}]}{3 \times 10^{-5}}\right) \right\} [\mathrm{m}^{-3}]$$

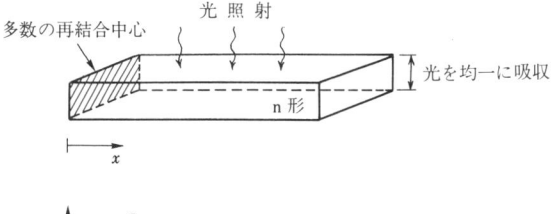

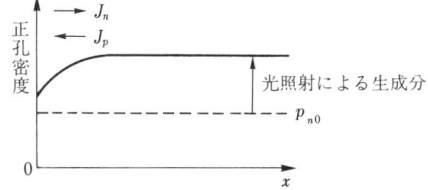

図 2.15　光照射された n 形半導体内の正孔分布．端面で再結合が盛んに起こっている．

2.6 多数キャリアの振る舞い

2.6.1 誘電緩和

以上では少数キャリアの拡散は，あたかも少数キャリアが中性の粒子であるように扱った．このような扱いが可能となるのは，半導体の中で少数キャリア密度に不均質が生ずると，多数キャリアがきわめて速く移動し電荷を中和するためである．このため，少数キャリアは帯電しているにもかかわらず，お互いクーロン力で反発することなく，徐々に拡散していく．このように多数キャリアが再分布することを**誘電緩和** (dielectric relaxation) とよび，その時定数を**誘電緩和時間**という．以下で誘電緩和時間を見積もる．

平衡電子密度が n_0 の n 形半導体に $\Delta n_0 (\ll n_0)$ の電子を注入したとする．多数キャリアであるので，再結合による減少はなく，連続の式 (2.33) は

$$\frac{\partial n}{\partial t} = \frac{1}{e}\frac{\partial J_n}{\partial x} \tag{2.49}$$

で表せる．また，多数キャリアの分布が不均一となり，電荷分布が生じて電界 F が発生する．電荷の不均一によるドリフト成分が拡散電流よりはるかに優勢とみなせるとすると，近似的に $J_n = \sigma F$ が成り立つ．これより

$$\frac{\partial J_n}{\partial x} = \sigma \frac{\partial F}{\partial x} \tag{2.50}$$

と表せる．この式と式 (2.49) を用いて

$$\frac{\partial n}{\partial t} = \frac{\sigma}{e}\frac{\partial F}{\partial x} \tag{2.51}$$

を得る．電子密度の平衡状態からのずれの分を $\Delta n (\equiv n - n_0)$ として，ガウスの法則 $\mathrm{div}(\varepsilon_s \varepsilon_0 \boldsymbol{F}) = q = -e\Delta n$ が成り立つ．したがって，式 (2.51) は

$$\frac{\partial \Delta n}{\partial t} = -\frac{\sigma \Delta n}{\varepsilon_s \varepsilon_0} \tag{2.52}$$

となる．上式の解として

$$\Delta n = \Delta n_0 \exp\left(\frac{-t}{\tau_d}\right) \tag{2.53}$$

を得る．ここで，Δn_0 は $t = 0$ でのずれ分であり，τ_d は誘電緩和時間で，$\tau_d = \varepsilon_s \varepsilon_0 / \sigma$ である．

τ_d は半導体の中を多数キャリアが広がる時間の目安になる．抵抗率 $0.1 \Omega \mathrm{m}$ の Si では，$\varepsilon_s = 11.9$ を考慮すると，$\tau_d = 1 \times 10^{-11}$ s というきわめて短い誘電緩和時間となる．抵抗率の非常に大きな半導体でなければ誘電緩和時間を実測することは困難である．

2.6.2 多数キャリアの拡散方程式

少数キャリアの拡散方程式（式 (2.36)，(2.37)）の導出にあたっては，ドリフト電流すなわち電界の効果を無視した．ところが，多数キャリアの拡散方程式では，ドリフト電流を無視することはできない．一例をあげて，その事情を説明する．

図 2.15 に示したように，n 形半導体の板に上面から光が照射されているとする．光のエネルギーが禁制帯幅エネルギー以上であれば，半導体内には電子正孔対が生成する．しかも，照射する光のエネルギーを適切に設定することで，電子正孔対の生成する割合を，板の厚み方向にほぼ一定とすることができる．すなわち，板の内部では電子正孔対の生成する割合は一定とする．さらに，板の一方の端面に，再結合中心が多く存在し，電子と正孔がそこで再結合しているとする．この場合，電子密度，正孔密度ともに，端面に近づくにつれて減少しており，端面に向かって電子と正孔が流れていると考えられる．この様子を，少数キャリアである正孔について示すと図 2.15 のようになる．

正孔電流 J_p は式 (2.34) で，電子電流 J_n は式 (2.35) で表される．ここで，板の中では，電子電流と正孔電流がつり合って，正味の電流は流れていないので，$J_n + J_p = 0$ といえる．したがって

$$ep_n\mu_p F - eD_p\frac{\partial p_n}{\partial x} + en_n\mu_n F + eD_n\frac{\partial n_n}{\partial x} = 0 \tag{2.54}$$

が成り立つ．電荷中性の条件が成り立っていることから，$\partial p_n/\partial x = \partial n_n/\partial x$ とできるので

$$F = -\frac{D_n - D_p}{\mu_p p_n + \mu_n n_n}\frac{\partial p_n}{\partial x} \tag{2.55}$$

が得られる．電子正孔対の生成がそれほど多くなくて $p_n \ll n_n$ が成り立てば，この電界による正孔のドリフト電流は

$$[J_p \text{のドリフト電流成分}] = e\mu_p p_n F \approx -e(D_n - D_p)\frac{\partial p_n}{\partial x}\frac{\mu_p p_n}{\mu_n n_n}$$

$$= -eD_p\frac{\partial p_n}{\partial x}\left(1 - \frac{D_p}{D_n}\right)\frac{p_n}{n_n} \tag{2.56}$$

と表される．ここでは，アインシュタインの関係（式 (2.18)）を用いた．$p_n \ll n_n$ であるので，正孔のドリフト電流成分は拡散電流成分 $-eD_p\partial p_n/\partial x$ より十分小さくなる．

一方，電子電流のドリフト電流成分は

$$[J_n \text{のドリフト電流成分}] = e\mu_n n_n F \approx -e(D_n - D_p)\frac{\partial n_n}{\partial x}\frac{\mu_n n_n}{\mu_n n_n}$$

$$= -eD_n\frac{\partial n_n}{\partial x}\left(1 - \frac{D_p}{D_n}\right) \tag{2.57}$$

となり，電子電流の拡散電流成分と同程度の大きさになっている．多数キャリアの場合は，外部電界が印加されていなくても，キャリアの拡散過程で生じる電界により，拡散電流と同じ程

度のドリフト電流が流れることを示している．この例では，正味の電流は流れていないが，正味の電流が流れているときも事情は同じである．少数キャリア密度が多数キャリア密度に比べて十分小さい場合には，少数キャリアの取り扱いは，拡散電流のみを考えればよく，多数キャリアに比べて，はるかに容易なものとなる．次章の pn 接合ダイオードの動作の解析では，少数キャリアの拡散方程式を駆使することになる．

演 習

2.1 幅 2 mm，長さ 5 mm，厚さ 0.2 mm の n 形 Si の棒状試料の長さ方向に 1 V の電圧を印加して 5mA の電流を流しておく．厚さ方向に 0.5T の磁束密度の磁界を加えた場合，電流，磁界の両方に垂直方向に 20 mV のホール電圧が発生した．この試料のホール係数，電子密度，電子の移動度を求めよ．また，正孔密度はいくらになるか．

2.2 電子正孔対生成ではなく，外部から正孔が半導体内に注入されることによっても式 (2.29) と同様の式が成り立つことを示せ．

2.3 電子密度が 10^{23} m^{-3} の n 形 Si に光を照射したところ，表面のみで光が吸収され，電子正孔対が発生し，その密度は 10^{21} m^{-3} となった．表面から Si 内部に向かっての正孔の密度分布を求めよ．正孔の寿命が 10^{-7}s，拡散定数が 10^{-3} m^2/s とする．また，Si は十分な厚みをもっているとする．

2.4 例題 2.3 について，Si の表面 ($x=0$) における以下の値を求めよ．ただし，電子の拡散定数は 3×10^{-3} m^2/s とする．(1) 誘起される電界，(2) 表面に向かって流れ込む正孔電流密度のうち，ドリフト電流密度と拡散電流密度，(3) 電子電流についての同様の値．

3

pn接合ダイオード

pn接合は単体でダイオードとして広く利用されている．さらに，バイポーラトランジスタ，電界効果トランジスタ，パワーデバイス，半導体集積回路，および一部の例外を除く発光・受光デバイスなど，ほぼすべての半導体デバイスに pn 接合が用いられている．半導体デバイスの根幹である pn 接合の動作原理を理解することが本章の目的である．

3.1　pn接合の整流性

p形半導体とn形半導体が互いに接しているものを **pn 接合** (pn junction) という．pn 接合に外部電圧を印加したときの電流-電圧特性を図 3.1 に示す．p側が正，n側が負になるように電圧を印加したときによく電流が流れ，その逆向きに電圧を印加したときに電流はほとんど流れない，整流性を示す．この整流性が現れる原理を以下で説明する．

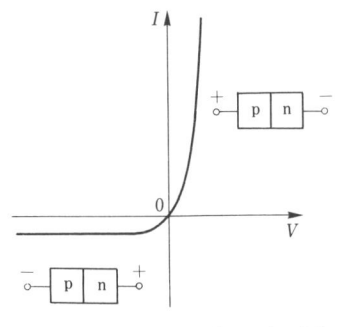

図 3.1　理想 pn 接合の電流 - 電圧特性

pn 接合を形成すると，n 形半導体の電子密度は p 形半導体のそれよりはるかに大きいので，電子は n 形半導体から p 形半導体に拡散する．また，p 形半導体の正孔密度は，n 形半導体のそれよりはるかに大きいので，p 形半導体から n 形半導体に正孔が拡散する．単に密度差だけが問題であれば，電子と正孔は，pn 接合全体に均一に広がるまで拡散することになる．しかし，キャリアの拡散に

より pn 接合内部に電位差が発生し，pn 接合全体にキャリアが均一に広がるのを押し止める．電位差は以下のようにして発生する．

図 3.2(a) に示すように，p および n 形半導体が接触する前は，フェルミ準位の位置は，p 形では価電子帯の上端よりやや上に，n 形では導電帯の下端よりやや下にある．pn 接合を形成すると，図 3.2(b) のように，n 形，p 形のフェルミ準位が一致したところで平衡状態に達する．電子および正孔の拡散に伴って，図 3.2(c) のように pn 接合付近では，n 形半導体側で正に帯電したイ

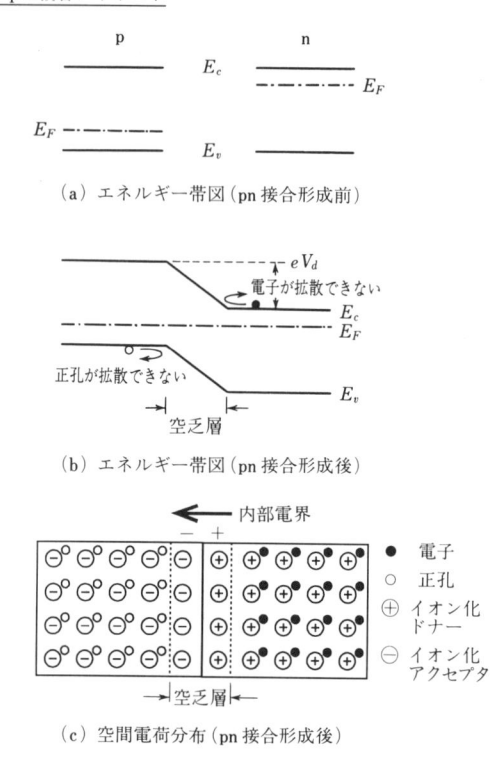

(a) エネルギー帯図 (pn 接合形成前)

(b) エネルギー帯図 (pn 接合形成後)

(c) 空間電荷分布 (pn 接合形成後)

図 3.2　理想 pn 接合

オン化ドナーが，p 形半導体側には負に帯電したイオン化アクセプタが残される．p 形が負，n 形が正に帯電することは，p 形の n 形に対する電子のポテンシャルエネルギーが高くなることを示している[*1]．つまり，p 形のエネルギー帯が n 形のエネルギー帯より上がることになる．図 3.2(b) で，p 形の導電帯の下端（または，価電子帯の上端）と n 形のそれとの差が eV_d になる．ここに，V_d は**拡散電位**（diffusion voltage）とよばれる電位障壁である[*2]．拡散電位により，キャリアの拡散が押しとどめられる．pn 接合近傍でイオン化したドナーとアクセプタが残されている領域は，キャリアが存在しないので，**空乏層**（depletion layer）とよばれる．空乏層の両側の電荷中性条件の成り立つ領域を

[*1] 負電荷同士はクーロン力で反発し合うことを考えればよい．
[*2] V_d は p 形，n 形半導体の仕事関数の差を e で除したものになる．ここで，仕事関数はフェルミ準位から真空準位までのエネルギーである．

3.2 直流電流-電圧特性——理想特性

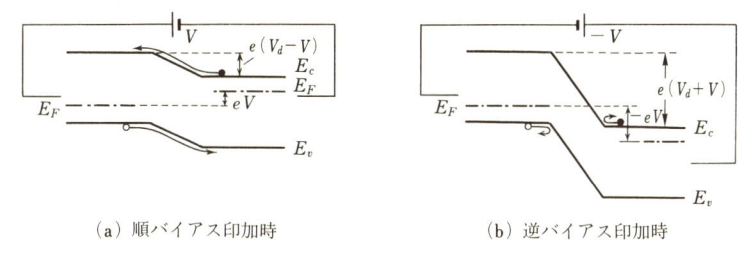

(a) 順バイアス印加時   (b) 逆バイアス印加時

図 3.3 pn 接合のエネルギー帯図

中性領域 (neutral region) という.

pn 接合に外部から電圧を印加したときのエネルギー帯図を図 3.3(a) および (b) に示す. p 形側に n 形側に対して正の電圧 $+V$ を印加した場合を**順方向バイアス** (forward bias) という. この場合, 空乏層の電位障壁は $V_d - V$ へと小さくなる[*1]. このとき, n 形から p 形への電子の移動, および, p 形から n 形への正孔の移動が容易になり, p 形から n 形に電流がよく流れる. 流れ出たキャリアは多数キャリアと再結合して消滅する. n 形半導体へは電子が, p 形半導体には正孔がそれぞれ電極から供給されるので, 電流が流れ続けることになる.

電圧の極性を逆にすると, 電位障壁は $V_d + V$ と高くなって, n 形側から p 形への電子の移動および p 形側から n 形側への正孔の移動はほとんどなくなる. この場合を**逆方向バイアス** (reverse bias) とよぶ. n 形の少数キャリアである正孔が p 形へ, p 形の少数キャリアである電子が n 形へ流れるだけであるので, 順方向バイアスのときに比べて向きが逆ではるかに小さな電流となる.

3.2 直流電流-電圧特性——理想特性

理想的な pn 接合の電流-電圧特性を定量的に説明する. まず, 拡散電位を求めたのち, 電流-電圧特性を定式化する.

3.2.1 拡 散 電 位

pn 接合の空乏層は, キャリアが存在していないため, 高抵抗となっている.

[*1] 電子は正極側に引き寄せられる. すなわち, 正極側で電子のポテンシャルエネルギーが小さくなる.

pn 接合の理想電流-電圧特性を導出するに当たっては，p および n 形の導電率が十分大きく，外部から印加された電圧はすべて空乏層にかかっていると考える[*1]．

拡散電位は，空乏層内の電流を考察することにより求められる．半導体中の電流は，2 章で述べたように，ドリフト電流成分と拡散電流成分で表される．空乏層内の電子電流密度を J_n，正孔電流密度を J_p とすれば

$$J_n = en\mu_n F + eD_n \frac{dn}{dx} \tag{3.1}$$

$$J_p = ep\mu_p F - eD_p \frac{dp}{dx} \tag{3.2}$$

で表される．外部電圧を印加していないときは，空乏層内を電流が流れていないので，$J_n = J_p = 0$ である．したがって

$$F = -\frac{D_n}{\mu_n}\frac{1}{n}\frac{dn}{dx} = -\frac{kT}{e}\frac{1}{n}\frac{dn}{dx} \quad (3.3)$$

$$F = \frac{D_p}{\mu_p}\frac{1}{p}\frac{dp}{dx} = \frac{kT}{e}\frac{1}{p}\frac{dp}{dx} \quad (3.4)$$

となる．ここでアインシュタインの関係 ($D/\mu = kT/e$) を用いている．式 (3.3) または (3.4) を空乏層内にわたって積分することにより，次のように拡散電位 V_d が求められる．以下では，図 3.4 のように，n 形側の空乏層端の座標を x_n，p 形側の空乏層端を $-x_p$ とする．

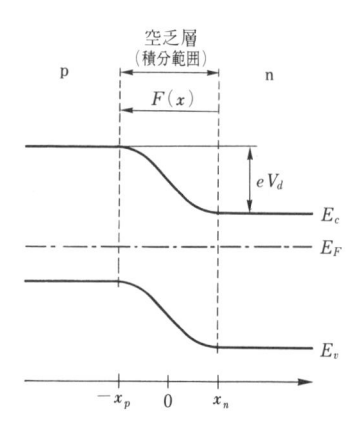

図 3.4 pn 接合における拡散電位の導出

$$V_d = -\int_{-x_p}^{x_n} F dx = \frac{kT}{e}\int_{-x_p}^{x_n} \frac{1}{n}\frac{dn}{dx}dx = \frac{kT}{e}\int_{n(-x_p)}^{n(x_n)} \frac{dn}{n} = \frac{kT}{e}\ln(\frac{n_{n0}}{n_{p0}}) \tag{3.5}$$

[*1] 3.3.3 項および 3.3.4 項ではこの近似が成立しない場合について言及する．

または

$$V_d = \frac{kT}{e} \ln\left(\frac{p_{p0}}{p_{n0}}\right) \tag{3.6}$$

ここで

n_{n0}：n 形領域における平衡電子密度（多数キャリア）

n_{p0}：p 形領域における平衡電子密度（少数キャリア）

p_{p0}：p 形領域における平衡正孔密度（多数キャリア）

p_{n0}：n 形領域における平衡正孔密度（少数キャリア）

である．式 (3.5), (3.6) は，拡散電位が空乏層両端での電子密度の比または正孔密度の比の自然対数に比例することを示している．つまり，図 3.5(a) のように，空乏層の両端での電子密度や正孔密度の大きな差を支えるために，式 (3.5) および (3.6) を満たす電位差が発生している．また，$pn = n_i^2$ より $n_{n0}/n_{p0} = p_{p0}/p_{n0}$ であるから，式 (3.5) と (3.6) は，同等である．

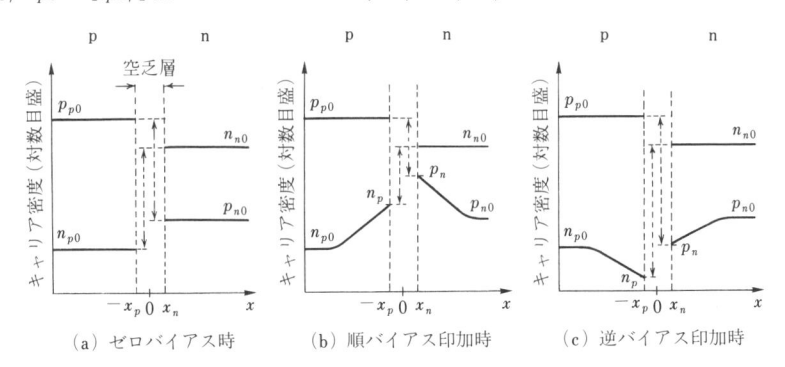

図 3.5 空乏層に印加される電圧と空乏層両端でのキャリア密度

3.2.2 少数キャリアの注入

次に，pn 接合に順方向バイアス $+V$ を印加した場合を考える．ここで，外部電圧は，空乏層にのみ印加されると仮定しているので，空乏層の両端での電

位差は $V_d - V$ となる．この電位差で支え得る，空乏層両端の正孔および電子の密度差は

$$V_d - V = \frac{kT}{e} \ln\left(\frac{p_{p0}}{p_n}\right) = \frac{kT}{e} \ln\left(\frac{n_{n0}}{n_p}\right) \tag{3.7}$$

である[*1]．ここで，図 3.5(b) に示すように，空乏層端の p 形側でキャリア密度が p_{p0}, n_p, n 形側では n_{n0}, p_n である．印加電圧が小さい場合には，多数キャリア密度は変化しない．空乏層の両端にかかる電圧が V_d から $V_d - V$ に減少することで，少数キャリア密度 p_n および n_p が増大することを示している[*2]．

式 (3.5)，(3.6)，(3.7) より

$$n_p = n_{p0} \exp\left(\frac{eV}{kT}\right) \tag{3.8}$$

$$p_n = p_{n0} \exp\left(\frac{eV}{kT}\right) \tag{3.9}$$

を得る．順方向電圧を印加したときは，p 形側では少数キャリアである電子が増加し，n 形では正孔が増加する．これを，n 形から p 形に電子が，p 形から n 形に正孔が**注入** (injection) されたという．少数キャリアの増加分を**過剰少数キャリア** (excess minority carrier) とよんでいる．この過剰少数キャリアの振る舞いによって，pn 接合の電流-電圧特性は決まっている．

逆方向電圧を印加した場合には，空乏層の両端の電位差が $V_d + V$ と大きくなり，p_n および n_p は小さくなる．図 3.5(c) のように，ちょうど，空乏層の両端で少数キャリアが掃き出されたようになる．

平衡状態の半導体中では式 (1.23) で示したように，$pn = n_i^2$ が成り立つ．pn 接合で電圧が印加されているときには，平衡状態からずれることになるので，この関係は成り立たなくなる．式 (3.8)，(3.9) から，空乏層端では

[*1] 順方向バイアスでは，電流が流れているので，熱平衡状態にあるとはいえない．式 (3.5)，(3.6) は熱平衡状態で成り立つ関係であるから，厳密には式 (3.7) は成り立たない．しかし，V が小さく電流が小さいときには平衡状態からのずれが小さく，式 (3.7) はよい近似で成り立つ．

[*2] 図 3.5(b) で少数キャリア密度が空乏層から遠ざかるにつれて減少している．この説明は次節で述べる．

$$n_p p_{p0} = n_{n0} p_n = n_i^2 \exp\left(\frac{eV}{kT}\right) \qquad (3.10)$$

と表される.

3.2.3 拡散方程式による理想特性の導出

理想的な pn 接合に電圧を印加したときに,空乏層内では,電子電流,正孔電流とも位置に関係なく一定であると考える[*1]. そこで,理想的な pn 接合を流れる電流を定量的に求めるには,空乏層の n 形端での正孔電流密度 $J_p(x_n)$ と空乏層の p 形端での電子電流密度 $J_n(-x_p)$ とを求め,$J = J_p(x_n) + J_n(-x_p)$ を pn 接合を流れる電流密度とすればよい. 中性領域では電界が印加されないと仮定すると,$J_p(x_n)$ と $J_n(-x_p)$ は中性領域を流れる少数キャリアの拡散電流から求められる.

まず,pn 接合の n 形領域を取り扱う. 順方向バイアス $+V$ を印加したときに,p 形から n 形領域に注入された正孔は,拡散により伝導する. 正孔密度 $p(x,t)$ についての拡散方程式は,式 (2.36) より

$$\frac{\partial p(x,t)}{\partial t} = -\frac{p(x,t) - p_{n0}}{\tau_p} + D_p \frac{\partial^2 p(x,t)}{\partial x^2} \qquad (3.11)$$

で表される. ここで,過剰正孔密度は $p(x,t) - p_{n0}$ にあたる. 定常電流が流れている場合は,$\partial p(x,t)/\partial t = 0$ とみなせるので,式 (3.11) は

$$\frac{d^2 p(x)}{dx^2} = \frac{p(x) - p_{n0}}{D_p \tau_p} \qquad (3.12)$$

となる. この微分方程式の一般解は

$$p(x) - p_{n0} = C_1 \exp\left(-\frac{x}{L_p}\right) + C_2 \exp\left(\frac{x}{L_p}\right) \qquad (3.13)$$

$$L_p = \sqrt{D_p \tau_p} \qquad (3.14)$$

[*1] これは空乏層内でキャリアの生成や再結合がないことを意味している.

である．ここで，C_1, C_2 は境界条件によって決まる定数である．

n 形領域が十分長いとすると

$$x \to \infty \text{ で } p(x) = p_{n0}, \qquad x = x_n \text{ で } \quad p(x_n) = p_n \tag{3.15}$$

が境界条件となる．したがって

$$p(x) - p_{n0} = (p_n - p_{n0}) \exp\left(-\frac{x - x_n}{L_p}\right) \tag{3.16}$$

を得る．この式は，正孔の注入により空乏層端で $p_n - p_{n0}$ であった過剰正孔密度が，図 3.6(a) のように指数関数的に減少していくことを示している．減少の割合を特徴づける L_p は**拡散距離**または**拡散長** (diffusion length) とよばれている．

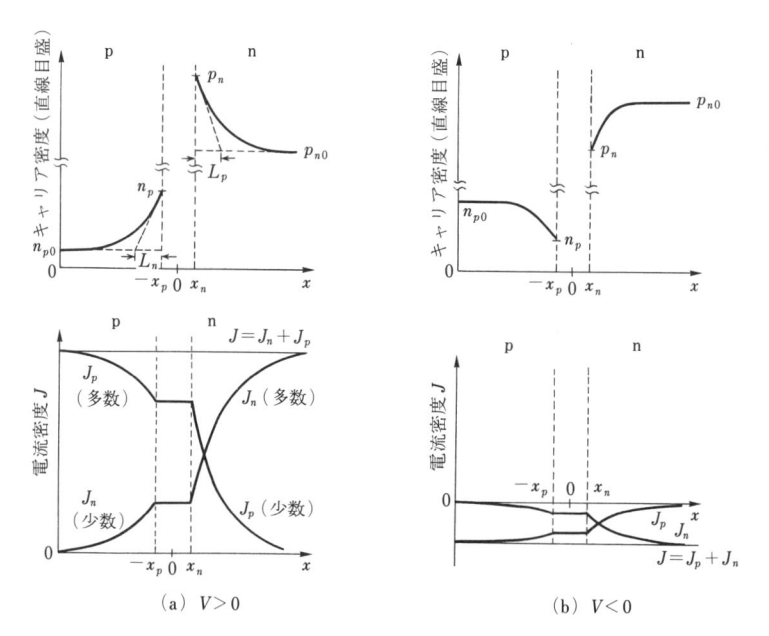

図 3.6 空乏層近傍でのキャリア密度および電流分布

同様にして，p 形領域の電子密度は

$$n(x) - n_{p0} = (n_p - n_{p0}) \exp\left(-\frac{-x_p - x}{L_n}\right) \tag{3.17}$$

$$L_n = \sqrt{D_n \tau_n} \tag{3.18}$$

で示される (図 3.6(a) 参照).

n 形領域の空乏層端での正孔の拡散電流密度 $J_p(x_n)$ は，式 (3.16) より

$$J_p(x_n) = -eD_p \frac{\partial p(x)}{\partial x}\bigg|_{x=x_n} = \frac{eD_p(p_n - p_{n0})}{L_p} \tag{3.19}$$

となる．この式は，n 形領域の空乏層端では，正孔密度の傾きが過剰正孔密度 $(p_n - p_{n0})$ を拡散長 L_p で除したものに等しいことと，その傾きに比例した拡散電流が流れていることを示している．

過剰正孔密度は，式 (3.9) より

$$p_n - p_{n0} = p_{n0}\left\{\exp\left(\frac{eV}{kT}\right) - 1\right\} \tag{3.20}$$

と表されるので

$$J_p(x_n) = \frac{eD_p p_{n0}}{L_p}\left\{\exp\left(\frac{eV}{kT}\right) - 1\right\} \tag{3.21}$$

を得る．

同様の考え方により，p 形領域の空乏層端 $x = -x_p$ での電子による拡散電流は

$$J_n(-x_p) = \frac{eD_n n_{p0}}{L_n}\left\{\exp\left(\frac{eV}{kT}\right) - 1\right\} \tag{3.22}$$

となる．

したがって，空乏層を通過する電流密度 J は

$$\begin{aligned} J = J_p(x_n) + J_n(-x_p) &= e\left(\frac{D_p p_{n0}}{L_p} + \frac{D_n n_{p0}}{L_n}\right)\left\{\exp\left(\frac{eV}{kT}\right) - 1\right\} \\ &= J_0\left\{\exp\left(\frac{eV}{kT}\right) - 1\right\} \end{aligned} \tag{3.23}$$

$$J_0 = e\left(\frac{D_p p_{n0}}{L_p} + \frac{D_n n_{p0}}{L_n}\right) \tag{3.24}$$

となる．pn接合の断面積が場所によらず一定とすれば，Jは場所によらず一定であるから，多数キャリアによる電流密度（n形領域でのJ_nおよびp形領域でのJ_p）は，図3.6のようになる．

式(3.21)と(3.22)から，接合を順方向に流れる電流のうち，正孔電流と電子電流の割合は，主に平衡少数キャリア密度n_{p0}，n_{n0}の大小によって決まる．例えば，n形領域の電子密度n_{n0}がp形領域の正孔密度p_{p0}より大きい場合には，式(1.23)より，$p_{n0} < n_{p0}$となり，電子電流が支配的となる．つまり，多数キャリアの多い側から，より多くのキャリアが注入され，電流に寄与することになる．

逆方向電圧を印加した場合には，十分大きな印加電圧に対して式(3.16)および(3.17)で，$p_n \approx 0$，$n_p \approx 0$となるので，少数キャリアの分布は

$$p(x) = p_{n0}\left\{1 - \exp\left(-\frac{x - x_n}{L_p}\right)\right\} \tag{3.25}$$

$$n(x) = n_{p0}\left\{1 - \exp\left(-\frac{-x_p - x}{L_n}\right)\right\} \tag{3.26}$$

で表され，図3.6(b)のようになる．

この場合の$J_p(x_n)$，$J_n(-x_p)$は

$$J_p(x_n) = -eD_p \frac{\partial p(x)}{\partial x}\Big|_{x=x_n} = \frac{-eD_p p_{n0}}{L_p} \tag{3.27}$$

$$J_n(-x_p) = eD_n \frac{\partial n(x)}{\partial x}\Big|_{x=-x_p} = \frac{-eD_n n_{p0}}{L_n} \tag{3.28}$$

となり，空乏層を横切る電流はやはり拡散電流に支配され

$$J = J_p(x_n) + J_n(-x_p) = -J_0 \tag{3.29}$$

となる．J_0を**飽和電流密度**(saturation current density)とよんでいる．

n形領域のドナー濃度をN_d，p形領域のアクセプタ濃度をN_aとし，これらの不純物がすべてイオン化しているとすると，式(1.33)および(1.38)より

$$p_{n0} \approx \frac{n_i^2}{N_d}, \qquad n_{p0} \approx \frac{n_i^2}{N_a} \tag{3.30}$$

となる．したがって

3.2 直流電流-電圧特性——理想特性　　55

$$J_0 = en_i^2 \left(\frac{D_p}{L_p N_d} + \frac{D_n}{L_n N_a} \right) \tag{3.31}$$

を得る．真性キャリア密度 n_i が小さい，または，不純物濃度が大きい場合に，飽和電流密度 J_0 が小さくなる．n_i は禁制帯幅 E_g と式 (1.24) の関係があるので，理想 pn 接合では禁制帯幅の大きい半導体ほど，飽和電流密度は小さくなる．

[例題 3.1] 次の3つの場合において，Si の pn 接合の室温でのキャリア密度分布，正孔および電子電流密度を図示せよ．ただし，$p_{p0} = 2 \times 10^{21} \mathrm{m}^{-3}$, $n_{n0} = 1 \times 10^{22} \mathrm{m}^{-3}$, $D_p = 9 \times 10^{-4} \mathrm{~m^2/s}$, $D_n = 3 \times 10^{-3} \mathrm{~m^2/s}$ とする．キャリアの寿命は n および p 領域の両方で 10^{-6} s とする．(1) バイアス電圧 0 V のとき，(2) 順方向に 0.3V を加えたとき，(3) 逆方向に 10V を加えたとき．

(解) 式 (3.14), (3.18) より
$L_p = \sqrt{9 \times 10^{-4} \cdot 10^{-6}} = 3 \times 10^{-5}$m, $L_n = \sqrt{3 \times 10^{-3} \cdot 10^{-6}} = 5.48 \times 10^{-5}$m
を得る．また，$np = n_i^2$ の関係より，$n_{p0} = 5.8 \times 10^{10} \mathrm{m}^{-3}$, $p_{n0} = 1.17 \times 10^{10} \mathrm{m}^{-3}$ となる．

式 (3.8), (3.9), (3.16), (3.17) より

$$p(x) - p_{n0} = p_{n0} \exp\left(-\frac{x - x_n}{L_p}\right) \left\{ \exp\left(\frac{eV}{kT}\right) - 1 \right\}$$

$$p(x) = 1.17 \times 10^{10} + 1.17 \times 10^{10} \exp\left(-\frac{x - x_n[\mathrm{m}]}{3 \times 10^{-5}}\right)$$

$$\left\{ \exp\left(\frac{V[\mathrm{V}]}{26 \times 10^{-3}}\right) - 1 \right\} [\mathrm{m}^{-3}]$$

$$n(x) - n_{p0} = n_{p0} \exp\left(-\frac{-x_p - x}{L_n}\right) \left\{ \exp\left(\frac{eV}{kT}\right) - 1 \right\}$$

$$n(x) = 5.8 \times 10^{10} + 5.8 \times 10^{10} \exp\left(-\frac{-x_p - x[\mathrm{m}]}{5.48 \times 10^{-5}}\right)$$

$$\left\{ \exp\left(\frac{V[\mathrm{V}]}{26 \times 10^{-3}}\right) - 1 \right\} [\mathrm{m}^{-3}]$$

を得る．また，n 領域の正孔電流密度および p 領域の電子電流密度は

$$J_p(x) = -eD_p \frac{dp}{dx} = \frac{eD_p p_{n0}}{L_p} \exp\left(-\frac{x - x_n}{L_p}\right) \left\{ \exp\left(\frac{eV}{kT}\right) - 1 \right\}$$

$$= \frac{1.60 \times 10^{-19} \cdot 9 \times 10^{-4} \cdot 1.17 \times 10^{10}}{3 \times 10^{-5}}$$

$$\exp\left(-\frac{x-x_n}{3\times 10^{-5}}\right)\left\{\exp\left(\frac{V}{26\times 10^{-3}}\right)-1\right\}$$

$$= 5.6\times 10^{-8}\exp\left(-\frac{x-x_n\,[\mathrm{m}]}{3\times 10^{-5}}\right)\left\{\exp\left(\frac{V\,[\mathrm{V}]}{26\times 10^{-3}}\right)-1\right\}\,[\mathrm{A/m^2}]$$

$$J_n(x) = eD_n\frac{dn}{dx} = \frac{eD_n n_{p0}}{L_n}\exp\left(-\frac{-x_p-x}{L_n}\right)\left\{\exp\left(\frac{eV}{kT}\right)-1\right\}$$

$$= \frac{1.60\times 10^{-19}\cdot 3\times 10^{-3}\cdot 5.8\times 10^{10}}{5.48\times 10^{-5}}$$

$$\exp\left(-\frac{-x_p-x}{5.48\times 10^{-5}}\right)\left\{\exp\left(\frac{V}{26\times 10^{-3}}\right)-1\right\}$$

$$= 5.1\times 10^{-7}\exp\left(-\frac{-x_p-x\,[\mathrm{m}]}{5.48\times 10^{-5}}\right)\left\{\exp\left(\frac{V\,[\mathrm{V}]}{26\times 10^{-3}}\right)-1\right\}\,[\mathrm{A/m^2}]$$

となる．pn接合を流れる電流密度は $(5.6\times 10^{-8}+5.1\times 10^{-7})\{\exp(V\,[\mathrm{V}]/26\times 10^{-3})-1\} = 5.7\times 10^{-7}\{\exp(V\,[\mathrm{V}]/26\times 10^{-3})-1\}\,[\mathrm{A/m^2}]$ となり，この値から n 領域の正孔電流密度を差し引いたものが n 領域の電子電流密度に，p 領域の電子電流密度を差し引いたものが p 領域の正孔電流密度になる．結果を図 3.7 に示す．図では x_p+x_n を実際より長く表している．x_p+x_n の求め方は 3.4 節で述べる．(a) では，電流が流れないので電流の図は省略した．問題の条件では，多数キャリア密度は変化しないので，(b) および (c) では省略した．

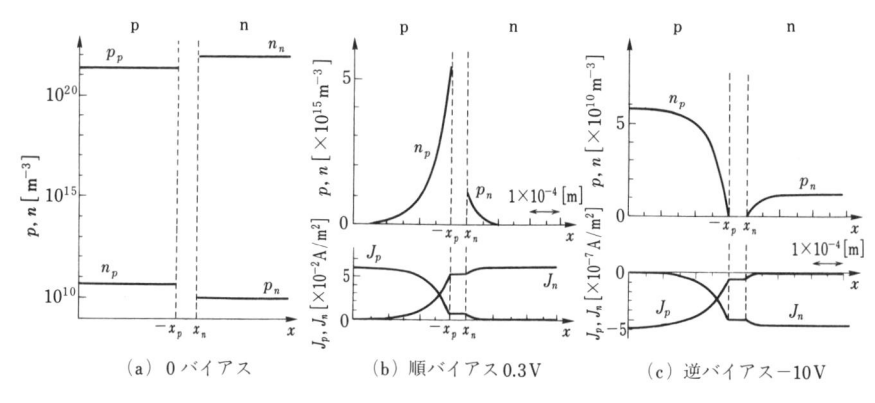

図 3.7 キャリア密度および電流密度の例

3.3 理想特性からのずれ

現実の pn 接合では，図 3.8 のように理想特性からずれた特性を示す．以下に現実の特性が理想特性からずれる要因について述べる．

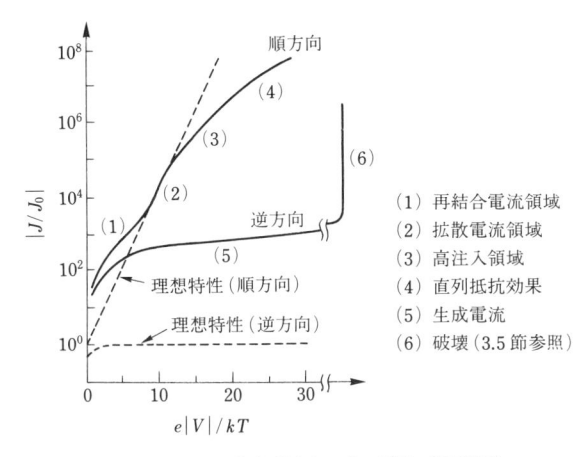

図 3.8 pn接合ダイオードの電流-電圧特性

(1) 再結合電流領域
(2) 拡散電流領域
(3) 高注入領域
(4) 直列抵抗効果
(5) 生成電流
(6) 破壊（3.5節参照）

3.3.1 生成電流

理想特性を導出するときには，空乏層内ではキャリアの生成，消滅はないとした．しかし，実際には，空乏層内でキャリアは生成，消滅している．逆方向電圧を印加している場合には，電流も小さく空乏層にはほとんどキャリアが存在せず，キャリアの消滅よりも生成による電流が優勢になり，図 3.9(a) のように電流が流れる．2.5.4 項で述べたトラップ準位を介したキャリアの生成による**生成電流** (generation current) 密度 J_{gen} は

$$J_{\mathrm{gen}} = \frac{en_i W}{\tau_e} \tag{3.32}$$

で与えられることが知られている．ここで，W は空乏層厚，τ_e は電子-正孔対を生成するのに要する時間である．逆方向電流密度 J_{rev} は，

$$J_{\mathrm{rev}} = J_0 + J_{\mathrm{gen}} \tag{3.33}$$

で表される．

3.3.2 再結合電流

順方向電圧を印加している場合，空乏層内でのキャリアの再結合が，図 3.9(b) のように**再結合電流** (recombination current) として電流に影響を与える．とくに，図 3.8 に示すように，印加電圧が小さく拡散電流が比較的小さいときに，再結合電流は大きな影響を与える．再結合電流密度 J_{rec} は

$$J_{\mathrm{rec}} \approx \frac{eW}{2} S v_{th} N_t n_i \exp\left(\frac{eV}{2kT}\right) \tag{3.34}$$

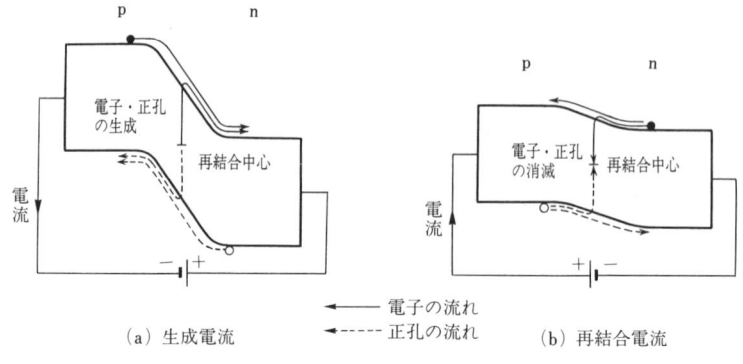

図 3.9 空乏層内での電流

(a) 生成電流　　(b) 再結合電流

← 電子の流れ
←--- 正孔の流れ

となることが知られている．ここで，v_{th} はキャリアの熱速度，S はキャリアの捕獲断面積，N_t はトラップ密度である．順方向電流密度 J_fwd は

$$J_\text{fwd} = J_0 \exp\left(\frac{eV}{kT}\right) + \frac{eW}{2} S v_{th} N_t n_i \exp\left(\frac{eV}{2kT}\right) \tag{3.35}$$

と表される．

実際のダイオードの順方向電流密度は

$$J_\text{fwd} \propto \exp\left(\frac{eV}{nkT}\right) \tag{3.36}$$

となることが多く，n は**理想因子** (ideality factor) といい，ダイオード特性の指標として用いられる．$n = 1$ であれば，理想的なダイオード特性を示し，$n = 2$ であれば，再結合電流が支配的なダイオード特性であるといえる．$n = 1 \sim 2$ であれば，拡散電流と再結合電流が両方流れているといえる．

空乏層内での再結合電流に加えて，表面再結合電流もしばしば観測される．通常，接合表面は絶縁膜で覆われているが，絶縁膜と半導体間の化学結合が不完全な場合，トラップ準位が形成される．このトラップを介した電流が表面再結合電流であり，上述の n 値が，やはり 2 になることが知られている．

3.3.3 高注入状態

順方向印加電圧を増大していった場合，注入された少数キャリア密度が増大し，多数キャリア密度と同等またはそれ以上になる．この状態を**高注入** (high injection) 状態とよぶ．ここで，pn 接合の n 形側で高注入状態になり

$$p_n = p_{n0} \exp\left(\frac{eV}{kT}\right) \gg n_{n0} \approx N_d \tag{3.37}$$

3.3 理想特性からのずれ

となったとする．この場合，注入された少数キャリア（正孔）により中性領域に形成される内部電界 F を考慮する必要が生じる．前節で理想特性の導出に当たって，電界は空乏層にのみ印加されるとした仮定が成り立たなくなり，中性領域内での拡散電流のほかにドリフト電流成分を考慮する必要が出てくる．n 形領域内の正孔電流密度 J_p，電子電流密度 J_n は，式 (2.34)，(2.35) で示したように

$$J_p = ep_n\mu_p F - eD_p \frac{\partial p_n}{\partial x} \quad (3.38)$$

$$J_n = en_n\mu_n F + eD_n \frac{\partial n_n}{\partial x} \quad (3.39)$$

と表される．正孔の高注入状態では，電子電流が正孔電流に比べて十分小さいと考えられるので，$J_n = 0$ とみなせる．よって，式 (3.39) より

$$F = -\frac{D_n}{\mu_n n_n}\frac{\partial n_n}{\partial x} = -\frac{kT}{en_n}\frac{\partial n_n}{\partial x} \quad (3.40)$$

を得る．ここで，アインシュタインの関係を用いた．式 (1.25) で示した電荷中性の条件より

$$n_n = N_d + p_n \approx p_n \quad (3.41)$$

が成り立つので

$$F \approx -\frac{kT}{ep_n}\frac{\partial p_n}{\partial x} \quad (3.42)$$

が求まり，これを，式 (3.38) に代入することにより

$$J_p = -2eD_p \frac{\partial p_n}{\partial x} \quad (3.43)$$

が得られる．内部電界 F によるドリフト効果により，正孔の拡散係数がちょうど 2 倍の大きさに見えることになる[*1]．

式 (3.10) と (3.41) より

$$p_n = n_i \exp\left(\frac{eV}{2kT}\right) \quad (3.44)$$

が得られる．この境界条件で，$D_p \to 2D_p$ とみなした拡散方程式を解くことにより

$$J_p \propto \exp\left(\frac{eV}{2kT}\right) \quad (3.45)$$

の関係が求められる．先に述べたように $J_n \approx 0$ とみなせるので，$J \approx J_p$ であり，高注入時の電流-電圧特性は式 (3.45) で表せる．

実際の高注入状態では，次に述べるように，ダイオードがもっている直列抵抗の効果も現れるようになり，実験的には

$$J \propto \exp\left(\frac{eV}{nkT}\right) \quad (n = 1 \sim 2) \quad (3.46)$$

と表せることが多い．

[*1] 電荷中性条件 (式 (3.41)) を満たすために，電子が n 形側電極から流れ込む．

3.3.4 直列抵抗効果

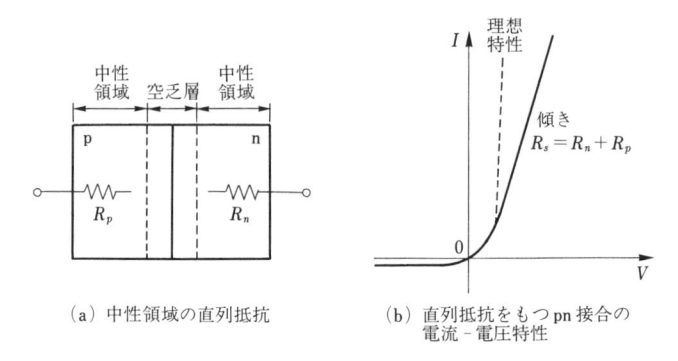

(a) 中性領域の直列抵抗

(b) 直列抵抗をもつ pn 接合の電流-電圧特性

図 3.10 直列抵抗効果

空乏層端から離れるに従って，注入された少数キャリアは多数キャリアと再結合することで減少し，やがて少数キャリアによる電流は消滅する．空乏層端から十分離れたところでは，多数キャリアのドリフト電流が電気伝導を担うことになる．多数キャリアをドリフトさせるために微小な電界が必要である．理想特性の導出に当たっては，この微小電界を0とし，中性領域での電圧降下を0としていた．しかし，順方向印加電圧を増大させ電流が増えてくると，中性領域の電圧降下が無視できなくなってくる．図3.10(a) に示すように，実際のダイオードでは，両端に抵抗 R_n, R_p がある．外部印加電圧を V としたときダイオードを流れる電流を I とすると，空乏層に印加される電圧は，外部電圧から直列抵抗による電圧降下を差し引いたものになるので，次の関係を満たす．

$$I = I_0 \left\{ \exp\left(\frac{e(V - R_s I)}{nkT}\right) - 1 \right\} \quad (n = 1 \sim 2) \tag{3.47}$$

ここで，$R_s = R_n + R_p$ である．V が小さいときには，I も小さく，直列抵抗の効果は無視できる．V が大きくなると，I は指数関数的に増大し，図3.10(b) に示すように直列抵抗の効果は無視できなくなる．

3.4 空乏層の解析

図3.2に示したように，空乏層は電気二重層になっており，空乏層は容量をもっている．ここでは，空乏層内の電位を解析することにより空乏層幅，空乏層容量を求める．空乏層内の電位は，空乏層内の電荷の位置分布によって決まる．ここでは，代表的な2種類の電荷分布について解析する．

3.4.1 階段接合

図3.11のように,不純物分布が階段状に急激に変化する場合を考える.$x=0$ を境にして,$-x_p \leq x \leq 0$ の p 形領域でアクセプタ濃度が N_a で,$0 \leq x \leq x_n$ の n 形領域でドナー濃度が N_d とする.このような pn 接合を**階段接合** (step junction, abrupt junction) という.解析に当たっては,簡単のために,ドナーとアクセプタは室温で全てイオン化しているとする.

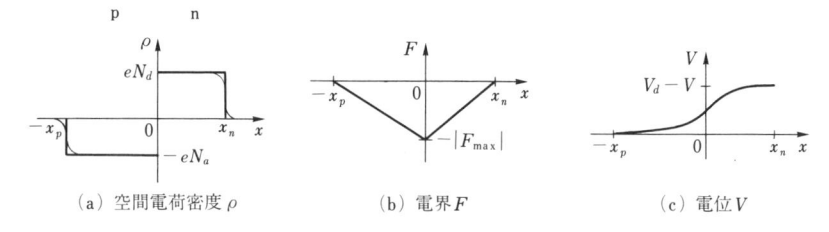

(a) 空間電荷密度 ρ　　(b) 電界 F　　(c) 電位 V

図 3.11 階段接合の空乏層の解析

空乏層内の電位分布 $V(x)$ は**ポアソンの方程式** (Poisson's equation)

$$\frac{d^2 V(x)}{dx^2} = \frac{e(N_a + n - p)}{\varepsilon_s \varepsilon_0} \quad (-x_p \leq x \leq 0) \tag{3.48}$$

$$\frac{d^2 V(x)}{dx^2} = -\frac{e(N_d - n + p)}{\varepsilon_s \varepsilon_0} \quad (0 \leq x \leq x_n) \tag{3.49}$$

から求められる.$\varepsilon_0, \varepsilon_s$ はそれぞれ真空の誘電率,半導体の比誘電率である.ここで,空乏層内では,キャリアは N_a や N_d に比べて十分少ないので,図 3.11(a) に示すように近似して

$$\frac{d^2 V(x)}{dx^2} = \frac{eN_a}{\varepsilon_s \varepsilon_0} \quad (-x_p \leq x \leq 0) \tag{3.50}$$

$$\frac{d^2 V(x)}{dx^2} = -\frac{eN_d}{\varepsilon_s \varepsilon_0} \quad (0 \leq x \leq x_n) \tag{3.51}$$

となる.境界条件は,

$$V(-x_p) = 0, \;\; および, V(x_n) = V_d - V$$

(空乏層両端での電位の境界条件) (3.52)

$$\left.\frac{dV(x)}{dx}\right|_{x=-x_p} = 0, \text{ および}, \left.\frac{dV(x)}{dx}\right|_{x=x_n} = 0$$
（空乏層両端での電界の境界条件） (3.53)

$$V(+0) = V(-0), \text{ および}, \left.\frac{dV(x)}{dx}\right|_{x=+0} = \left.\frac{dV(x)}{dx}\right|_{x=-0}$$
（pn接合面での電位と電界の境界条件） (3.54)

となる．式 (3.50) および (3.51) を積分し，境界条件式 (3.53) を用いて

$$\frac{dV(x)}{dx} = \frac{eN_a}{\varepsilon_s\varepsilon_0}(x+x_p) \qquad (-x_p \leq x \leq 0) \tag{3.55}$$

$$\frac{dV(x)}{dx} = \frac{eN_d}{\varepsilon_s\varepsilon_0}(x_n-x) \qquad (0 \leq x \leq x_n) \tag{3.56}$$

を得る．式 (3.54) のうち，電界に関する境界条件を用いて

$$\frac{e}{\varepsilon_s\varepsilon_0}N_a x_p = \frac{e}{\varepsilon_s\varepsilon_0}N_d x_n \tag{3.57}$$

を得る．この式から

$$N_d x_n = N_a x_p \tag{3.58}$$

が成り立つ．これは，空乏層内でイオン化ドナーの総量とイオン化アクセプタの総量は等しいことを示している．

さらに，式 (3.55), (3.56) を境界条件式 (3.52) を用いて積分することにより

$$V(x) = \frac{eN_a}{2\varepsilon_s\varepsilon_0}(x+x_p)^2 \qquad (-x_p \leq x < 0) \tag{3.59}$$

$$V(x) = V_d - V - \frac{eN_d}{2\varepsilon_s\varepsilon_0}(x-x_n)^2 \qquad (0 \leq x \leq x_n) \tag{3.60}$$

が得られる．これらの式を，式 (3.54) のうちの，電位に関する境界条件に代入すると

$$N_a x_p^2 + N_d x_n^2 = \frac{2\varepsilon_s\varepsilon_0(V_d-V)}{e} \tag{3.61}$$

を得る．この式と，式 (3.58) から

$$x_p = \sqrt{\frac{2\varepsilon_s\varepsilon_0(V_d-V)}{e(N_a+N_d)}\frac{N_d}{N_a}} \tag{3.62}$$

を得る．式 (3.62) と (3.63) から，空乏層幅 d が求まる．

$$x_n = \sqrt{\frac{2\varepsilon_s\varepsilon_0(V_d - V)}{e(N_a + N_d)}\frac{N_a}{N_d}} \tag{3.63}$$

$$d \equiv x_n + x_p = \sqrt{\frac{2\varepsilon_s\varepsilon_0(V_d - V)(N_a + N_d)}{eN_aN_d}} \tag{3.64}$$

逆方向バイアス印加時に電圧の絶対値 $|V|$ が大きくなるほど空乏層幅が大きくなる．

空乏層の p 形に形成される電荷 $-Q$ および n 形側に形成される電荷 Q は

$$Q = eN_ax_p = eN_dx_n = \sqrt{\frac{2e\varepsilon_s\varepsilon_0(V_d - V)N_aN_d}{N_a + N_d}} \tag{3.65}$$

となる．空乏層の単位面積当たりの容量は

$$C = -\frac{dQ}{dV} = \sqrt{\frac{e\varepsilon_s\varepsilon_0 N_aN_d}{2(V_d - V)(N_a + N_d)}} = \frac{\varepsilon_s\varepsilon_0}{d} \tag{3.66}$$

で与えられる．空乏層は厚さが d の平行平板コンデンサとみなせる．この容量を**空乏層容量** (depletion capacitance) または，**障壁容量** (barrier capacitance) という．逆方向バイアスで電圧の絶対値 $|V|$ が大きくなるほど空乏層幅が大きくなるのに対応して，空乏層容量は $(V_d - V)^{-1/2}$ に比例する．

式 (3.55)，式 (3.56) から空乏層内での最大電界 $|F_{\max}|$ は，$x = 0$ で得られ

$$F_{\max} = \sqrt{\frac{2e(V_d - V)N_aN_d}{\varepsilon_s\varepsilon_0(N_a + N_d)}} = \frac{2(V_d - V)}{d} \tag{3.67}$$

となる．

[例題 3.2] $N_a = 10^{21}\mathrm{m}^{-3}$，$N_d = 10^{23}\mathrm{m}^{-3}$ の Si の階段形 pn 接合に逆方向バイアス 10V が印加されている．(1) V_d を求めよ．(2) 空乏層幅を求めよ．(3) 空乏層内の電界分布を図示せよ．ただし，Si の比誘電率を 11.9 とする．

(**解**) (1) 不純物はすべてイオン化しているとする．$np = n_i^2$ の関係を用いて，式 (3.6) より

$$V_d = \frac{kT}{e} \ln \frac{p_{p0}}{p_{n0}} = \frac{kT}{e} \ln \frac{p_{p0} n_{n0}}{n_i^2} = \frac{kT}{e} \ln \frac{N_a N_d}{n_i^2} \quad (3.68)$$
$$= 26 \times 10^{-3} \ln \frac{10^{21} \cdot 10^{23}}{(1.08 \times 10^{16})^2} = 0.71 \text{V}$$

を得る．

(2) 式 (3.64) より

$$d = \sqrt{\frac{2 \cdot 11.9 \cdot 8.85 \times 10^{-12}(0.71 + 10)(10^{21} + 10^{23})}{1.60 \times 10^{-19} \cdot 10^{21} \cdot 10^{23}}} = 3.77 \times 10^{-6} \text{m} = 3.77 \mu\text{m}$$

を得る．

(3) 最大電界は式 (3.67) より，$F_{\max} = 2 \cdot (0.71 + 10)/3.77 \times 10^{-6} = 5.68 \times 10^6$ V/m となる．式 (3.58) より，空乏層の p 形側への広がり x_p と，n 形側への広がり x_n は，$N_d : N_a$ に比例配分されるので，$x_p = 10^{23}/(10^{21} + 10^{23}) \cdot 3.77 \times 10^{-6} = 3.73 \times 10^{-6}$ m, $x_n = 10^{21}/(10^{21} + 10^{23}) \cdot 3.77 \times 10^{-6} = 3.7 \times 10^{-8}$ m となる．図 3.12 に結果を図示する．

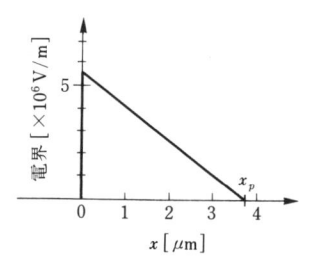

図 3.12 空乏層内の電界分布の例

3.4.2 傾斜接合

図 3.13 のように，不純物分布が位置の 1 次関数 $N_d(x) = N_0 + a_1 x$, $N_a(x) = N_0 - a_2 x$ で変化する接合を**傾斜接合** (graded junction) という．階段接合のときと同様に，空乏層内ではキャリアは N_a や N_d に比べて十分少ないので，ポアソン方程式は次のように近似できる．

$$\frac{d^2 V(x)}{dx^2} \approx -\frac{e(N_d - N_a)}{\varepsilon_s \varepsilon_0} = -e \frac{(a_1 + a_2) x}{\varepsilon_s \varepsilon_0} \quad (-x_p \leq x \leq x_n) \quad (3.69)$$

境界条件として階段接合と同じ式 (3.52) と (3.53) を用いて，式 (3.69) を解くと

$$x_p = x_n = \left\{ \frac{3\varepsilon_s \varepsilon_0 (V_d - V)}{2e(a_1 + a_2)} \right\}^{1/3} \quad (3.70)$$

を得る．これより，傾斜接合の空乏層幅 d は

$$d = x_p + x_n = \left\{ \frac{12\varepsilon_s \varepsilon_0 (V_d - V)}{e(a_1 + a_2)} \right\}^{1/3} \quad (3.71)$$

(a) 不純物濃度 N

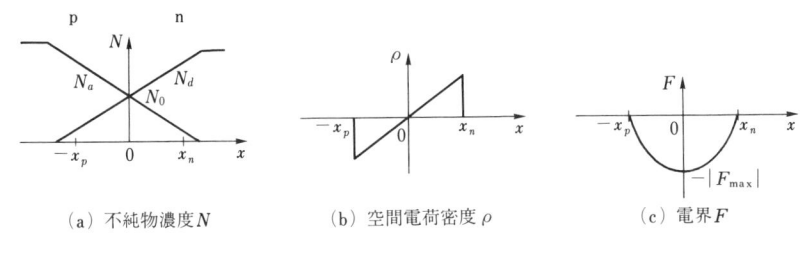

(b) 空間電荷密度 ρ

(c) 電界 F

図 3.13 傾斜接合の空乏層の解析

となる．空乏層内の空間電荷 Q は

$$Q = \int_0^{x_n} e(a_1 + a_2)x\,dx = \frac{1}{2}e(a_1 + a_2)x_n^2 \tag{3.72}$$

となる．これより，傾斜接合の単位面積当たりの空乏層容量は

$$C = \left\{\frac{\varepsilon_s^2 \varepsilon_0^2 e(a_1 + a_2)}{12(V_d - V)}\right\}^{1/3} = \frac{\varepsilon_s \varepsilon_0}{d} \tag{3.73}$$

となる．傾斜接合においても階段接合と同じく，空乏層は厚さが d の平行平板コンデンサとみなせる．また，傾斜接合では空乏層容量は $(V_d - V)^{-1/3}$ に比例する．

最大電界強度 $F_{\max}$ は，階段接合と同じように $x = 0$ で得られ

$$F_{\max} = \frac{3}{2}\left\{\frac{e(a_1 + a_2)(V_d - V)^2}{12\varepsilon_s \varepsilon_0}\right\}^{1/3} = \frac{3(V_d - V)}{2d} \tag{3.74}$$

である．

pn 接合における空乏層容量の逆バイアス依存性を活用した，**可変容量ダイオード** (varactor: variable reactor) がある．階段接合や傾斜接合では容量変化が大きくとれないので，接合から遠ざかるほど急激に不純物濃度が小さくなる**超階段接合** (hyper abrupt junction) が可変容量ダイオードに用いられる．

3.5 pn 接合の破壊

pn 接合に印加する逆方向電圧を増大していくと図 3.8 に示すように急激に逆方向電流が流れ始める．この現象をダイオードの**破壊** (または**降伏**)(breakdown)

といい，電流の流れ始める電圧を**破壊電圧** (breakdown voltage)–V_b とよぶ．この現象は，半導体に印加される電界が半導体の絶縁耐力を上回ることによって起こる．具体的には，破壊は，空乏層内の最大電界 F_max が半導体の種類によって決まる絶縁耐力 F_b に達したとき，すなわち $F_\mathrm{max} = F_b$ のときに起こる．階段接合の場合，式 (3.67) で，$V = -V_b$ とおき，$|V_b| \gg V_d$ とみなすことで

$$V_b = \frac{\varepsilon_s \varepsilon_0 (N_a + N_d)}{2 e N_a N_d} F_b^2 \qquad (3.75)$$

が得られる．pn 接合の不純物濃度が大きくなると破壊電圧が小さくなる．p 形ないし n 形のいずれかの不純物濃度が他方に比べて十分小さいとき，破壊電圧は小さい方の不純物濃度で決まる．破壊の機構としては**なだれ破壊** (avalanche breakdown) と，**ツェナー破壊** (Zener breakdown) がある．前者は，半導体の不純物濃度が低く，破壊電圧が高い場合に，後者は，その逆の場合に見られる現象である．

逆バイアス状態では逆方向飽和電流として電子と正孔が空乏層内を流れている．① 逆方向電圧が大きくなると，空乏層にかかる電界が大きくなり，その電界から電子と正孔は大きな運動エネルギーを得る（図 3.14(a)）．② 大きな運動エネルギーを得たキャリアは半導体の構成原子に衝突する．③ 運動エネルギーが十分大きければ，価電子帯から導電帯に電子が励起されて電子正孔対が生成する．④ 新たに生成したキャリアも高電界によって加速され，原子と衝突して新たな電子正孔対を作る．この過程が繰り返されることで加速度的にキャリア密度が増大する．このような過程で起こる破壊をなだれ破壊とい

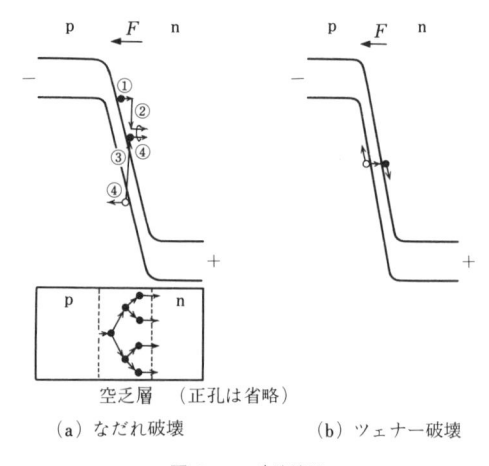

(a) なだれ破壊　　(b) ツェナー破壊

図 3.14 破壊機構

う．キャリアの増加の割合を**増倍因子** (multiplication factor) といい，次式で表される．

$$M = \frac{1}{1-\{(V_d-V)/V_b\}^n} \quad (n = 3 \sim 6) \tag{3.76}$$

pn 接合で p, n 形の両方の不純物濃度が多くなると，式 (3.64) や (3.71) で示したように空乏層幅は狭くなる．空乏層幅が狭くなり過ぎるとキャリアの加速が十分できなくなり，なだれ破壊は起こらない．この場合，図 3.14(b) で示したように p 形の価電子帯中の電子が量子力学的トンネル効果で禁制帯幅内を通過して n 形の導電帯内に入る．電界が強くなるとトンネル効果で移動する電子数が増し，大きな電流が流れる破壊に至る．この現象は発見者の名前をとってツェナー破壊とよばれている．

一般に禁制帯幅 E_g を基準として，$4E_g/e$ (Si の場合 4 V 程度) より小さな破壊電圧をもつものはツェナー破壊，$6E_g/e$ (Si の場合 7 V 程度) より大きな破壊電圧をもつものはなだれ破壊によるものとされている．この中間の電圧で破壊する場合には両方の機構が混在している．温度が上昇すると，2.3 節で述べたようにキャリアの散乱が増え，電子正孔対を発生させるほど大きなエネルギーを授受する散乱（衝突）は起こりにくくなり，なだれ破壊電圧は大きくなる．一方，温度が高くなると，禁制帯幅は通常小さくなるので，ツェナー破壊電圧は減少する．したがって，破壊機構を明らかにするためには破壊電圧の温度特性を調べればよい．

また，実用上は，上記のなだれ破壊とツェナー破壊の混在した領域 (Si の場合 4 ～ 7 V) に破壊電圧が入るように不純物濃度を設定することにより，温度によって破壊電圧が変化しないダイオードができる．これは，**ツェナーダイオード** (Zener diode) または**定電圧ダイオード**とよばれる．

[**例題 3.3**] 階段形の不純物分布をもつ pn 接合で破壊電圧が 20 V であった．n 形のドナー濃度はいくらか．ただし，p 形にはアクセプタ不純物が大量に入っているものとし，Si の絶縁耐力を 3×10^7 V/m，比誘電率を 11.9 とする．

（**解**） 式 (3.75) で，$N_a \gg N_d$ として

$$V_b \approx \frac{\varepsilon_s\varepsilon_0}{2eN_d}F_b^2$$

$$N_d \approx \frac{11.9 \cdot 8.85 \times 10^{-12}}{2 \cdot 1.60 \times 10^{-19} \cdot 20}(3 \times 10^7)^2 = 1.5 \times 10^{22} \mathrm{m}^{-3}.$$

3.6 交流特性

図 3.6(a) に示したように，順方向バイアスで注入された過剰少数キャリアは，空乏層の近傍に，空間電荷として存在している．この状態を少数キャリアの蓄積という．過剰少数キャリアの蓄積量は pn 接合に印加される電圧と接合を流れる電流に応じて変化する．以下では，蓄積された過剰少数キャリアが pn 接合の正弦波応答およびパルス応答に与える影響について述べる．

3.6.1 拡散容量

pn 接合に正弦波交流を印加した場合について考える．交流特性を解析する場合も，直流特性と同様に，拡散方程式を用いる．まず，p 形領域について述べる．簡単のために過剰少数キャリア密度は十分小さいとする．

p 形領域の過剰電子密度を n_e とすると[*1]，式 (2.37) より次式が成り立つ．

$$\frac{\partial n_e}{\partial t} = -\frac{n_e}{\tau_n} + D_n \frac{\partial^2 n_e}{\partial x^2} \tag{3.77}$$

交流電圧 $V = V_{DC} + V_{AC}\exp(j\omega t)$ を印加することにより，過剰少数キャリアも交流成分をもつとして，$n_e = n_{DC} + n_{AC}\exp(j\omega t)$ とする．この n_e を式 (3.77) に代入すると

$$j\omega n_{AC}\exp(j\omega t) = -\frac{n_{DC} + n_{AC}\exp(j\omega t)}{\tau_n} + D_n\left\{\frac{\partial^2 n_{DC}}{\partial x^2} + \frac{\partial^2 n_{AC}}{\partial x^2}\exp(j\omega t)\right\} \tag{3.78}$$

が得られる．

直流成分と交流成分に分けると

$$D_n\frac{\partial^2 n_{DC}}{\partial x^2} - \frac{n_{DC}}{\tau_n} = 0 \tag{3.79}$$

[*1] 添字の e は過剰 (excess) を表す．

3.6 交流特性

$$D_n \frac{\partial^2 n_{AC}}{\partial x^2} - \frac{n_{AC}(1+j\omega\tau_n)}{\tau_n} = 0 \tag{3.80}$$

となる.

一方,p 形領域の空乏層端での過剰電子密度は式 (3.8) より

$$n_e|_{空乏層端} = n_{p0}\left\{\exp\left(\frac{eV}{kT}\right) - 1\right\} \tag{3.81}$$

と表される.印加電圧 $V = V_{DC} + V_{AC}\exp(j\omega t)$ のうち,交流成分の振幅 V_{AC} は直流成分 V_{DC} に比べて十分小さいとすると,式 (3.81) をテーラー展開することにより,次の近似式が得られる.

$$n_e|_{空乏層端} \approx n_{p0}\left\{\exp\left(\frac{eV_{DC}}{kT}\right) - 1 + \exp(j\omega t)\exp\left(\frac{eV_{DC}}{kT}\right)\frac{eV_{AC}}{kT}\right\} \tag{3.82}$$

これは,次のように直流分と交流分に分けられる.

$$n_{DC}|_{空乏層端} = n_{p0}\left\{\exp\left(\frac{eV_{DC}}{kT}\right) - 1\right\} \tag{3.83}$$

$$n_{AC}|_{空乏層端} = n_{p0}\left\{\exp(j\omega t)\exp\left(\frac{eV_{DC}}{kT}\right)\frac{eV_{AC}}{kT}\right\} \tag{3.84}$$

このうち,式 (3.79) と式 (3.83) からは,直流特性の解析で求めた式 (3.22) と同じように,p 形領域の空乏層端での電子電流 J_n^{DC}

$$J_n^{DC} = \frac{eD_n n_{p0}}{L_n}\left\{\exp\left(\frac{eV_{DC}}{kT}\right) - 1\right\} \tag{3.85}$$

が求まる.この式は,式 (3.83) を用いて

$$J_n^{DC} = \frac{eD_n}{L_n}n_{DC}|_{空乏層端} \tag{3.86}$$

と書き直せる.ここで,$L = \sqrt{D\tau}$ の関係を用いている.

式 (3.79) と式 (3.80) を比較すると $\tau_n \to \tau_n/(1+j\omega\tau_n)$ と置き換わっている.したがって,式 (3.86) から,交流成分については

$$\begin{aligned}J_n^{AC} &= \frac{eD_n\sqrt{1+j\omega\tau_n}}{L_n}n_{AC}|_{空乏層端} \\ &= \frac{eD_n\sqrt{1+j\omega\tau_n}}{L_n}n_{p0}\left\{\exp(j\omega t)\exp\left(\frac{eV_{DC}}{kT}\right)\frac{eV_{AC}}{kT}\right\}\end{aligned} \tag{3.87}$$

が成り立つ．

まったく同様に，n形領域での正孔電流が求まり

$$J_p^{DC} = \frac{eD_p p_{n0}}{L_p}\left\{\exp\left(\frac{eV_{DC}}{kT}\right) - 1\right\} \quad (3.88)$$

$$\begin{aligned}J_p^{AC} &= \frac{eD_p\sqrt{1+j\omega\tau_p}}{L_p}p_{AC}|_{空乏層端} \\ &= \frac{eD_p\sqrt{1+j\omega\tau_p}}{L_p}p_{n0}\left\{\exp(j\omega t)\exp\left(\frac{eV_{DC}}{kT}\right)\frac{eV_{AC}}{kT}\right\} \quad (3.89)\end{aligned}$$

が得られる．

したがって，式 (3.87), (3.89) から接合面積 S の理想 pn 接合ダイオードのアドミタンス y は

$$\begin{aligned}y &= \frac{(J_p^{AC} + J_n^{AC})S}{V_{AC}\exp(j\omega t)} \\ &= \frac{Se^2}{kT}\left(\frac{D_p p_{n0}\sqrt{1+j\omega\tau_p}}{L_p} + \frac{D_n n_{p0}\sqrt{1+j\omega\tau_n}}{L_n}\right)\exp\left(\frac{eV_{DC}}{kT}\right) \end{aligned}$$
$$(3.90)$$

で与えられる．これを**拡散アドミタンス** (diffusion admittance) とよび，図 3.15 のような周波数特性をもっている．

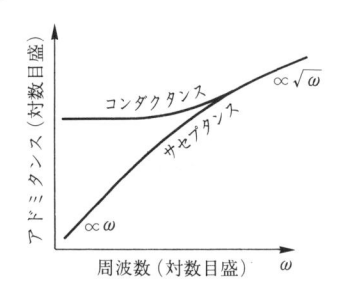

図 3.15 拡散アドミタンスの周波数特性

(1) 低周波 ($\omega\tau_n \ll 1$, $\omega\tau_p \ll 1$) のとき

$$y \approx \frac{Se^2}{kT}\left(\frac{D_p p_{n0}}{L_p} + \frac{D_n n_{p0}}{L_n}\right)\exp\left(\frac{eV_{DC}}{kT}\right) + j\omega\frac{Se^2}{2kT}(L_p p_{n0} + L_n n_{p0})\exp\left(\frac{eV_{DC}}{kT}\right) \quad (3.91)$$

3.6 交流特性

コンダクタンス G_d は

$$G_d = \frac{Se^2}{kT}\left(\frac{D_p p_{n0}}{L_p} + \frac{D_n n_{p0}}{L_n}\right)\exp\left(\frac{eV_{DC}}{kT}\right) \quad (3.92)$$

となり，周波数に依存せず一定となる．容量成分 C_d は

$$C_d = \frac{Se^2}{2kT}(L_p p_{n0} + L_n n_{p0})\exp\left(\frac{eV_{DC}}{kT}\right) \quad (3.93)$$

となり，周波数に依存せず一定である．

(2) 高周波（$\omega\tau_n \gg 1$, $\omega\tau_p \gg 1$）のとき

$$y \approx \frac{Se^2\sqrt{\omega}}{\sqrt{2}kT}(\sqrt{D_p}\,p_{n0} + \sqrt{D_n}\,n_{p0})\exp\left(\frac{eV_{DC}}{kT}\right)(1+j) \quad (3.94)$$

となり，コンダクタンス分とサセプタンス分はともに周波数の平方根に比例して増加する．したがって，容量としては周波数の平方根に反比例して減少していく．

以上のように，サセプタンス分は容量性を示し，この容量を**拡散容量**（diffusion capacitance）とよぶ．拡散容量は注入された少数キャリアによるものであるから，pn 接合が順方向バイアスされたときに拡散容量は問題となる．実際，式 (3.93) および (3.94) で，pn 接合への印加電圧 V_{DC} が正方向に大きくなると，容量は大きくなる．

3.6.2 パルス応答

さらに周波数が高くなると，蓄積された過剰少数キャリアが再結合によって減少するより速く外部電圧が変化し，非線形の時間遅れ効果が生じる．例えば，周波数が高くなると，半波整流波形が図 3.16 のように歪む．このような現象を**少数キャリアの蓄積効果**とよび，次で述べるパルス応答を決めている．

図 3.17(a) に示す回路で，ダイオードをオンオフした場合の，ダイオードの電流-電圧特性の過渡特性を考える．定量的には拡散方程式 (3.77) を解くことで，過渡特性が求まる．ここでは，過渡特性を定性的に説明する．簡単のために，p 形側のアクセプタ濃度が n 形側のドナー濃度に比べて十分大きいとする[*1]．この場合，pn 接合を流れる電流は，3.2.3 項で述べたように，正孔電流が優勢になる．このため，n 形領域内の正孔についてのみ考えればよい．

まず，pn 接合を，逆方向バイアスで導通がほとんどない状態（オフ状態）から順方向バイアスで導通のある状態（オン状態）に遷移させる場合を考える．

[*1] このような pn 接合を慣用的に p^+n 接合と表す．

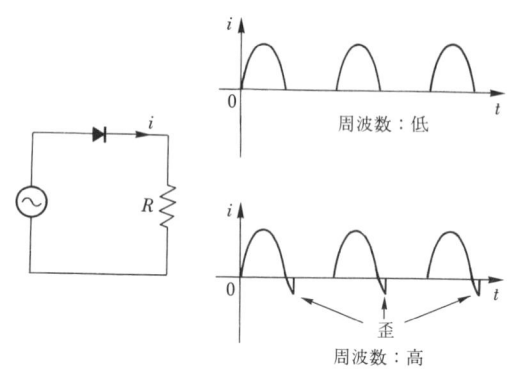

図 3.16　過剰少数キャリアの蓄積による整流波形の歪

オフ状態からオン状態に切り換えた直後に電流は $I_F \approx V_F/R$ に達し，そのまま一定値を保つ．切り換え後，図 3.17(b) のように，少数キャリアである正孔が蓄積するため，またはいい換えると拡散容量を充電するために，定常状態に達するまでに遅れ時間が生ずる．ダイオード両端の電圧 v は式 (3.7) のように p 形および n 形領域の空乏層端での正孔密度比によって決まり，時間が経過するにつれ正孔が蓄積されるので，図 3.17(c) のように，定常値に向かって増大していく．ダイオード電圧が定常状態になるまでには，少数キャリアの寿命程度の時間を要する．

(a) p$^+$n 接合ダイオードのスイッチ特性測定回路　(b) オン時の過剰正孔密度の分布　(c) 電流 i，電圧 v の変化

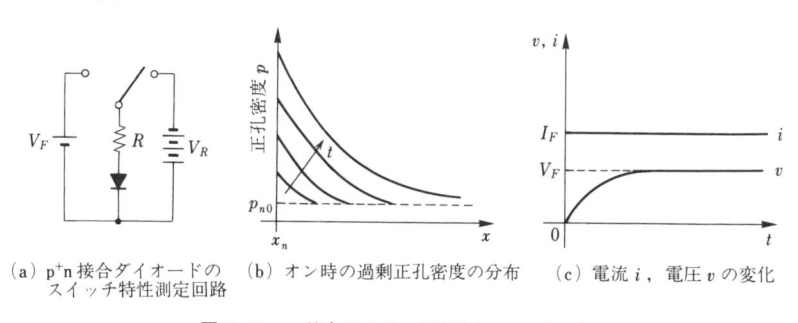

図 3.17　pn 接合のスイッチ特性（オフ→オン）

次に，オン状態からオフ状態に遷移する場合を考える．オン状態で少数キャリアが蓄積された状態から，時刻 $t=0$ にオフ状態（逆バイアス）に切り換えたとする．蓄積した正孔は次のような経過をたどって減少していく．

3.6 交流特性

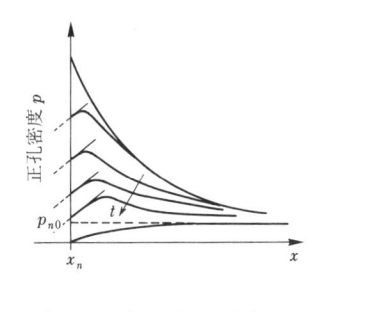

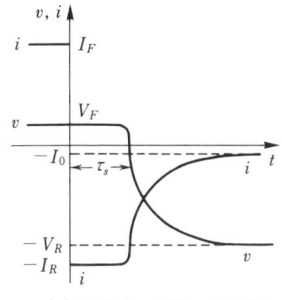

(a) オフ時の過剰正孔密度の分布　　(b) 電流 i，電圧 v の変化

図 3.18 pn 接合のスイッチ特性 (オン→オフ)

① $t<0$：順方向バイアスの定常状態であるので，図 3.18(a) のようにダイオード内では過剰正孔が蓄積し，電流 $i=I_F$ (順方向電流) が流れている．

② $t=0$：バイアスの極性が反転することにより，少数キャリアが逆流し，ダイオード電流は瞬時に $i=-I_R=-V_R/R$ となる．逆流により空乏層端での過剰正孔密度は減少し，空乏層端での過剰正孔の密度勾配は，順バイアス時に比べて極性が反転している．この逆流する電流も拡散電流であり，空乏層端での過剰正孔の密度勾配と逆流する電流量は比例関係にある．

③ $0<t<\tau_s$：過剰正孔は，電子との再結合と p^+ 形側への逆流により，時間経過とともに減少する．しかし，空乏層端での過剰正孔の密度勾配は一定であり，電流量も一定である．

pn 接合の両端の電圧 v は式 (3.7) のように p 形および n 形領域の空乏層端での正孔密度比によって決まる．p^+ 側の正孔密度は一定であるから，図 3.18(a) に示す n 側の空乏層端での正孔密度が v を決める．

空乏層端での正孔密度は減少するが，n 形領域内に存在する正孔が拡散によって空乏層端から離れたところから空乏層端に向かって補給されるので，しばらくは大きく変化しない．このため，電圧もしばらくは大きく変化せず，順方向電圧を維持する．

④ $t=\tau_s$：空乏層端での過剰正孔密度が 0 になると，電圧は $v=0$ になる．$t>\tau_s$ になると正孔密度は熱平衡状態より少なくなり，電流 i は $-I_R=-V_R/R$ を維持できなくなる．電流 i は急激に減少し始める．この τ_s をキャリアの

蓄積時間 (storage time) とよんでいる．

⑤ $\tau_s < t$：電流と電圧はやがて $i = -I_0$, $v = -V_R$ と定常的な逆方向特性になる．

蓄積時間は蓄積した少数キャリアを取り除くのに要する時間であるから，少数キャリアの寿命を短くするか，逆方向電流を増やすことによって短くできる．p^+n 接合では蓄積時間は正孔の寿命 τ_p との間で，近似的に

$$\tau_s \simeq \tau_p \ln\left(1 + \frac{I_F}{I_R}\right) \tag{3.95}$$

と表されることが知られており，式の上でも，τ_p の減少と I_R の増大が τ_s の減少に結び付くことが確認できる．

実用のスイッチングダイオードでは，τ_p や τ_n を減少させるために，金 (Au) などを添加することで深いトラップ準位を形成し，少数キャリアを捕獲させることで，少数キャリアの寿命を短くすることがある．

3.7 種々の pn 接合ダイオード

pn 接合ダイオードには実用上次の点が要求される．(1) 逆方向に電圧印加したとき，耐圧電圧が高く，逆方向電流（漏れ電流）が小さいこと．(2) 順方向に電圧を印加したとき，電圧降下が小さいこと．(3) 放熱しやすく，また，昇温・降温の繰り返しに耐えられること．

逆方向耐圧は式 (3.75) で決まる．ダイオードの p 形領域のアクセプタ濃度 N_a と n 形領域のドナー濃度 N_d の間に $N_d \ll N_a$ の関係が成り立つとき，逆方向耐圧は N_d で決まる．N_d を小さくすると逆方向耐圧は向上するが，n 形領域の直列抵抗が増大し，順方向バイアスでの電圧降下が増大する[*1]．そこで，実用上は図 3.19 のように n 形領域のうち空乏化する部分の不純物濃度を小さくして耐圧を向上させ，n 形領域のうち空乏化しない領域の不純物濃度を大きく

[*1] 8 章例題 8.3 参照．

して直列抵抗を低減している[*1]．また，とくに大電流を取り扱うダイオードでは，順方向バイアス時の電圧降下による発熱が無視できず，放熱を工夫する必要がある．

非常に導電率が低く，真性とみなせるような i 領域を p 領域と n 領域で挟んだ pin ダイオードがある．このダイオードでは順方向バイアスを印加すると，i 領域へ p 領域から正孔が，n 領域から電子が注入され，i 領域の抵抗が非常に低くなる．順方向電流の大きさによって pin 接合の抵抗が変化することを用いた**バリスタ** (varistor) が可変抵抗として用いられる．

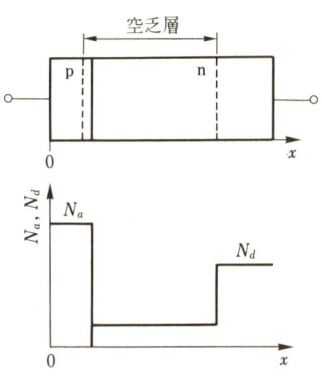

図 3.19 pn ダイオードにおける高耐圧化と直列抵抗の低減

不純物濃度を $10^{25}\mathrm{m}^{-3}$ 程度以上にすると，順方向電圧を大きくしたとき，一旦，電流が小さくなる現象（負性抵抗）が見られるようになる（図 3.20）．このようなダイオードを**トンネルダイオード** (tunnel diode)[*2]という．トンネルダイオードの特性は次のように説明される．

① 不純物濃度が有効状態密度以上になると，不純物原子の電子同士が相互作用するようになり，不純物準位に広がりが見られるようになる．この状態では，n 形半導体のフェルミ準位は導電帯内に，p 形半導体のそれは価電子帯内に存在するようになる[*3]．また，このとき，空乏層幅は非常に狭くなる．② このダイオードに順方向バイアスを印加すると，n 形領域の導電帯の電子のエネルギー準位と同じ準位で，p 形領域の価電子帯に未占有のエネルギー準位が存在するようになる．これにより，n 形の導電帯から p 形の価電子帯に向かって電子がトンネル伝導し，電流が流れる．③ ある程度印加電圧が大きくなると，n 形半導体の導電帯の電子と同じエネルギー準位が p 形領域に存在しなくなり，電流は減少する．これが負性抵抗の原因となる．④ さらに順方向バイアスを増大さ

[*1] pn 接合面で曲率の大きいところがあると，その部分に電界が集中し，耐圧の低下をもたらす．耐圧の向上には pn 接合の形状の最適化も重要である．
[*2] 発明者の江崎の名をとってエサキダイオードともいう．
[*3] この状態を縮退という．

せると，通常の拡散電流が流れ始め，電流は大きくなる．⑤ 逆方向バイアス時には，p 形領域の価電子帯の電子が n 形半導体の導電帯にトンネル伝導するので，大きな電流が流れる．

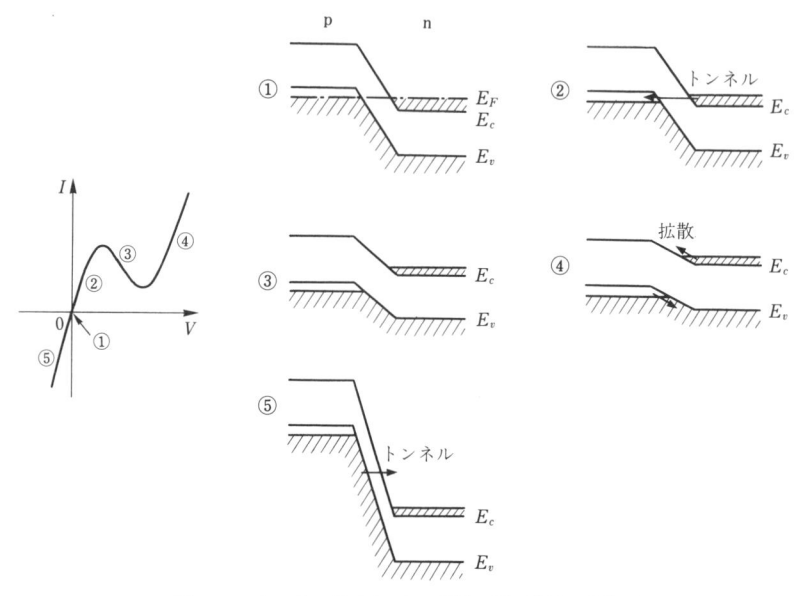

図 3.20 トンネルダイオードの電流 – 電圧特性と動作原理

演 習

3.1 アクセプタ濃度 N_a が 2×10^{22} m^{-3} の p 形とドナー濃度 N_d が 5×10^{24} m^{-3} の n 形からなる pn 接合がある．温度は室温とし，不純物はすべてイオン化しているとする．(1) pn 接合が Si でできている場合の拡散電位を求めよ．(2) Ge でできている場合の拡散電位はいくらか．

3.2 前問に示した不純物濃度をもつ Si の pn 接合で，次の場合の空乏層幅，単位面積当たりの空乏層容量を求めよ．Si の比誘電率は 11.9 とする．(1) ゼロバイアス，(2) -5 V 印加時（逆バイアス）．

3.3 前問の pn 接合の破壊電圧を求めよ．Si の絶縁耐力を 3×10^7 V/m とする．

3.4 前問の pn 接合で，p 形領域での電子の拡散長が 5 μm とする．次の場合について，この pn 接合の低周波での単位面積当たりの拡散容量を求めよ．(1) ゼロバイアスのとき，(2) 順方向に 0.6 V のバイアスを印加したとき．

3.5 本章では，理想 pn 接合の電流-電圧特性の導出に当たって，空乏層以外の部分の電界は無視できるとしてきた．この仮定について検討する．Si の pn 接合の形状が直方体で，0.3 V を順方向に印加したとき，この pn 接合に 10 A/m^2 の電流が流れた．このとき，p 形領域の空乏層端から p 形側電極までの距離および n 形領域の空乏層端から n 形側電極までの距離がともに 1 mm とする．印加電圧は空乏層にのみ印加されると考えてよいかどうか判定せよ．ただし，p 形領域で $\mu_p = 3 \times 10^{-2}$ m^2/Vs，$N_a = 1 \times 10^{22}$ m^{-3}，n 形領域で $\mu_n = 0.1$ m^2/Vs，$N_d = 5 \times 10^{20}$ m^{-3} とする．また，電極と半導体の接触での電圧降下は無視できるものとする．

4

半導体異種材料界面

半導体デバイスには，電圧を印加し，電流を流すための電極が必要である．良好な電極を得るためには，電極（通常は金属）と半導体の接触における電気伝導の物理を理解する必要がある．金属と半導体の接触の中には，整流性を示すものと，オーム性を示すものがあり，前者はダイオードとして，後者は電極として用いられている．

6章で述べるMOS形電界効果トランジスタでは，半導体表面に静電的に電子や正孔を誘起して，キャリアの数を制御している．静電的なキャリアの誘起には半導体と絶縁体の界面が重要な役割を果たしている．本章では，半導体異種材料界面での物理の初歩的な理解を目的としている．

4.1 金属-半導体界面

4.1.1 金属-半導体界面のエネルギー帯図

金属と半導体を接触させて，電流-電圧特性を測定すると，図4.1に示すように，整流性が現れたり，現れなかったりする．前者を**整流性接触**(rectifying contact)または**ショットキー**(Schottky)**接触**（図中，曲線①），後者を**オーム性接触**(ohmic contact)（図中，直線②）とよぶ．この違いは金属と半導体の**仕事関数**(work function)の違いに基づいている．仕事関数は**真空準位**(vacuum level)とフェルミ準位の間のエネルギー差である．

まず，整流性接触について述べる．仕事関数 ϕ_s

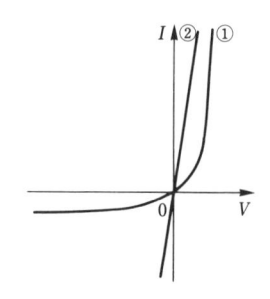

図 4.1 金属-半導体接触の電流-電圧特性

をもつ n 形半導体と仕事関数 ϕ_m をもつ金属の接触を考える．仕事関数の間に $\phi_m > \phi_s$ の関係があるとすると，金属と半導体の接触前は図 4.2(a) に示すように n 形半導体のフェルミ準位が金属のフェルミ準位に比べて $\phi_m - \phi_s$ だけ高くなっている．両者が接触すると，半導体の導電帯にある電子は金属側に移動し，後にはイオン化したドナー（正電荷）が残される．フェルミ準位が一致したところで平衡状態に達する．半導体表面にはイオン化ドナーが残されているので，金属側より高電位となり，電子にとってこれは図 4.2(b) のように**電位障壁** (potential barrier) ができる．この障壁を半導体側から見る場合その大きさを**拡散電位** (diffusion potential)V_d，金属側から見る場合を**障壁高さ** (barrier height)ϕ_B とよぶ．半導体の導電帯の底から真空準位までのエネルギー差を表す**電子親和力** (electron affinity)χ_s を用いると，半導体でのフェルミ準位と導電帯のエネルギー差が $\phi_s - \chi_s$ で示されるので障壁高さは次のように示される[*1]．

$$\phi_B = \phi_m - \chi_s \tag{4.1}$$

また，拡散電位は次のように示される．

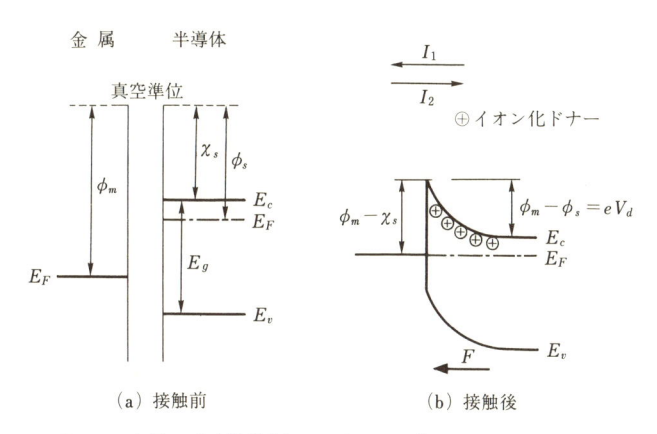

図 4.2 金属-n 形半導体接触のエネルギー帯図：$\phi_m > \phi_s$，整流性が得られる場合

[*1] 同一の半導体について接触させる金属の種類を変化させた場合，しばしば，ϕ_B の実測値は式 (4.1) に従わず，ϕ_B は ϕ_m の弱い関数となる．これは 4.2.1 項で述べる界面準位の影響のためである．

$$eV_d = \phi_m - \phi_s \tag{4.2}$$

4.1.2 電流-電圧特性

外部から電圧が印加されていないとき，整流性の金属–半導体接触では，半導体側に正電荷(イオン化ドナー)，金属側に負電荷(電子)が存在するので，界面に内部電界が生じている．半導体表面にはキャリアの電子が存在しないので空乏層となる．n形半導体の場合，電界の向きは図4.2(b)のように半導体側が正，金属側が負となる方向である．電流の観点から見ると，金属から半導体に流れる電子による電流 I_1 と半導体から金属に流れる電子による電流 I_2 がつりあっている ($I_1 = I_2$) とみなせる[*1]．

[例題 4.1] このショットキー接触に，金属側が正，半導体側が負となるように電圧 V を印加したときのエネルギー帯図を描け．また，半導体側が正，金属側が負となるように電圧 $-V$ を印加した場合についても描け．

(解) 金属側が正の場合は，金属側のフェルミ準位が半導体側に比べて eV だけ低くなり，図 4.3(a) に示すようなエネルギー帯図になる．半導体側が正のときは，半導体側のフェルミ準位が金属側に比べて eV だけ低くなり，図 4.3(b) のようになる．空乏層にはキャリアがいないので，空乏層以外の半導体部分より抵抗率が高く，外部電圧はほとんど空乏層に印加されている．

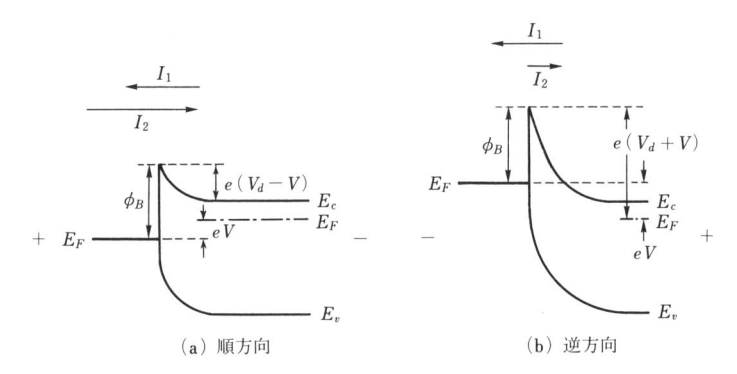

図 4.3 金属-n形半導体接触のエネルギー帯図：$\phi_m > \phi_s$，整流性が得られる場合

(a) 順方向 (b) 逆方向

[*1] 図では電流の向きを示している．電子の流れはこれと逆向きになることに注意．

図 4.3(a) では,外部電界の向きは内部電界を弱める方向である.このため,半導体側から見た電子に対する障壁である拡散電位は V_d から $V_d - V$ に減少し,電流 I_2 は増大する.一方,障壁高さ ϕ_B は外部電圧によって不変であるので,I_1 は変化しない.その結果,$I_2 > I_1$ となり電流 $I_2 - I_1$ が金属から半導体側に流れる.外部から印加する電圧が増大するほど拡散電位が減少するので,I_2 はよく流れる.つまり,外部電圧が高くなるほど,大きな電流が流れるようになる.これを順方向という.図 4.3(b) では,拡散電位は $V_d + V$ に増大し,電流 I_2 はほとんど 0 になり,$I_1 \gg I_2$ となる.電流 I_1 を決めている障壁高さ ϕ_B は変化しないので,電流は半導体側から金属に流れ,その大きさはほぼ I_1 に等しくなる.これを逆方向という.

以上の電流-電圧特性をまとめると,図 4.1 のような整流性となる.ここで注意すべきは,整流性をもつ金属–n 形半導体接触では多数キャリアである電子が電流-電圧特性に関与していることである.pn 接合ダイオードでは少数キャリアが関与し,その寿命が動作時間を大きく制限していた.それとは対照的に,ショットキー接触によるダイオード(ショットキーダイオード)では,少数キャリアの影響がなく,高速動作に有利である.

p 形半導体と金属の接触の場合も,$\phi_m < \phi_s$ のときに整流性接触が得られる.図 4.4 に示すように,金属側のフェルミ準位が半導体側に比べて高いので,接触後,金属の電子が半導体内に流入し,半導体内の正孔を中和する.このため,半導体内のイオン化アクセプタ(負電荷)による障壁層が生じる.このとき

$$eV_d = \phi_s - \phi_m \tag{4.3}$$

$$\phi_B = E_g + \chi_s - \phi_m \tag{4.4}$$

となる.n 形半導体のときと同じように,外部電界を印加すると,拡散電位 V_d のみが変化し ϕ_B は変化しないので,整流性が得られる.ただし,半導体が正のときに順方向となる.整流性をもつ金属–p 形半導体接触も,金属と半導体の界面で正孔と電子が非常に速やかに再結合していると考えると,多数キャリアである正孔により動作しているとみなせる.

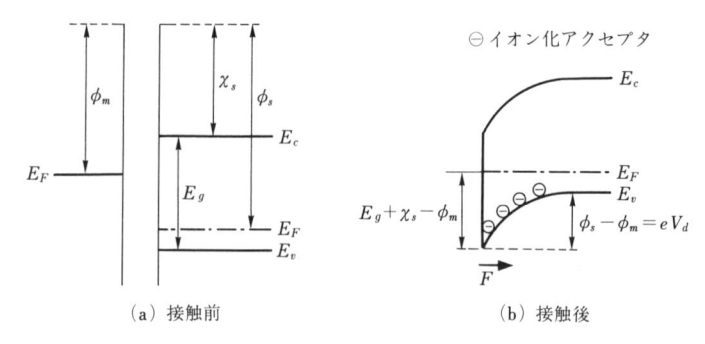

図 4.4 金属-p 形半導体接触のエネルギー帯図：$\phi_s > \phi_m$，整流性が得られる場合

4.1.3 電流輸送機構

前項で定性的に説明した整流性をもつ金属-半導体接触の電流-電圧特性を，**熱電子放出モデル** (thermionic emission model) で説明する．このモデルでは，順方向バイアスを印加したときに，図 4.5 のように界面に垂直方向の運動エネルギー $m_n^* v_x^2/2$ が障壁高さや拡散電位エネルギーより大きい電子が，障壁を越えて電流に寄与すると考える[*1]．金属中の電子密度を n_M とし，電子はマクスウェル・ボルツマン分布で近似できるとすると，v_x と $v_x + dv_x$ の間の電子密度 dn_x は

$$dn_x = n_M \left(\frac{m_n^*}{2\pi kT}\right)^{1/2} \exp\left(-\frac{m_n^* v_x^2}{2kT}\right) dv_x \tag{4.5}$$

で与えられる[*2]．金属から半導体へ向けて，障壁 ϕ_B を越えることのできる x 方向の運動エネルギーをもった電子による電流密度 J_1 は

$$J_1 = e \int_{\frac{1}{2}m_n^* v_x^2 \geq \phi_B}^{\infty} v_x dn_x = e n_M \left(\frac{m_n^*}{2\pi kT}\right)^{1/2} \int_{\sqrt{\frac{2\phi_B}{m_n^*}}}^{\infty} v_x \exp\left(-\frac{m_n^* v_x^2}{2kT}\right) dv_x$$

$$= e n_M \left(\frac{kT}{2\pi m_n^*}\right)^{1/2} \exp\left(-\frac{\phi_B}{kT}\right) \tag{4.6}$$

と表される．

[*1] この仮定が成り立つためには，電子の平均自由行程が空乏層幅より長い必要がある．平均自由行程が短い場合は，空乏層内の拡散電流とドリフト電流を考慮することで説明できるが本書では省略する．

[*2] 金属中の電子密度は大きいので，その取り扱いには 1 章で述べたようにフェルミ・ディラク分布を用いなければならない．しかし，ここでは障壁高さ ϕ_B や eV_d を越えるエネルギーをもつ電子を問題とし，ϕ_B や eV_d が kT より十分大きいのでマクスウェル・ボルツマン分布で近似できる．

4.1 金属-半導体界面

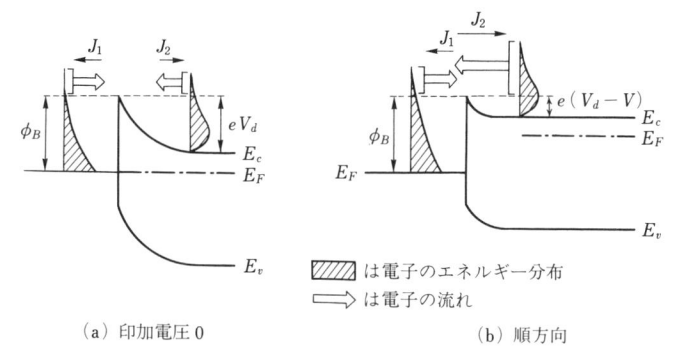

(a) 印加電圧 0 (b) 順方向

☒ は電子のエネルギー分布
⇨ は電子の流れ

図 4.5 熱電子放出モデル

半導体から金属への電流密度 J_2 は，上式のうち ϕ_B を拡散電位 $e(V_d - V)$ に，電子密度 n_M を半導体中の電子密度 $N_c \exp\{-(\phi_s - \chi_s)/kT\}$ に置き換えればよい．その結果，次式を得る．

$$J_2 = \frac{4\pi e m_n^* k^2 T^2}{h^3} \exp\left(-\frac{\phi_B}{kT}\right) \exp\left(\frac{eV}{kT}\right) \tag{4.7}$$

ここで，印加電圧 $V = 0$ のとき，電流は流れず $J_1 = J_2$ であるから，式 (4.6)，(4.7) より

$$e n_M \left(\frac{kT}{2\pi m_n^*}\right)^{1/2} = \frac{4\pi e m_n^* k^2 T^2}{h^3} \tag{4.8}$$

が得られる．これより，ショットキー障壁を流れる電流 $J(= J_2 - J_1)$ は

$$J = A^* T^2 \exp\left(-\frac{\phi_B}{kT}\right) \left\{\exp\left(\frac{eV}{kT}\right) - 1\right\} \tag{4.9}$$

となる．ここで

$$A^* \equiv \frac{4\pi e m_n^* k^2}{h^3} \tag{4.10}$$

で，**リチャードソン定数** (Richardson constant) という．式 (4.9) では逆方向電流は飽和し，J_1 に近づく[*1]．

[*1] 実際は，逆方向電圧が増えると逆方向電流も増大する．これは，大きな逆方向電圧が印加されると，金属表面の電界が強くなるため，電気影像力の効果で ϕ_B が低下し，金属から半導体へ流れる電子による電流成分 J_1 が増加するためである．

4.1.4 空乏層の解析

障壁層の中では pn 接合と同じように内部電界が発生している．n 形半導体のショットキー接触の場合，イオン化したドナーによる正の空間電荷が関与する．この内部電界についてポアソン方程式により解析する．一次元構造を考えると，ポアソン方程式は次のようになる．

$$\frac{d^2V(x)}{dx^2} = -\frac{\rho}{\varepsilon_s\varepsilon_0} \tag{4.11}$$

ただし，x は金属と半導体の界面を原点とする．ε_0, ε_s はそれぞれ真空の誘電率，半導体の比誘電率である．ドナーが完全にイオン化しているとすると，空乏層内では

$$\rho = e(N_d - n) \tag{4.12}$$

となり，空乏層の外では電荷中性条件が成り立ち，$\rho = 0$ である．空乏層端のごく近傍の空乏層内では，導電帯にわずかの電子が存在している．したがって，図 4.6(a) で示すように空間電荷の分布は空乏層端でわずかになだらかになる．しかし，電子密度 n がマクスウェル・ボルツマン分布に従う場合，$e(V_d - V(x)) \gg kT$ であれば，近似的に $n \ll N_d$ とでき

$$\rho \approx eN_d \tag{4.13}$$

とおける．

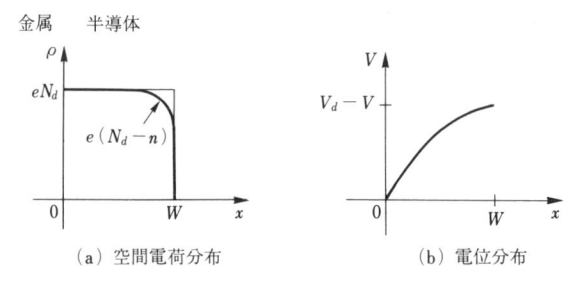

図 4.6 金属-n 形半導体接触の空乏層の解析

式 (4.11) を解くに当たっての境界条件を

$$V(0) = 0 \tag{4.14}$$

$$\frac{dV}{dx}\Big|_{x=W} = 0, \quad V(W) = V_d - V \tag{4.15}$$

とする．ここで，W は空乏層端の座標であり，式 (4.15) では，空乏層にのみ電界がかかり，空乏層外では電界は 0 としている．これを用いてポアソン方程式を解くと

$$V(x) = V_d - V - \frac{eN_d}{2\varepsilon_s\varepsilon_0}(W-x)^2 \tag{4.16}$$

を得る．また空乏層幅 W は

$$W = \sqrt{\frac{2\varepsilon_s\varepsilon_0}{eN_d}(V_d - V)} \tag{4.17}$$

となる．したがって，空乏層内の単位面積当たりの空間電荷量は

$$Q = eN_dW = \sqrt{2\varepsilon_s\varepsilon_0 eN_d(V_d - V)} \tag{4.18}$$

となり，単位面積当たりの容量が次のように求まる．

$$C \equiv -\frac{dQ}{dV} = \sqrt{\frac{\varepsilon_s\varepsilon_0 eN_d}{2(V_d - V)}} = \frac{\varepsilon_s\varepsilon_0}{W} \tag{4.19}$$

この容量は**障壁容量** (barrier capacitance) とよばれる．pn 接合の空乏層容量と同じように，空乏層幅を電極間隔とする平行平板コンデンサの単位面積当たりの容量と同じ式である．

［例題 4.2］式 (4.19) を用いて，ショットキー接触の容量-電圧 (C-V) 特性から拡散電位 V_d および不純物濃度 N_d を求める方法を述べよ．

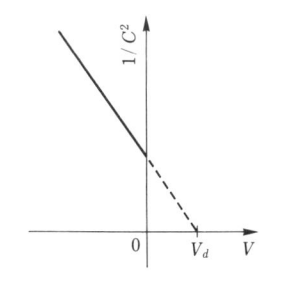

図 4.7 ショットキー接触の容量-電圧特性 ($1/C^2$-V 関係)

(**解**) 式 (4.19) を書き直すと

$$\frac{1}{C^2} = \frac{2(V_d - V)}{\varepsilon_s \varepsilon_0 e N_d} \tag{4.20}$$

が得られる．これより，容量-電圧特性を $1/C^2$-V の関係に描き直すと，図 4.7 のように直線関係が得られる．この図の V_d の切片から拡散電位 V_d，直線の傾斜から不純物濃度 N_d が求められる．

4.1.5 オーム性接触

金属と半導体の接触では，整流性のほかにオーム性のものがある．金属と n 形半導体の場合は $\phi_m < \phi_s$ のとき，p 形半導体の場合は $\phi_m > \phi_s$ のときにオーム性の接触が得られる．以下でその伝導機構について述べる．

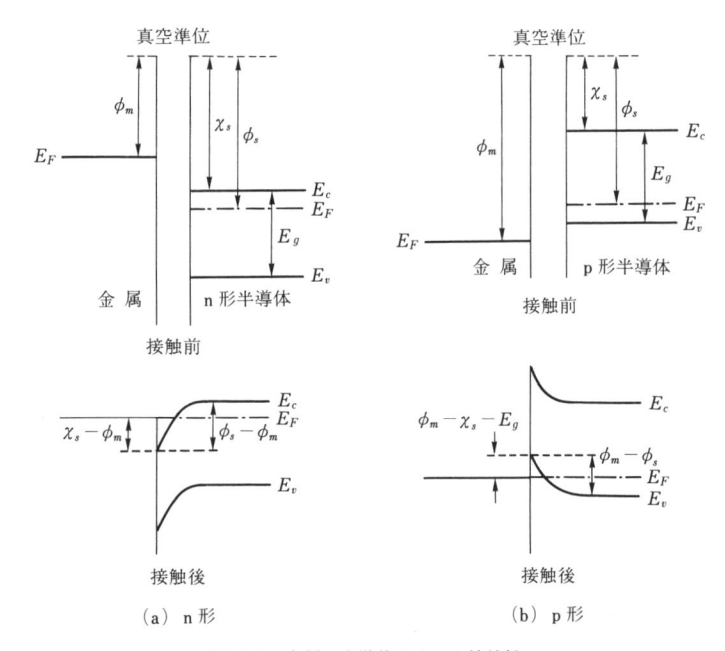

図 4.8 金属と半導体のオーム性接触

図 4.8(a) に示すように，金属のフェルミ準位が n 形半導体のそれより高いので，金属から半導体へ電子が移動し，フェルミ準位が一致する．このため金属表面には正電荷が，半導体表面には電子が蓄積して負電荷が生じる．しかしこ

の場合にはいずれも動き得るキャリアがあるので，電子に対して障壁層（または空乏層）は形成されない．したがって，外部から電圧を印加した場合，電界は半導体全体に一様に印加される．金属–半導体接触に印加する電圧をどちらの極性にとっても障壁はなく，電流はよく流れ，オーム性接触となる．

p形半導体と金属の接触の場合も同様に考えて，$\phi_m > \phi_s$ のとき図4.8(b)でp形半導体側のフェルミ準位が高いので，半導体の価電子帯の電子が金属に移動するので，半導体表面は残された正孔により正に帯電し，金属は負に帯電する．この場合も半導体側から金属側に流れる正孔に対して障壁はない．正孔は金属と半導体の界面ですぐに金属中の電子と再結合して外部電流となる．また，金属内で熱的に生成された正孔は，容易に半導体側に流入する．このため，接触はオーム性となる．

4.1.6 トンネル効果による伝導

高濃度に不純物を添加した半導体にショットキー障壁が形成されるような仕事関数をもつ金属を接触させた場合，オーム性の接触が得られる．例えば，n形半導体でドナー濃度が大きい場合，$\phi_m > \phi_s$ を満たすような金属を接触させると，図4.9(a)のように非常に幅の狭い空乏層が形成される．電子は容易に空乏層をトンネル伝導するので，オーム性の接触となる．Siの場合，10^{26} m^{-3} 以上の不純物濃度でトンネル伝導が支配的になる．

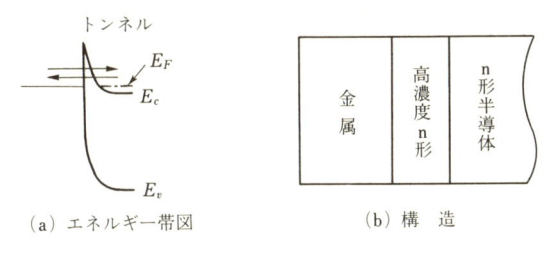

(a) エネルギー帯図　　　　(b) 構　造

図 4.9 トンネル伝導を用いたオーム性接触

前項で述べた伝導機構によるオーム性接触を得るためには，p形とn形で異なる金属を用いる必要があり，また仕事関数の制限から使用できる金属が限られてくる．そこで，トンネル伝導を利用したオーム性接触がよく用いられてい

る．実際には図 4.9(b) に示すように，金属-半導体間に不純物濃度の高い層を挿入することでオーム性接触を実現している．

4.2 絶縁物-半導体界面

4.2.1 界面準位

理想的な金属-半導体界面であれば，障壁高さ ϕ_B と金属の仕事関数 ϕ_m は式 (4.1) に従うはずである．ところが，Si，Ge，GaAs などの代表的半導体では実測すると，$\phi_B = A\phi_m + B$ (A, B は定数) の関係を示す．$A = 1$ の場合が，前節で説明した理想的なショットキー障壁であるが，Si では $A \simeq 0.1$ となることが知られている．これは，金属-半導体接触の半導体側にできる**界面準位** (interface level) のためである．また，半導体表面が大気や真空にさらされている場合には**表面準位** (surface level) が形成される．

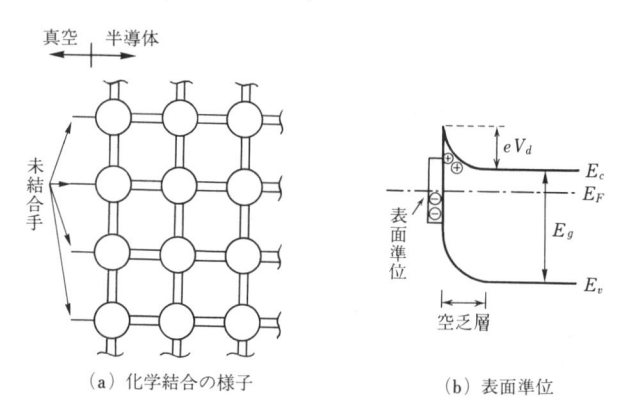

図 4.10 半導体表面
(a) 化学結合の様子　(b) 表面準位

半導体表面または半導体と異種材料の界面では，半導体の周期性が崩れて，結合が完成されていない原子が多く存在し，化学結合を形成していない未結合手が多数ある (図 4.10(a))[*1]．このような未結合手は電子や正孔を捕獲するこ

[*1] 界面や表面に存在する原子の数だけ未結合手が存在して準位を形成しているのではない．不純物との結合や界面または表面原子の再配列により，準位の数は大幅に少なくなっている．

とができ，表面準位となる*1．一般に，表面準位や界面準位は半導体の禁制帯内に連続的な準位を形成し，これらの準位の荷電状態はフェルミ準位の位置によって大きく変化する．図 4.10(b) に示すような連続的な準位の存在する n 形半導体の表面で，導電帯の電子が表面準位に捕らえられ*2，表面準位が負に帯電しているとする．表面近傍では，この負に帯電した表面準位と n 形半導体中のイオン化ドナーとで電気二重層が形成され，この電気二重層によって表面で電圧降下が起こる．金属-半導体接触において，界面準位の数が多い場合には障壁の形はほとんどこの電気二重層で決まり，仕事関数の差異はあまり関係しなくなる．

表面準位が非常に多い場合は，障壁層でのバンドの曲がりが大きくなる．n 形半導体を例にとると図 4.11 のように表面での導電帯内の電子密度が小さくなり，むしろ，少数キャリアの正孔が表面に集まって正孔数が電子数を上回るようになる．ちょうど，表面では p 形に反転することになるのでこれを**反転層** (inversion layer) とよぶ．

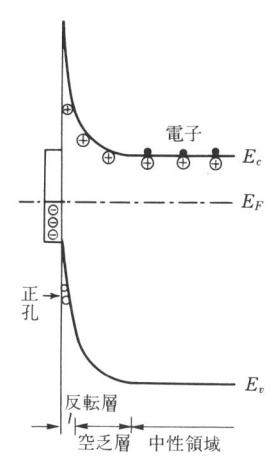

図 4.11 n 形半導体表面での反転層の形成

4.2.2 理想 MIS 構造の物理

金属と半導体の間に絶縁膜を挟んだ構造を **MIS**(Metal-Insulator-Semiconductor) 構造という．とくに，絶縁膜を**酸化物** (oxide) に限定したものを **MOS**(Metal-Oxide-Semiconductor) 構造とよぶ．Si の場合，二酸化シリコン (SiO_2) が非常によい絶縁体として働くので，MOS 構造が実用デバイスに広く使われている．絶縁膜が十分厚い場合*3，界面に垂直な方向にキャリアの流れはないが，金属–半導体間に電圧を印加することにより，半導体表面のキャリアの種類や量を制御することができる．n 形半導体を例にとると，図 4.12(a) に

---

*1 このほか，(1) 金属内電子の波動関数の半導体中へのしみ出しや，(2) 金属-半導体界面における半導体側での結晶欠陥により界面準位が発生するとされている．
*2 これらの準位はきわめて短時間でキャリアを捕獲したり放出したりするので速い準位とよぶ．これに対して，半導体表面に吸着した酸素などの気体分子なども表面準位を形成するが，キャリアのやりとりにかなり長い時間を要するので遅い準位という．
*3 絶縁膜が数 nm 以下と非常に薄い場合，絶縁膜を介してトンネル電流が流れる．

示すように,金属側が正になるように電圧を印加すると,半導体表面に電子が引き寄せられて電子の**蓄積** (accumulation) 状態になる.金属側が負になるように電圧を印加すると表面付近から電子が退けられ半導体表面は**空乏** (depletion) 状態となる (図 4.12(b)).金属側の負電圧を増大すると,空乏層幅が増え半導体のバンドの曲がりが大きくなり,半導体内のフェルミ準位が価電子帯に近づき表面付近の正孔密度が急激に増え,**反転** (inversion) が見られるようになる (図 4.12(c)).

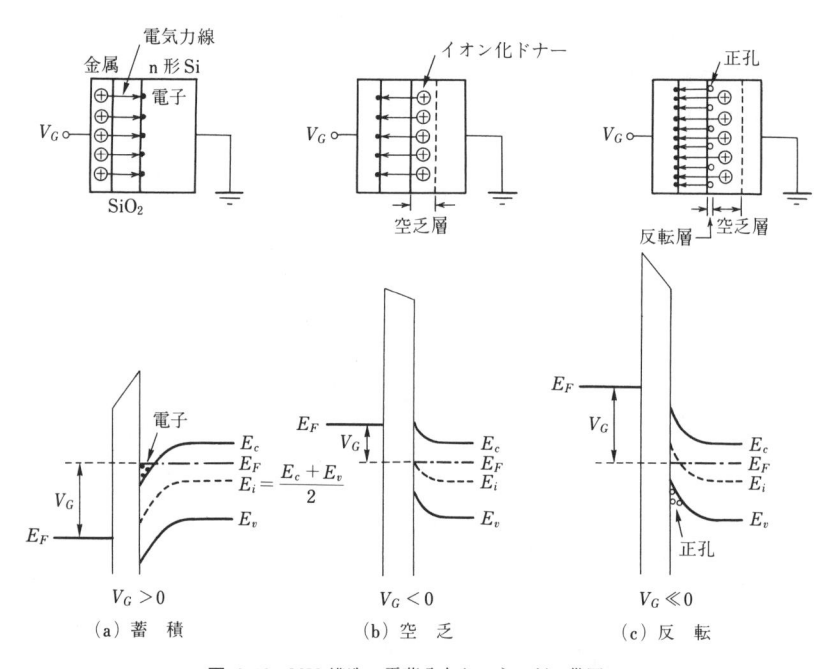

図 4.12 MIS 構造の電荷分布とエネルギー帯図

簡単のために次の 4 つの仮定が成り立つ理想 MIS 構造について述べる.(1) 印加電圧 0 で金属と半導体の仕事関数に差異がなく,フェルミ準位が一致している.(2) 絶縁膜の膜厚や抵抗率が十分大きく絶縁膜を介して電流が流れない.(3) 絶縁膜中に電荷が存在しない.(4) 絶縁膜–半導体界面に界面準位が存在しない.

金属と半導体間の電圧 V は絶縁膜に印加される電圧 V_i と半導体に印加され

る電圧 ψ_s に分配される.

$$V = V_i + \psi_s \tag{4.21}$$

絶縁膜–半導体界面で，電束密度は連続であるから

$$\varepsilon_i E_i = \varepsilon_s E_s \tag{4.22}$$

が成り立つ．ここで，ε は比誘電率，E は電界で，添字の i および s は絶縁膜および半導体を表している．半導体内に誘起される単位面積当たりの電荷量を Q_s とすると，半導体表面の電界 E_s はガウスの法則から

$$E_s = -\frac{Q_s}{\varepsilon_s \varepsilon_0} \tag{4.23}$$

となる．ここで，$Q_s = eN_d W$，N_d はドナー濃度，W は空乏層幅である．絶縁膜内には電荷は存在せず，電界は一様であるので

$$E_i = \frac{V_i}{t_i} \tag{4.24}$$

となる．t_i は絶縁膜の厚さである．式 (4.23) を式 (4.22) に代入し，E_i を求め，その結果を式 (4.24) に代入することで

$$V_i = -\frac{t_i}{\varepsilon_i \varepsilon_0} Q_s = -\frac{Q_s}{C_i} \tag{4.25}$$

が得られる．ここで，$C_i \equiv \varepsilon_i \varepsilon_0 / t_i$ は単位面積当たりの絶縁膜の容量である．よって

$$V = -\frac{Q_s}{C_i} + \psi_s \tag{4.26}$$

となる．金属電極に誘起された単位面積当たりの電荷を Q_m とすれば，MIS 構造の容量 C は

$$C = \frac{dQ_m}{dV} = -\frac{dQ_s}{dV} = \frac{dQ_s}{dQ_s/C_i - d\psi_s} \tag{4.27}$$

となる．空乏層の容量を $C_s (\equiv -dQ_s/d\psi_s)$ とすれば，上式は次のようになる．

$$C = \frac{1}{1/C_i + 1/C_s} \tag{4.28}$$

すなわち，MIS 構造の容量 C は絶縁膜の容量 C_i と半導体の空乏層容量 C_s の直列接続である．

　金属側が正になるように MIS 構造に電界が印加されている場合，前述したように半導体の界面に多数キャリアである電子が蓄積するので，MIS 構造の容量は式 (4.28) で $C_s \to \infty$ の場合に当たり，$C = C_i$ となる．金属側が負になるように電圧を印加し半導体表面が空乏状態になると，C_s が直列容量として無視できなくなり C が減少する．空乏状態からさらに印加電圧を負の方向に変化させると反転状態となる．図 4.12(c) で示したように反転状態ではフェルミ準位が価電子帯に近づき，正孔が誘起される．誘起される正孔は式 (1.19) に従って，指数関数的に増大する．このため，金属側に誘起された負電荷とほぼ等しい数の正孔が誘起されるようになり，空乏層内の空間電荷の寄与は著しく低下する．このとき，空乏層の伸びは停止し，電圧の増加分は絶縁層のみにかかるようになり，C は一定となる．容量 C のバイアスによる変化の例を図 4.13 に示す．

　図 4.13 では反転状態での容量に周波数依存性がある．これは次の理由による．金属–半導体の間に印加されている電圧の変化が速い場合には，空乏層内で正孔が発生する時間的余裕がないので，半導体表面に正孔が十分に誘起されない．電極に誘起された負電荷に見合うだけの正電荷を半導体内のイオン化ドナーで補おうとするので空乏層が伸び，MIS 容量は減少する*1．一方，金属と半導体の間の電圧を非常に緩やかに変化させた場合，印加電圧のうち容量測定のための交流成分に見合うだけの正孔 (少数キャリア) が空乏層内で誘起され，半導体表面に集まってくる．この正孔が金属に誘起される負の電荷量と等しくなるので，MIS 構造の容量 C は絶縁膜の容量 C_i に等しくなる．

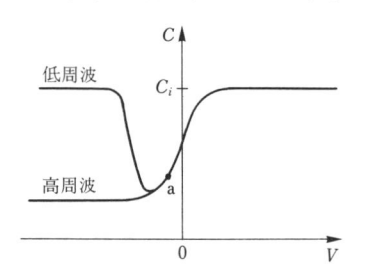

図 4.13　MIS 構造の容量–電圧特性の一例
（点 a は例題 4.3 参照）

[例題 4.3]　図 4.13 の絶縁層は SiO_2 (比誘電率 $\varepsilon_i = 3.9$) からできており，その膜厚は

---

*1 ここで，MIS 構造は高周波デバイスに応用できないことを意味しているのではないことに注意．6 章で詳しく述べるが，MIS 構造を用いたトランジスタでは反転層の周囲に反転層と同じ形の半導体領域があり，そこから容易に反転層形成のためのキャリアが供給される．

50nm($=5\times10^{-8}$m) とする．電極面積 S は 1×10^{-6} m^2 とし，半導体は Si で比誘電率 ε_s は 11.9 とする．(1) 絶縁膜容量 $C_{ii}(\equiv C_iS)$ を求めよ．(2) 図中，点 a では空乏状態にあり，そのときの MIS 容量 C は $0.4C_{ii}$ となった．空乏層容量 $C_{ss}(\equiv C_sS)$ を求めよ．(3) (2) のときの空乏層幅 W を求めよ．

(**解**) (1) $C_{ii} = \varepsilon_i\varepsilon_0 S/t_i$ (S は MIS 構造の面積) より，$C_{ii} = 3.9\cdot 8.85\times10^{-12}\cdot 10^{-6}/5\times 10^{-8} = 6.9\times 10^{-10}$F $= 690$ pF．(2) 式 (4.28) より，$C_{ss} = 0.667 C_{ii}$．$C_{ss} = 460$pF．(3) 空乏状態では，MIS 構造の空乏層はショットキー接触における空乏層と同じように扱える．式 (4.19) より，$W = \varepsilon_s\varepsilon_0 S/C_{ss} = 11.9\cdot 8.85\times 10^{-12}\cdot 10^{-6}/460\times 10^{-12} = 2.3\times 10^{-7}$ m $= 0.23$ μm．

4.2.3 実際の MIS 構造

実際の MIS 構造では半導体のバンドを水平にするために電圧を印加する必要がある．この電圧を**フラットバンド電圧** (flat band voltage)V_{FB} という．フラットバンド電圧が生じる原因として，まず，仕事関数が金属と半導体で異なることがあげられる．図 4.14(a) に示すように，半導体と金属のフェルミ準位の間には，$eV_{FB} = \phi_m - \phi_s$ の関係が成り立つ．

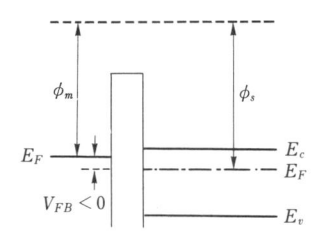

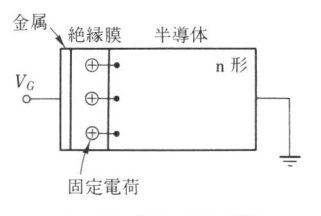

(a) 金属と半導体の仕事関数の違い   (b) 絶縁膜中の固定電荷

図 **4.14** フラットバンド電圧の発生

また，図 4.14(b) のように絶縁膜中に固定電荷が存在する場合，金属-絶縁膜界面および半導体-絶縁膜界面には固定電荷とは逆極性の電荷が誘起される．半導体側では，誘起された電荷により蓄積，空乏または反転が起こる．

フラットバンド電圧は，6 章で述べる MIS 形電界効果トランジスタでオン状態とオフ状態の境の電圧 (しきい電圧) を決めている．とくに，集積回路ではしきい電圧を揃える必要がある．フラットバンド電圧を制御するために，イオン

打ち込み法[*1]とよばれる方法で，半導体表面に厚さの薄い不純物濃度の異なる層を形成することが広く行われている．

半導体と絶縁膜の界面に界面準位が生じると，界面準位にキャリアがトラップされ，空間電荷となり，半導体表面に誘起されるキャリア数に大きな影響を与える．この場合，印加電圧によって半導体表面に誘起されるキャリア数の制御が困難となる．したがって，この界面準位の低減が，MIS 構造を製作する上で重要になる．Si と SiO_2 の組合せで界面準位の少ない良好な界面が形成できるので，Si を用いた MOS 形電界効果トランジスタが高度の発展を遂げている．

演習

4.1 n 形 Si に金属を接触させショットキー障壁を製作した．(1) 印加電圧 0 V，−5 V のときの空乏層幅を求めよ．(2) この接合に逆方向バイアスを印加したときの単位面積当たりの容量のバイアス電圧依存性を図示せよ．ただし，拡散電位 $V_d = 0.4$ V，$N_d = 10^{23}$ m^{-3}，Si の比誘電率は 11.9 とする．

4.2 電極が円形で直径 1 mm の Si の MOS 構造がある．(1) 蓄積状態にしたときに，この MOS 構造の容量は 400 pF であった．絶縁層の膜厚を求めよ．(2) あるバイアス電圧で空乏状態にしたときの，半導体中の空乏層幅が 1 μm であった．このときの MOS 構造の容量を求めよ．SiO_2 の比誘電率を 3.9 とする．

4.3 p 形半導体を用いた理想 MIS 構造で，蓄積，空乏，反転のそれぞれの状態のエネルギー帯図を示せ．

[*1] 加速した不純物イオンを半導体表面に打ち込むことで不純物を添加する方法．打ち込んだ不純物を置換形にし，また，打ち込みにより乱れた結晶の規則性を回復するために，イオン打ち込みの後には熱処理を行う．表面から浅いところに不純物層を形成するのに適した不純物添加法．

5

バイポーラトランジスタ

バイポーラトランジスタは，1947年に発明された史上初の固体増幅素子である点接触トランジスタを基にしており，電子回路や集積回路の中で重要な役割を果たしている．このトランジスタでは，多数キャリアと少数キャリアの2種類のキャリアによる電気伝導が渾然一体となって，増幅動作をしているので，**バイポーラ** (bipolar：2極性) トランジスタとよばれる．また，次章以降で述べる半導体デバイスの中でも，意図的にバイポーラトランジスタを形成したり，意図せずして寄生バイポーラトランジスタが形成されることがあり，バイポーラトランジスタの動作原理を理解しておくことが重要である．

5.1 基本構造と動作特性

5.1.1 接地形式

バイポーラトランジスタは図5.1に示すように，近接した2つのpn接合によりできている．図中に示すように，**エミッタ** (emitter)，**ベース** (base)，**コレクタ** (collector) に分かれており，それぞれの領域の伝導形によりnpn形とpnp形に分けられる．実際のトランジスタは，図5.2に示すようなプレーナ形とよばれるものが主に用いられている．バイポーラトランジスタは見かけ上pn接合ダイオードが逆向きに接続した形をとっている．しかし，ベース領域の厚さが少数キャリアの拡散長以下（式(3.14)または式(3.18)参照）になるように製作されており，動作原理は単なる逆接続のダイオードとは大きく異なっている．pn接合ダイオードと同様に，ここでも少数キャリアの振る舞いが重要である．

96   5章 バイポーラトランジスタ

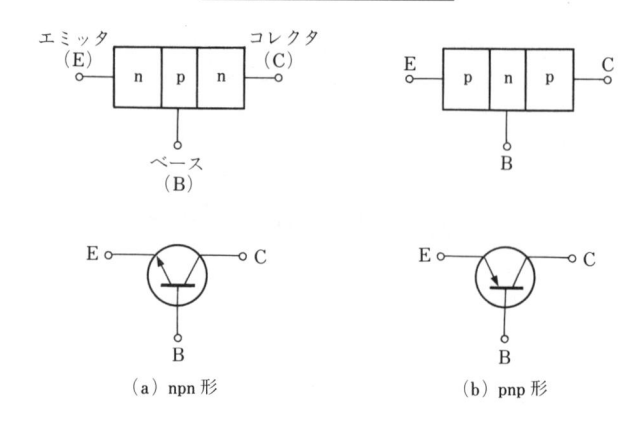

(a) npn 形　　　(b) pnp 形

図 5.1 バイポーラトランジスタの基本構造と回路記号

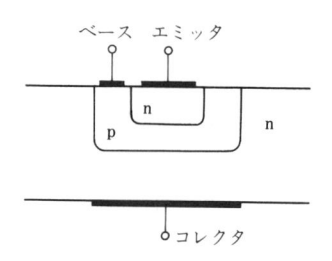

図 5.2 プレーナ形トランジスタ（npn 形）

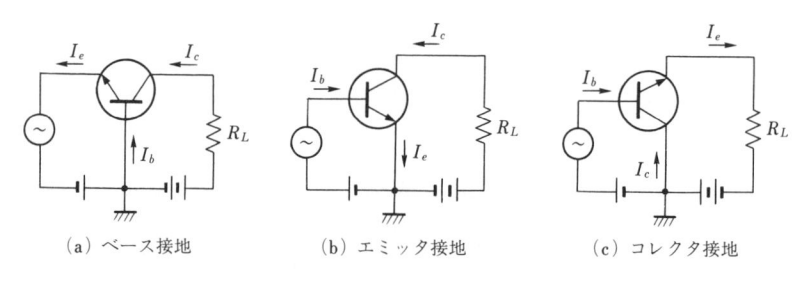

(a) ベース接地　　　(b) エミッタ接地　　　(c) コレクタ接地

図 5.3 トランジスタの接地形式（npn 形トランジスタの場合）

トランジスタは3端子の素子であるので，図5.3に示すように，**ベース接地** (common-base)，**エミッタ接地** (common-emitter) および**コレクタ接地** (common-collector) の3種類の接地形式がある．いずれの接地形式の場合も，エミッタ-ベース間が順方向バイアス，ベース-コレクタ間が逆方向バイアスに

なるように電圧を印加する．

5.1.2 ベース接地

npn 形を例にとり，図 5.4 のベース接地回路でトランジスタ動作の概略を述べる．ベース領域での電子と正孔の振る舞いがとくに重要となる．順方向電圧の印加されているエミッタ-ベース接合（以下，エミッタ接合とよぶ）で，エミッタからベースに電子（pnp 形の場合は正孔）が注入される．注入された電子は，その一部がベース内で多数キャリアの正孔と再結合し消滅する．また，一部の電子はベース電極に到達する．これらの電子はベース電流となる．しかし，大部分の電子はベース領域を通過してベース-コレクタ接合（以下，コレクタ接合とよぶ）に到達する．大部分の電子が到達できるのは，ベース領域の厚さが電子の拡散長よりも短くなるように設計されているためである．コレクタ接合は逆バイアスが印加されているので，ベース領域での少数キャリアである電子はコレクタ領域に引き出される．また，順方向電圧が印加されているエミッタ接合では，ベースからエミッタに正孔が注入されている．逆方向電圧が印加されているコレクタ接合でも，わずかではあるが，コレクタからベースに向かって正孔電流が流れている．

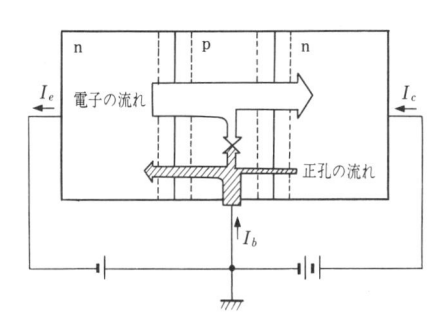

図 5.4 トランジスタ（npn 形）におけるキャリアの流れ

エミッタ接合を流れる電流（エミッタ電流）I_e とコレクタ接合を流れる電流（コレクタ電流）I_c の割合を**電流増幅率** (current amplification factor) とよび，次のように定義する．

$$\alpha_{ce} = \frac{\partial I_c}{\partial I_e} \tag{5.1}$$

ベース電流 $I_b = I_e - I_c$ であるから，α_{ce} は1以下である．実際のトランジスタでは0.95から0.99の値をとるように製作されている．

このようにベース接地の場合，電流は増幅されないが，以下のように電圧が増幅される．エミッタ接合は順バイアスされているので，入力抵抗 R_{in}（ベース-エミッタ間の抵抗）は小さく，エミッタ接合の印加電圧も小さくなる．コレクタ接合は逆バイアスされているので抵抗が高く，トランジスタの出力抵抗 R_{out}（ベース-コレクタ間の抵抗）は大きくなる．このため，負荷抵抗 R_L での電圧降下がベース-コレクタ接合に印加されている電圧 V_c に近づくまで，R_L の値にほとんど無関係に電流 $\alpha_{ce}I_e$ が流れる．したがって，R_L を大きくとることによって大きな出力電圧を取り出すことができる．電力は電流と電圧の積であり，$I_c \approx I_e$ であるので，電力も増幅される．

[例題 5.1] 電流増幅率 α_{ce} を直流電流増幅率 $\alpha_{ce}^{DC}(\equiv I_c/I_e)$ とエミッタ電流 I_e で表せ．直流電流増幅率にコレクタ電流依存性がない場合は $\alpha_{ce} = \alpha_{ce}^{DC}$ が成り立つことを示せ．

（解）$\alpha_{ce}^{DC} = I_c/I_e$ の両辺を I_c で偏微分すると

$$\frac{\partial \alpha_{ce}^{DC}}{\partial I_c} = \frac{1}{I_e} - \frac{I_c}{I_e^2}\frac{\partial I_e}{\partial I_c}$$

$$I_e\frac{\partial \alpha_{ce}^{DC}}{\partial I_c} = 1 - \frac{\alpha_{ce}^{DC}}{\alpha_{ce}}$$

$$\alpha_{ce} = \alpha_{ce}^{DC} \bigg/ \left(1 - I_e\frac{\partial \alpha_{ce}^{DC}}{\partial I_c}\right) \tag{5.2}$$

直流電流増幅率にコレクタ電流依存性がなければ，$\partial \alpha_{ce}^{DC}/\partial I_c = 0$ であるから，上式より，$\alpha_{ce} = \alpha_{ce}^{DC}$ が成り立つ．

エミッタ電流をパラメータとしたときのコレクタ電流-電圧特性（またはコレクタ特性）を図5.5に示す．コレクタ特性は，逆方向バイアスの印加されているコレクタ接合の電流-電圧特性であるが，ベース領域を横切って流れてくるキャリア（npn形の場合は電子，pnp形の場合は正孔）による電流分 $\alpha_{ce}I_e$

5.1 基本構造と動作特性

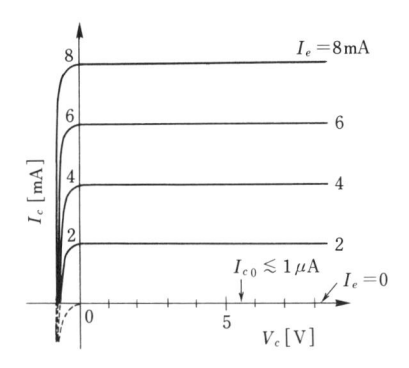

図 5.5 ベース接地の場合のコレクタ電流-電圧特性の例

だけ電流-電圧特性が平行移動している．このことを式に表すと

$$I_c = \alpha_{ce} I_e + I_{c0} \tag{5.3}$$

となる．ここで，I_{c0} はコレクタ接合の逆方向飽和電流である．

ベース接地の最も基本的な直流等価回路は T 形等価回路とよばれる図 5.6 の回路である．エミッタ接合とコレクタ接合のダイオードに加えて，式 (5.3) で示したエミッタからベース領域を通過してコレクタに流入する $\alpha_{ce}I_e$ 成分を表す電流源がある．また，r_b は**ベース抵抗** (base resistance) とよばれ，ベース領域が狭いために，電流の流れる経路の幅が狭いことに起因している[*1]．

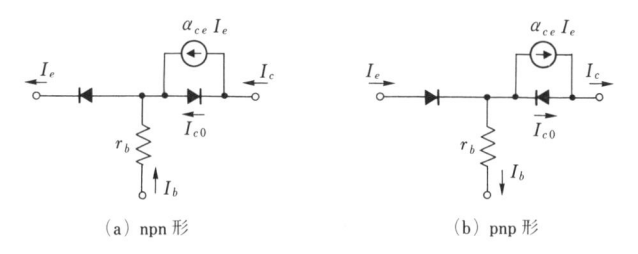

(a) npn 形   (b) pnp 形

図 5.6 トランジスタの直流等価回路

5.1.3 エミッタ接地

エミッタ接地の場合の電流増幅率 α_{cb} は，式 (5.1) と $I_e = I_b + I_c$ の関係を用いて

[*1] ベース抵抗については，5.3.2 項で詳しく述べる．

$$\alpha_{cb} \equiv \frac{\partial I_c}{\partial I_b} = \frac{\partial I_c/\partial I_e}{1 - \partial I_c/\partial I_e} = \frac{\alpha_{ce}}{1 - \alpha_{ce}} \tag{5.4}$$

となる．前述のように $\alpha_{ce} \approx 0.95 \sim 0.99$ であるので，$\alpha_{cb} \approx 19 \sim 99$ と非常に大きくなる．すなわち入力であるベース電流に対して出力であるコレクタ電流は非常に大きくなる．図 5.7 にエミッタ接地の場合のコレクタ電流-電圧特性を示す．ベース電流の変化の α_{cb} 倍がコレクタ電流の変化となって現れており，電流が増幅されている．

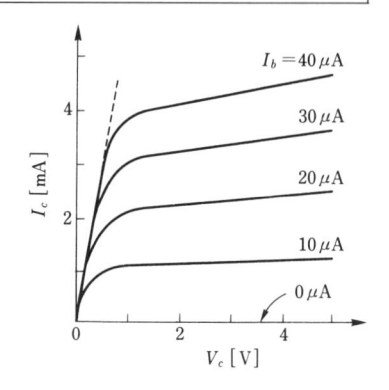

図 5.7 エミッタ接地の場合のコレクタ電流-電圧特性の例

5.2 直流特性

本節では，前節で述べた電流増幅率 α_{ce} とトランジスタの寸法や各領域の不純物濃度との関係を明らかにし，電流増幅率を最適化する条件を求める．電流増幅率はこれから述べる到達率と注入率の積で近似的に表される．まず，到達率と注入率について順に説明していく．

5.2.1 少数キャリアの到達率

前節で述べたように，トランジスタ動作の本質は，エミッタからベースを経由してコレクタにキャリアが流れ，結果として高インピーダンスのコレクタ接合に大きな電流が流れることにある．まず，トランジスタ動作の本質であるエミッタからベースに注入された少数キャリアの挙動を，図 5.8 の npn 形トランジスタの 1 次元モデルで解析する．電界はエミッタ接合およびコレクタ接合の空乏層にのみ印加され，ベース領域には電界が印加されておらず，ベースに注入された少数キャリアは拡散により移動するとする[*1]．3 章で解析した pn 接合

[*1] 5.4.3 項で後述するドリフトトランジスタではベース領域内に電界が発生するように工夫している．

5.2 直流特性

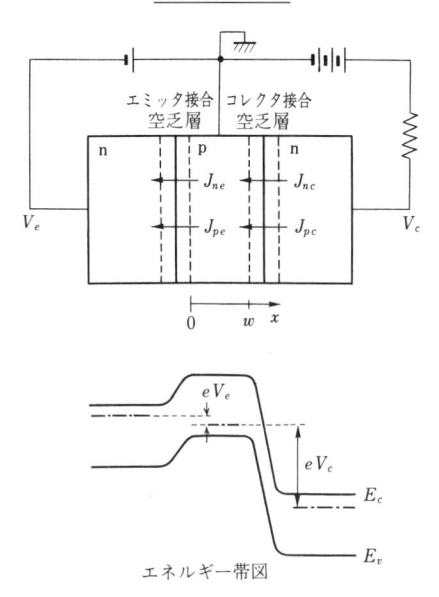

図 5.8 npnトランジスタの一次元モデル

では，p形領域，n形領域ともに少数キャリアの拡散長に比べて十分大きいとした．一方，ここではベース領域の厚さは，拡散長以下である．定常状態での拡散方程式の一般解は，式 (3.13) と同様にして

$$n(x) - n_{p0} = C_1 \exp\left(-\frac{x}{L_n}\right) + C_2 \exp\left(\frac{x}{L_n}\right) \tag{5.5}$$

となる．ここで，n_{p0} はベース領域の平衡電子密度，L_n は電子の拡散長である．積分定数 C_1 および C_2 は次の境界条件を用いることで求まる（式 (3.8) 参照）．

$$n(0) \equiv n_e = n_{p0} \exp\left(\frac{eV_e}{kT}\right) \tag{5.6}$$

$$n(w) \equiv n_c = n_{p0} \exp\left(\frac{eV_c}{kT}\right) \tag{5.7}$$

ここで，V_e, V_c はそれぞれエミッタ電圧，コレクタ電圧である．n_e および n_c はそれぞれ，ベース領域のエミッタ側およびコレクタ側の空乏層端での電子密度である．w はエミッタ側の空乏層端からコレクタ側の空乏層端までの距離

(ベース幅*1) である．これらを式 (5.5) に代入して次式が得られる．

$$n(x) - n_{p0} = (n_e - n_{p0})\frac{\sinh\left(\frac{w-x}{L_n}\right)}{\sinh\left(\frac{w}{L_n}\right)} + (n_c - n_{p0})\frac{\sinh\left(\frac{x}{L_n}\right)}{\sinh\left(\frac{w}{L_n}\right)} \tag{5.8}$$

次に，電流密度を見積る．ベース領域に電界が存在しないとしているので，電流は拡散電流だけになる．エミッタ接合を流れる電子電流密度 J_{ne} は

$$\begin{aligned}J_{ne} &= eD_n\frac{dn}{dx}\Big|_{x=0} = -\frac{eD_n}{L_n}\left\{\frac{n_e - n_{p0}}{\tanh\left(\frac{w}{L_n}\right)} - \frac{n_c - n_{p0}}{\sinh\left(\frac{w}{L_n}\right)}\right\} \\ &= -\frac{eD_n n_{p0}}{L_n}\left\{\frac{\exp\left(\frac{eV_e}{kT}\right) - 1}{\tanh\left(\frac{w}{L_n}\right)} - \frac{\exp\left(\frac{eV_c}{kT}\right) - 1}{\sinh\left(\frac{w}{L_n}\right)}\right\}\end{aligned} \tag{5.9}$$

となる．同様にして，コレクタ接合を流れる電子電流 J_{nc} が求まる．

$$J_{nc} = eD_n\frac{dn}{dx}\Big|_{x=w} = -\frac{eD_n n_{p0}}{L_n}\left\{\frac{\exp\left(\frac{eV_e}{kT}\right) - 1}{\sinh\left(\frac{w}{L_n}\right)} - \frac{\exp\left(\frac{eV_c}{kT}\right) - 1}{\tanh\left(\frac{w}{L_n}\right)}\right\} \tag{5.10}$$

ここで，コレクタ接合は逆方向バイアスであるので，$\exp(eV_c/kT) \approx 0$ とみなせることから次式が得られる．

$$J_{ne} \approx J_{ne0}\left\{\exp\left(\frac{eV_e}{kT}\right) - 1\right\} + \beta J_{nc0} \tag{5.11}$$

$$J_{nc} \approx \beta J_{ne0}\left\{\exp\left(\frac{eV_e}{kT}\right) - 1\right\} + J_{nc0} \tag{5.12}$$

ここに

$$J_{ne0} = J_{nc0} = -\frac{eD_n n_{p0}}{L_n} \cdot \frac{1}{\tanh\left(\frac{w}{L_n}\right)} \tag{5.13}$$

---

*1 エミッタ接合からコレクタ接合までの距離をベース幅という場合もある．ここでは，接合間の距離から空乏層分を差し引いたものをベース幅とよんでいる．

5.2 直流特性

$$\beta = \frac{1}{\cosh\left(\frac{w}{L_n}\right)} \tag{5.14}$$

である．β はエミッタからベースに注入された電子のうち，コレクタに到達するものの割合を示し，**到達率** (transport factor) とよんでいる．$w \ll L_n$ の場合

$$\cosh\left(\frac{w}{L_n}\right) \approx 1 + \frac{1}{2}\left(\frac{w}{L_n}\right)^2 \tag{5.15}$$

が成り立つので，到達率は

$$\beta \approx 1 - \frac{1}{2}\left(\frac{w}{L_n}\right)^2 \tag{5.16}$$

と近似できる．

[例題 5.2] npn 形トランジスタにおいて，エミッタ接合が順バイアス，コレクタ接合が逆バイアスのときの，少数キャリア分布を図示せよ．

(**解**) 通常，コレクタ接合は逆方向バイアスであるので $n_c \approx 0$ とみなせ，また，$x \ll 1$ のとき $\sinh x \approx x$ と近似できるので，$w \ll L_n$ であれば式 (5.8) は次のように近似できる．

$$n \approx n_e\left(1 - \frac{x}{w}\right) \tag{5.17}$$

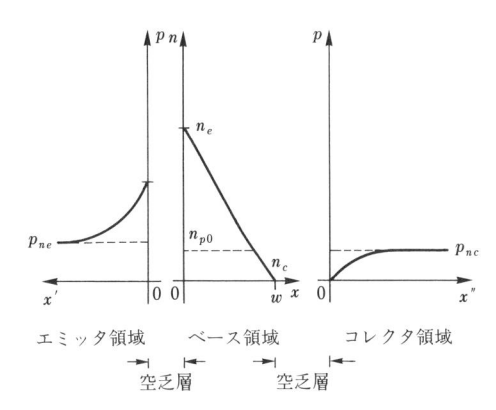

図 5.9 npn 形トランジスタにおける少数キャリア分布

この近似式からベース領域での電子密度分布の概略は図 5.9 に示すように，$w \ll L_n$ の場合，エミッタ接合端からコレクタ接合端に向かってほぼ直線的に減少する．エミッタ領域の少数キャリアである正孔は，エミッタ接合が順バイアスされているので，図 5.9 のように pn 接合ダイオードと同様の指数関数的な変化をする．コレクタ領域の正孔についても，pn 接合での逆バイアス印加時と同様の変化をする．

5.2.2 エミッタ注入率

エミッタ接合では，エミッタからベースに少数キャリアの注入が起こるが，同時に，ベースからエミッタに少数キャリア注入が起こる．どちらもエミッタ接合を流れる電流に寄与するが，ベースからエミッタへの少数キャリア注入は，トランジスタ動作には寄与しない無効な成分である．

引き続き npn 形を考えると，ベースからエミッタに注入される正孔電流密度 J_{pe} は，式 (3.21) より

$$J_{pe} = -\frac{eD_p p_{ne}}{L_p}\left\{\exp\left(\frac{eV_e}{kT}\right) - 1\right\} \tag{5.18}$$

と表される．p_{ne} はエミッタ領域の平衡正孔密度である．エミッタ接合を流れる電流のうち，電子電流成分の割合を**注入率** (injection efficiency)γ といい[*1]，それは式 (5.11) と (5.18) から次のようになる．

$$\gamma \equiv \frac{J_{ne}}{J_{ne} + J_{pe}} = \frac{J_{ne0}\left\{\exp\left(\frac{eV_e}{kT}\right) - 1\right\} + \beta J_{nc0}}{J_{ne0}\left\{\exp\left(\frac{eV_e}{kT}\right) - 1\right\} + \beta J_{nc0} - \frac{eD_p p_{ne}}{L_p}\left\{\exp\left(\frac{eV_e}{kT}\right) - 1\right\}} \tag{5.19}$$

ここで，エミッタ接合は順方向バイアスで $\exp(eV_e/kT) \gg 1$ であるから

$$\gamma = \frac{J_{ne0}}{J_{ne0} - \frac{eD_p p_{ne}}{L_p}} \tag{5.20}$$

となる．式 (5.13) を用いて

$$\gamma = \frac{\frac{eD_n n_{p0}}{L_n}}{\frac{eD_n n_{p0}}{L_n} + \frac{eD_p p_{ne}}{L_p}\tanh\left(\frac{w}{L_n}\right)} \approx 1 - \frac{p_{ne}}{n_{p0}}\frac{w}{L_p}\frac{D_p}{D_n} \tag{5.21}$$

[*1] pnp 形の場合はエミッタ電流のうち正孔電流成分の占める割合が注入率になる．

を得る．ここで，$x \ll 1$ のとき $\tanh x \approx x$ および $1/(1+x) \approx 1-x$ の関係を用いた．

エミッタ領域の導電率を σ_e，ベース領域の導電率を σ_b とすると，式 (2.8) より，$\sigma_e = en_{ne}\mu_n$ と $\sigma_b = ep_{pb}\mu_p$ が成り立つ．ここで，μ_n および μ_p はエミッタ領域およびベース領域の多数キャリアの移動度，n_{ne} および p_{pb} はエミッタ領域およびベース領域の多数キャリア密度である．$np = n_i^2$ の関係より $n_{p0}p_{pb} = n_{ne}p_{ne} = n_i^2$ が成り立つ．電子の移動度がベース領域とエミッタ領域で等しく，正孔の移動度についても同様のことがいえると仮定すると，アインシュタインの関係を用いて，$\sigma_b = e^2 n_i^2 D_p / n_{p0} kT$，$\sigma_e = e^2 n_i^2 D_n / p_{ne} kT$ が得られる．これより，式 (5.21) は

$$\gamma \approx 1 - \frac{\sigma_b}{\sigma_e} \frac{w}{L_p} \tag{5.22}$$

と近似できる．

5.2.3 電流増幅率の最適化

電流増幅率 α_{ce} は，式 (5.1) で定義されているので

$$\alpha_{ce} = \frac{J_{nc} + J_{pc}}{J_{ne} + J_{pe}} \tag{5.23}$$

と表される．ここで，J_{pc} はコレクタ接合を流れる正孔電流密度で，逆方向バイアスのコレクタ接合を介して，わずかではあるがコレクタからベースに注入される正孔による電流を表している．J_{pc} は式 (5.18) と同様に次のように表される．

$$J_{pc} = \frac{eD_p p_{nc}}{L_p} \left\{ \exp\left(\frac{eV_c}{kT}\right) - 1 \right\} \tag{5.24}$$

式 (5.11)，(5.12)，(5.18) と (5.24) を用いて

$$\alpha_{ce} = \frac{\beta J_{ne0} \left\{ \exp\left(\frac{eV_e}{kT}\right) - 1 \right\} + J_{nc0} + \frac{eD_p p_{nc}}{L_p} \left\{ \exp\left(\frac{eV_c}{kT}\right) - 1 \right\}}{J_{ne0} \left\{ \exp\left(\frac{eV_e}{kT}\right) - 1 \right\} + \beta J_{nc0} - \frac{eD_p p_{ne}}{L_p} \left\{ \exp\left(\frac{eV_c}{kT}\right) - 1 \right\}} \tag{5.25}$$

を得る．ここで，$\exp(eV_c/kT) \ll 1$, $\exp(eV_e/kT) \gg 1$ を用いると次のように簡単化される．

$$\alpha_{ce} \approx \frac{\beta J_{ne0}}{J_{ne0} - \frac{eD_p p_{ne}}{L_p}} \tag{5.26}$$

この式と，式 (5.20) を比較すると

$$\alpha_{ce} \approx \beta\gamma \tag{5.27}$$

が得られる．この式から α_{ce} を 1 に近づけるには，到達率 β と注入率 γ をそれぞれ 1 に近づけると良いことがわかる．

式 (5.22) より，ベース領域の導電率 σ_b を小さくし，エミッタ領域の導電率 σ_e を大きくすることにより注入率を 1 に近づけることができる．pn 接合を流れる電子と正孔の割合は，n 領域と p 領域の多数キャリア量の比で決まる（3.2.3 項参照）．エミッタ電流のうち増幅動作に有効であるエミッタからベースに注入される少数キャリア (npn 形の場合は電子，pnp 形の場合は正孔) による成分をできるだけ多くとるためには，エミッタの不純物濃度をできるだけ大きくとり，ベース領域の不純物濃度をできるだけ小さくすることが望ましい．実際には，後述するベース抵抗が引き起こす問題を避けるため，σ_b の低減には限界がある．

式 (5.16) より，ベース幅 w を小さくすると到達率が 1 に近づく．これは，ベース幅を短くすることで，少数キャリアの再結合による消滅を低減できることを表している．ただし，ベース領域で生じる後述する現象により，ベース幅の縮小にも制限がある．

[**例題 5.3**] ある npn 形トランジスタについて以下の問に答えよ．すべて室温とする．トランジスタの諸量は次のとおりである．ベース領域のアクセプタ濃度 $N_a = 5 \times 10^{22} \mathrm{m}^{-3}$，電子の拡散定数 $D_n = 10^{-3}\,\mathrm{m}^2/\mathrm{s}$，電子の寿命 $\tau_n = 10^{-8}\mathrm{s}$，ベース幅 $w = 10^{-6}\mathrm{m}$．エミッタ領域のドナー濃度 $N_d = 10^{25}\mathrm{m}^{-3}$，正孔の拡散定数 $D_p = 2 \times 10^{-4}\mathrm{m}^2/\mathrm{s}$，正孔の寿命 $\tau_p = 10^{-9}\mathrm{s}$．(1) 注入率，(2) 到達率，(3) エミッタ接地の場合の電流増幅率を求めよ．

(**解**) (1) エミッタにおける正孔の拡散長 L_p は式 (3.14) より $\sqrt{2 \times 10^{-4} \cdot 10^{-9}} =$

4.47×10^{-7}m. 式 (5.21) と $p_{ne}/n_{p0} = p_{pb}/n_{ne}$ を用いて，$\gamma = 1 - (5 \times 10^{22} \cdot 10^{-6} \cdot 2 \times 10^{-4})/(10^{25} \cdot 4.47 \times 10^{-7} \cdot 10^{-3}) = 0.998$．

(2) ベースにおける電子の拡散長 L_n は $\sqrt{10^{-3} \cdot 10^{-8}} = 3.16 \times 10^{-6}$m．これを式 (5.16) に代入して，$\beta = 1 - (10^{-6}/3.16 \times 10^{-6})^2/2 = 0.950$．

(3) ベース接地での電流増幅率 $\alpha_{ce} = 0.998 \cdot 0.950 = 0.948$．式 (5.4) より，エミッタ接地の電流増幅率 $\alpha_{cb} = 0.948/(1 - 0.948) = 18.2$．

5.3 電気的諸特性

5.3.1 電流増幅率のコレクタ電流依存性

これまでコレクタ電流 I_c の大きさにかかわらず α_{ce} の大きさは一定とした．実際には，図 5.10 に示すようにコレクタ電流依存性をもっている[*1]．コレクタ電流が少ない領域ではコレクタ電流の減少とともに電流増幅率は減少する．コレクタ電流の少ない領域では，エミッタ接合に流れる電流も少ない．pn 接合を流れる電流が少ない場合には，3.3.2 項で述べたように，拡散電流と同程度またはそれを上回る再結合電流[*2]が流れる．再結合電流は少数キャリア注入には寄与しないので，エミッタからコレクタへの電流到達率は低下する．

コレクタ電流がある値以上になると，やはり電流到達率は低下する．エミッタ接合を流れる電流が増加すると，エミッタからベースへ注入される少数キャリア密度がベース領域の多数キャリアの平衡密度よりも著しく高くなり高注入状態 (3.3.3 項参照) になる．高注入状態になるとベースからエミッタへの少数キャリア注入が増大し，注入率の低下をまねく．この結果，電流到達率が減少する．

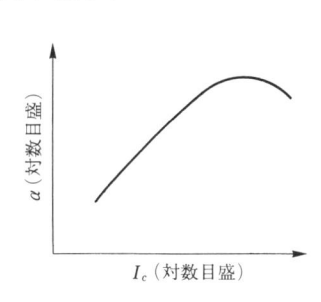

図 5.10 電流増幅率のコレクタ電流依存性

[*1] 電流増幅率の周波数依存性は 5.4 節で述べる．
[*2] pn 接合での再結合および表面での再結合の両方が関与する．

5.3.2 ベース抵抗

式 (5.22) で示したように注入率 γ を 1 に近づけるためにはベース領域の導電率 σ_b をできるだけ小さくする必要がある．さらに，ベース領域の幅は図 5.11 で示すように薄い．このため，ベース電流の流れる方向の抵抗が高くなる．これが図 5.6 で示したベース抵抗である．この抵抗による電圧降下により，エミッタ接合に印加される電圧は，エミッタの周辺部では高く中心部では低くなる．エミッタ接合を流れる電流は式 (5.11) および (5.18) に示したように，接合に印加される電圧に対して指数関数的に変化し，わずかの電圧の変化でも電流の大きな変化となって現れる．その結果，エミッタ接合の周辺部で電流がよく流れ，エミッタ接合の中央部では流れにくくなる．これを**エミッタ電流集中** (emitter current crowding) という．エミッタ中央部は電流が流れずトランジスタ動作に寄与しない一方で，この部分は寄生容量として働き，トランジスタ性能の低下を招く．電流集中を避けるために，エミッタの形状を工夫し，エミッタの周辺長が面積に比べて大きくなるようにする必要がある．

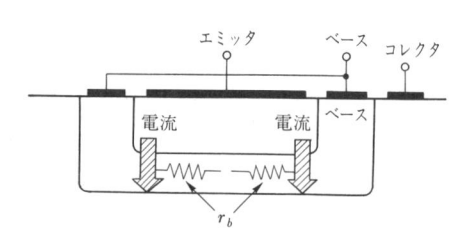

図 5.11 ベース抵抗とエミッタ電流集中

5.3.3 ベース幅変調

今までの説明では，ベース幅はバイアスが変化しても一定であるとしてきた．実際には，エミッタ電圧が変化するとエミッタ接合の空乏層幅が変化し，コレクタ電圧が変化するとコレクタ接合の空乏層幅が変化する．ベース領域の両端の空乏層幅が変化すると，ベース幅が変化する．このような変化を**ベース幅変調** (base-width modulation) とよぶ．逆バイアス状態のコレクタ接合の空乏層幅の変化がエミッタ接合のそれに比べて大きいので，もっぱらコレクタ電圧の変化がベース幅変調を引き起こしている．コレクタ電圧が増大すると，コレクタ接合の空乏層幅が広がる．とくに注入率 γ を大きくするために，ベース領域の不純物濃度は低く製作されているので，ベース領域側の空乏層が広くなり，

ベース幅が狭くなる．この結果，式 (5.16) で示したように到達率 β が増加し，電流増幅率 α が増大する．このとき，図 5.12 に示すように，コレクタ電圧を増大してもコレクタ電流は飽和傾向を示さない．これを最初に解析した人の名にちなんで**アーリ効果** (Early effect) とよぶ．

ベース領域の不純物濃度が小さいか，ベース幅が薄い場合，コレクタ接合に加わる電圧が大きくなると，ベース領域が完全に空乏化してしまう．図 5.13 に示すように，コレクタ電圧によってエミッタからキャリアが引き出されるので，大電流が流れるようになりトランジスタとして動作しなくなる．この現象を**パンチスルー** (punch through) とよぶ．前節では，電流増幅率を大きくするために，ベース幅を小さくして β を大きくし，ベース領域の不純物濃度を小さくして γ を大きくすればよいと述べた．しかし，アーリ効果やパンチスルーを防ぐために，ベース幅やベース領域の不純物濃度には下限がある．

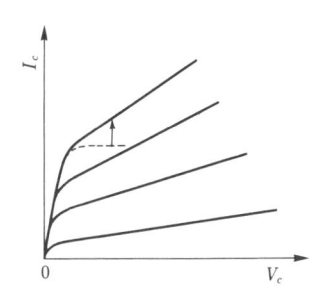

図 5.12　アーリ効果

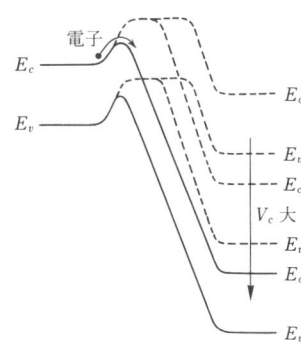

図 5.13　パンチスルー

5.3.4　なだれ破壊

コレクタ接合に印加される電圧が増大するとパンチスルーが起こらなくても，コレクタ電流が増大することがある．これは，コレクタ接合においてなだれ増倍により破壊現象が起こっているためである．なだれ破壊の起こる電圧をなだれ破壊電圧とよぶ．

同一のトランジスタであっても，なだれ破壊電圧は，ベース-エミッタ間が短絡されているか開放されているかによって異なる．ベース-エミッタ間が短絡されている場合は，エミッタ接合からの少数キャリアの注入はなく，コレクタ接合そのもののなだれ破壊電圧がトランジスタのなだれ破壊電圧となる．ベー

ス-エミッタ間が開放されている場合は，エミッタから少数キャリアが注入される．注入されたキャリアがなだれ増倍に寄与するために，図 5.14 のように，トランジスタのなだれ破壊電圧はコレクタ接合のなだれ破壊電圧より小さくなる．

5.3.5 熱暴走

エミッタ接地の場合の一般的なバイアス回路を図 5.15 に示す．コレクタ側にはバイアス電圧 V_{cc} が印加され，負荷抵抗 R_L が接続されている．エミッタ側のバイアスは，V_{cc} を抵抗 R_1 と R_2 で分圧することで与えている．容量 C_i, C_o は直流を遮断するためのものである．抵抗 R_e は以下で述べるトランジスタの熱暴走を防ぐために必要である．ただし，R_e は増幅率を低下させるので，バイパス容量 C_e を用いて R_e を交流的に短絡する必要がある[*1]．

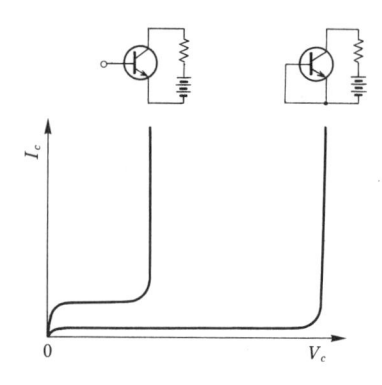

図 5.14 コレクタ接合耐圧

トランジスタの熱暴走は，以下の正帰還現象によってコレクタ電流が急増する現象である．(1) コレクタ電流の増大によりコレクタ接合の温度が上昇する．(2) 禁制帯幅 E_g が減少し[*2]，式 (1.24) より，真性キャリア密度 n_i が増大する．(3) 式 (3.31) より逆方向飽和電流が増大し，コレクタ接合での I_{c0} が増大する．(4) 式 (5.3) と $I_e = I_b + I_c$ より，$I_b = (1-\alpha_{ce})I_e - I_{c0}$ が得られ，I_{c0} の増大はベース電流 I_b の減少を引き起こす．(5) ベース抵抗による電圧降下 $r_b I_b$ が減少するので，エミッタ接合に実際に印加される電圧が上昇する (5.3.2 項参照)．(6) 式 (5.11) と式 (5.18) によりエミッタ電流 I_e が増大し，式 (5.3) により，コレクタ電流が増大

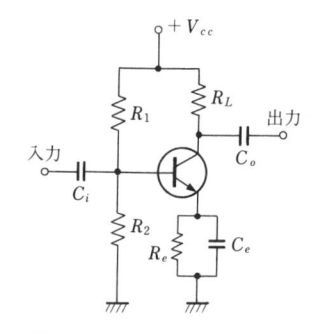

図 5.15 エミッタ接地の一般的なバイアス回路

[*1] R_e による直流分の損失が無視できないときは，R_e を取り除き，温度により抵抗値の変わる素子 (サーミスタやバリスタなど) を用いて熱暴走を防いでいる．

[*2] Si の場合 $E_g = 1.170 - 4.73 \times 10^{-4} T^2 / (T[\text{K}] + 636)[\text{eV}]$ となることが知られている．

する．(7) この結果，コレクタ接合の温度が上昇し，正帰還となる．

抵抗 R_e を挿入することにより，コレクタ電流が増えると，エミッタ接合に印加される電圧が低下し，エミッタ電流が小さくなり，コレクタ電流が減少する方向に押しやる働きをしている．

5.4 高周波特性

5.4.1 交流特性

バイポーラトランジスタを高周波で動作させる場合，ベース抵抗，エミッタ接合の空乏層容量，コレクタ接合の空乏層容量が，電気回路における CR 時定数の観点から時間遅れを引き起こす．さらに，ベース領域に蓄積される少数キャリアの充放電の時定数が問題となる．

まず，ベース領域の少数キャリアの動きについて述べる．pn 接合ダイオードの交流特性の導出に当たっては，少数キャリアの寿命を $\tau \to \tau/(1+j\omega\tau)$ と置き換えた（3.6.1 項参照）．ベース領域に蓄積される少数キャリアの効果を見積るに当たっても同様の考え方をすればよい．npn 形を例にとって考えると，ベース領域に注入された電子の拡散長は

$$L_n = \sqrt{\frac{D_n \tau_n}{1 + j\omega\tau_n}} \tag{5.28}$$

となる．この章で求めてきたトランジスタの直流特性に上式を代入することで，トランジスタの交流特性が得られる．

式 (5.22) に示されるように注入率 γ は L_n を含んでいない．このため，γ は周波数に無関係である．到達率 β には，式 (5.16) で示されるように L_n が含まれているので周波数特性がある．β は次のように表される．

$$\beta = \frac{1}{\cosh\left(w\sqrt{\frac{1+j\omega\tau_n}{D_n\tau_n}}\right)} \tag{5.29}$$

$w \ll \sqrt{D_n \tau_n}$ と仮定すると，$|z| \ll 1$ で $\cosh z \approx 1 + z^2/2$ が成り立つので

$$\beta = \cfrac{1}{1 + \frac{1}{2}\left(\frac{w}{\sqrt{D_n \tau_n}}\right)^2 + \frac{j\omega \tau_n}{2}\left(\frac{w}{\sqrt{D_n \tau_n}}\right)^2} \approx \cfrac{1}{1 + \frac{j\omega w^2}{2D_n}} \tag{5.30}$$

$$|\beta| \approx \cfrac{1}{\sqrt{1 + \left(\frac{\omega w^2}{2D_n}\right)^2}} \tag{5.31}$$

となる．すなわち，周波数が高くなるに従って到達率は低下する．これは，高周波になるほどベース領域内での電子の走行が信号の変化に追随しなくなり，到達率が低下することを示している．

5.4.2 遮断周波数

電流増幅率 α_{ce} は式 (5.27) で与えられるので，到達率 β の低下は α_{ce} の低下となる．α_{ce} が $1/\sqrt{2}$ に低下する周波数を α **遮断周波数**（α cut-off frequency）とよび，$f_\alpha (= \omega_\alpha/2\pi)$ で表される．f_α は次のように求められる．

$$\cfrac{1}{\sqrt{1 + \left(\frac{2\pi f_\alpha w^2}{2D_n}\right)^2}} = \cfrac{1}{\sqrt{2}} \tag{5.32}$$

$$\boxed{f_\alpha = \cfrac{D_n}{\pi w^2} \tag{5.33}}$$

pnp 形については D_n を D_p に置き換えるとよい．少数キャリアの拡散定数の大きい材料を選び，ベース幅 w を小さくすることで，α 遮断周波数を大きくできる．これは，拡散現象で移動しているベース領域内の少数キャリアができるだけ速くベース領域を渡り切るようにすることで，トランジスタの高速化が図れることを示している．

トランジスタの高周波特性を考えるときには，α 遮断周波数だけでなく，先に述べたように空乏層容量の充放電時間を考慮する必要がある．通常，**遮断周波数** f_T（cut-off frequency）が高周波特性の指標として用いられる．f_T はエミッタ接地における電流増幅率 α_{cb} が 1 となる周波数として定義される．f_T を実験式的に表すと

$$f_T = \frac{1}{2\pi\tau_d} = \frac{1}{2\pi(\tau_{Ce} + \tau_b + \tau_c + \tau_{Cc})} \tag{5.34}$$

となる．この式で τ_d は時間遅れを表している．τ_d は，上式のように，(1) エミッタ接合およびコレクタ接合での充電時間 τ_{Ce} と τ_{Cc}，(2) f_α を決めているのと同じ少数キャリアがベース領域を走行するのに要する時間 τ_b，(3) キャリアがコレクタ接合の空乏層を走行する時間 τ_c に分けられる．

τ_{Ce} や τ_{Cc} などの充電時間は，エミッタ電流やコレクタ電流を増やすことで低減できる．しかし，これらの電流を増やすと，ベース領域が高注入状態になりコレクタ接合の空乏層がコレクタ側に実効的に移動してしまい，ベース幅が増加することが知られている．これを初めて解析した人の名をとって**カーク効果** (Kirk effect) とよんでいる．このため，コレクタ電流やエミッタ電流には最適値（上限値）がある．

コレクタ接合の空乏層幅を小さくすると，τ_c を小さくできる．しかし，空乏層幅を減少させるためには式 (3.64) で示したように，コレクタ領域の不純物濃度を大きくしなければならず[*1]．その結果，式 (3.75) からコレクタ接合の耐圧が低下してしまう．したがって，コレクタ接合の空乏層幅および τ_c には下限がある．

入力および出力回路で整合をとったときに入力電圧と出力電圧が等しくなる周波数を**最高発振周波数** (maximum frequency of oscillation) $f_{\max}$ とよび，トランジスタの性能指数としてしばしば用いられる．$f_{\max}$ は

$$f_{\max} \approx \sqrt{\frac{f_T}{8\pi r_b C_c}} \tag{5.35}$$

と表せることが知られている．$f_{\max}$ を増大するには，f_T の増大に加えて，ベース抵抗 r_b とコレクタ接合の空乏層容量 C_c を減少しなければならない．プレーナ形トランジスタでは図 5.16 に示すように，$r_b \propto b/a$ および $C_c \propto ab$ の比例

[*1] 通常，コレクタの不純物濃度はベースのそれより小さく設計してあるので，空乏層はコレクタ側に伸びている．

関係がある．したがって，$r_b C_c \propto b^2$ を小さくするには，エミッタの幅 b を狭くすることが必要である．大きな $f_{\max}$ を必要とする高周波トランジスタではエミッタ幅 b を狭く設計してある．

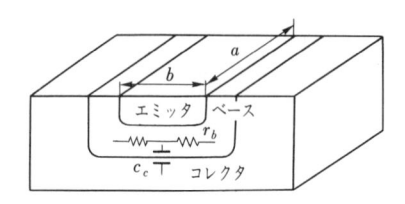

図 5.16 プレーナ形トランジスタにおけるベース抵抗とコレクタ接合の空乏層容量

[例題 5.4] ある Si npn 形トランジスタについて以下の問に答えよ．トランジスタの諸量は次のとおりである．すべて室温とする．ベース領域のアクセプタ濃度 $N_a = 8 \times 10^{22} \text{m}^{-3}$，電子の拡散定数 $D_n = 2 \times 10^{-3} \text{m}^2/\text{s}$，ベース幅 $w = 10^{-6}$m．コレクタ領域のドナー濃度 $N_d = 10^{22} \text{m}^{-3}$．

(1) 式 (5.34) における，キャリアのベース領域通過時間 τ_b は $w^2/2D$ で表されることが知られている．このトランジスタで τ_b はいくらになるか．

(2) 式 (5.34) における，キャリアのコレクタ接合通過時間 τ_c を求めよ．Si にある程度以上の高電界を印加した場合，キャリアのドリフト速度は電界にかかわりなく一定値（飽和ドリフト速度）v_s で飽和する．このとき，$\tau_c =$[コレクタ接合の空乏層幅]$/2v_s$ となることが知られている．コレクタ接合には -10 V（逆バイアス）が印加されており，また，$v_s = 8 \times 10^4$m/s，Si の比誘電率を 11.9 とする．

(解) (1) $\tau_b = (10^{-6})^2/(2 \cdot 2 \times 10^{-3}) = 2.5 \times 10^{-10}$s．

(2) 式 (3.68) から，拡散電位 $V_d = 26 \times 10^{-3} \ln\{8 \times 10^{22} \cdot 10^{22}/(1.08 \times 10^{16})^2\} = 0.77$ V．コレクタ接合の空乏層幅は，式 (3.64) より，$\{2 \cdot 11.9 \cdot 8.85 \times 10^{-12} \cdot 10.77 \cdot (8 \times 10^{22} + 10^{22})/(1.60 \times 10^{-19} \cdot 8 \times 10^{22} \cdot 10^{22})\}^{1/2} = 1.26 \times 10^{-6}$m．$\tau_c = 1.26 \times 10^{-6}/(2 \cdot 8 \times 10^4) = 7.9 \times 10^{-12}$s

5.4.3 ドリフトトランジスタ

これまでは，ベース領域には電界が存在せず少数キャリアの走行は拡散によるものとしてきた．ベース領域の不純物濃度に勾配を設け，内部電界（ドリフト電界）を発生させ，それによりベース領域での少数キャリアを加速する方法

が用いられている．これは**ドリフトト
ランジスタ** (drift transistor) とよばれ
ている．このトランジスタではベース
領域中の不純物濃度がエミッタ側で大
きくなるように作られている．npn 形
の場合，図 5.17 のようにエミッタ側
でアクセプタ濃度が高くなっており，
注入された電子がコレクタ側に加速さ
れる電界の向きになっている．これに
より，電子がベース領域を渡りきる時
間が短縮される．

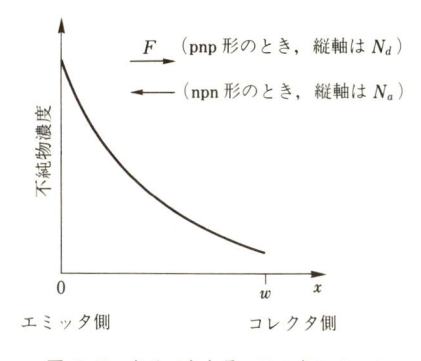

図 5.17 ドリフトトランジスタのベース不純物濃度分布

$F \longrightarrow$ (pnp 形のとき，縦軸は N_d)
$\longleftarrow F$ (npn 形のとき，縦軸は N_a)

ドリフト電界の効果を以下で見積もる．ベース領域のアクセプタ濃度を $N_a(x)$ とすると，電荷中性の条件において $N_a(x) \gg n(x)$ が成り立つとして

$$p(x) = N_a(x) + n(x) \approx N_a(x) \tag{5.36}$$

を得る．ゼロバイアスではベース内で正孔の拡散電流とドリフト電流がつり合っているので，式 (2.34) で $J_p = 0$ とおくことで，内部電界 $F(x)$ は次のように求まる．

$$F(x) = \frac{D_p}{\mu_p N_a(x)} \frac{dN_a(x)}{dx} = \frac{kT}{eN_a(x)} \frac{dN_a(x)}{dx} \tag{5.37}$$

ここで，アインシュタインの関係を用いている．より急峻な濃度勾配がより大きなドリフト電界を与えることを示している．

5.4.4 パルス特性

図 5.18 のエミッタ接地回路を**インバータ** (inverter) 回路とよんでいる．入力に 0 または負電圧を印加した場合，エミッタからベースへ少数キャリアの電子の注入はないのでコレクタ電流もほとんど流れない．したがって，抵抗 R_L での電圧降下はほとんどなく出力には電圧 V_{cc} がそのまま現れる．この状態を**遮断** (cut-off) とよぶ．このときのベース領域の電子密度は図 5.19(a) のようになる．

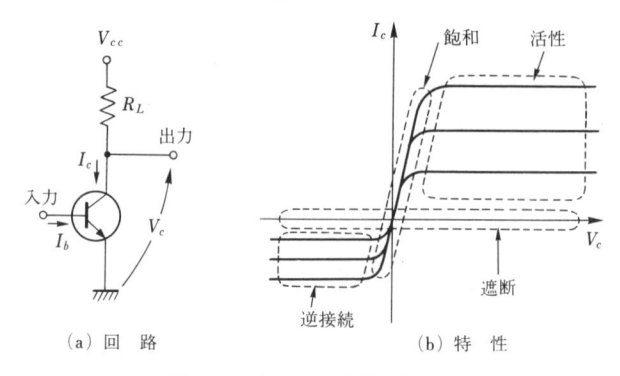

図 5.18 インバータ回路と出力特性

　入力に正電圧を印加すると，エミッタから少数キャリアの電子が注入され大きなコレクタ電流が流れる．その結果，抵抗 R_L での電圧降下が大きくなり出力電圧はほぼ0になる．このとき，コレクタの電位はベースの電位より低くなり，コレクタ接合は順バイアス状態になり，コレクタからもベースに電子が注入されて，図 5.19(b) のような電子密度分布になる[*1]．この状態を**飽和** (saturation) とよんでいる．3つの端子はほぼ短絡状態にある．飽和状態では，コレクタ接合が順バイアスであるので，コレクタ側での少数キャリア密度は大きくなり，ベース領域での少数キャリアの蓄積が激しくなる．

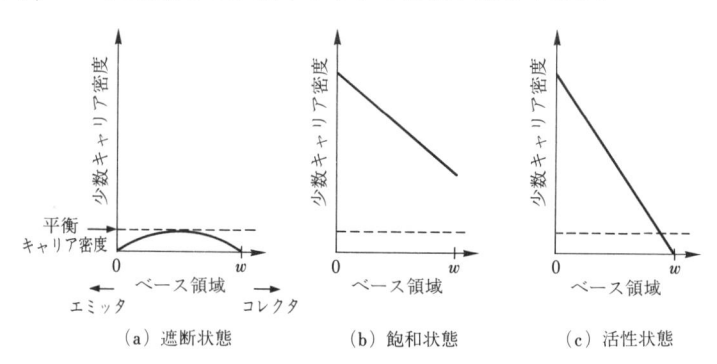

図 5.19 トランジスタの各動作状態におけるベース領域での少数キャリア分布

　この回路をアナログ増幅器として用いるときには，ベース領域の少数キャリ

[*1] コレクタ接合とエミッタ接合の両方が順バイアスになるが，正味の電流はコレクタからエミッタに流れるようなバイアス条件になる (npn 形の場合)．

ア密度の分布が図 5.19(c) のように，エミッタ側で最大でコレクタ側でほぼ 0 になっている．この状態を**活性** (active) 状態とよんでいる．

また，エミッタが逆バイアスでコレクタが順バイアスになっている状態を**逆接続** (reverse connection) とよんでいる．通常のトランジスタではコレクタ領域の不純物濃度が低いので，電流増幅率は活性状態のときより低くなる．

スイッチングトランジスタの動作モードのうち，飽和状態を用いるものを飽和形とよんでいる．飽和形は雑音に対する余裕度が大きく使いやすいために **TTL**(transistor transistor logic) などとして早くから使われてきた．

飽和形動作では，上述のようにベース領域に少数キャリアがより多く蓄積し，オン状態からオフ状態への遅延の原因となる．図 5.18 の回路に，図 5.20(a) のステップ状のベース電流を印加した場合，コレクタ電流の波形は図 5.20(b) のように変化する．ここで，I_{b1} と I_{b2} はそれぞれトランジスタをオンするときのベース電流，オフするときの蓄積キャリアの引き抜き電流である．ベース電流をオンしたあとベース領域の充電時間 t_0 だけ遅れてコレクタ電流は立ち上がる．また，

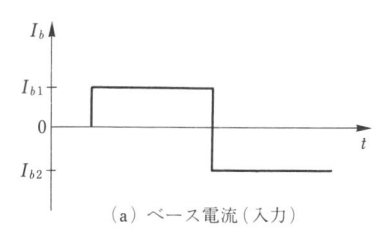

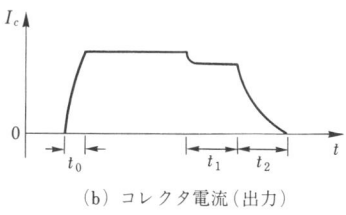

(a) ベース電流（入力）

(b) コレクタ電流（出力）

図 5.20 トランジスタのスイッチング波形

ベース電流を反転させても，飽和状態のベース領域が活性状態になるまで少数キャリアの引き抜きのための時間を要し，それが遅延 t_1 となる．さらに，コレクタ電流が 0 になるまで時間 t_2 を要する[*1]．

[*1] 活性状態を用い，少数キャリアの蓄積を少なくした非飽和形のスイッチング回路として **ECL**(emitter coupled logic) がある．

5.5 ヘテロバイポーラトランジスタ

5.5.1 ヘテロ接合

pn 接合の p 形と n 形が異なる半導体（例えば，GaAs と AlGaAs）で形成されているものを，**ヘテロ接合** (heterojunction) という．ヘテロ接合に対して，今まで述べてきた同じ半導体による pn 接合を**ホモ接合** (homojunction) という．ヘテロ接合の界面では異なる半導体が接しているので，原子配列が乱れたり，界面準位が形成されたりすることがある．この場合はヘテロ接合の電気的特性は複雑なものとなる．以下では，界面に原子配列の乱れがなく，界面準位も発生していない理想的なヘテロ接合について述べる[*1]．

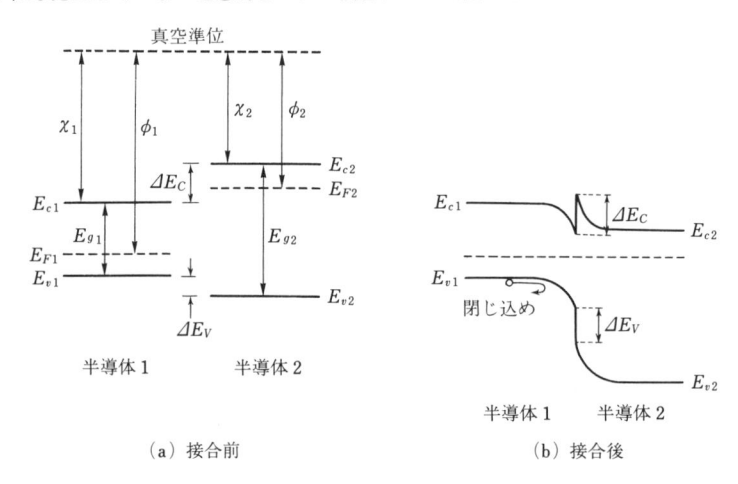

図 5.21 ヘテロ接合のエネルギー帯図

図 5.21(a) に示すように，2 つの半導体間では，導電帯側に

$$\Delta E_c = \chi_1 - \chi_2 \tag{5.38}$$

で示されるエネルギー差 ΔE_c があり，価電子帯側には

$$\Delta E_v = E_{g2} - E_{g1} - \Delta E_c \tag{5.39}$$

のエネルギー差 ΔE_v がある．ここで，χ は電子親和力，添字 1 は禁制帯幅の小さい方の半導体，添字 2 は禁制帯幅の大きい方の半導体を表している．また，ここでは半導体 1 が p 形で，半導体 2 が n 形である．

[*1] 提唱者の名前をとって，アンダーソン (Anderson) モデルという．このほかにも，いくつかのモデルが提唱されている．

この2つの半導体が接合を形成すると，フェルミ準位が一致するまで，p形側からn形側へ正孔が，それとは逆方向に電子が移動する．この結果，ホモ接合と同じように，p形側ではイオン化アクセプタにより，n形ではイオン化ドナーにより空間電荷領域が形成される．この空間電荷領域で発生した内部電界がキャリアの移動を押しとどめ均衡する．その結果，図5.21(b) に示すようなバンド構造となる．このヘテロ構造では，価電子帯では正孔に対して大きな障壁 $E_{v1} - E_{v2}$ が形成され，正孔が半導体1から半導体2に流れ込むことを阻止している．この効果を**キャリアの閉じ込め** (carrier confinement) という．

5.5.2 ヘテロ接合の電流-電圧特性

図 5.21(b) の pn 接合で，順方向電圧を印加すると，キャリアの閉じ込め効果により，正孔電流が著しく抑制され，順方向電流はほぼ電子電流のみとなる．このことを，定量的に示すと以下のようになる．pn 接合を流れる電流を表す式 (3.23) および (3.31) より，図 5.21(b) のヘテロ接合に電圧 V を印加したとき，半導体2側から半導体1側に流れる電子電流 J_n および，半導体1側から半導体2側に流れる正孔電流 J_p は

$$J_n = e n_{i1}^2 \frac{D_{n1}}{L_{n1} N_{a1}} \left\{ \exp\left(\frac{eV}{kT}\right) - 1 \right\} \tag{5.40}$$

$$J_p = e n_{i2}^2 \frac{D_{p2}}{L_{p2} N_{d2}} \left\{ \exp\left(\frac{eV}{kT}\right) - 1 \right\} \tag{5.41}$$

で表される．D は拡散定数，L は拡散長，N_d はドナー濃度，N_a はアクセプタ濃度である．ここでも，添字は半導体1と半導体2を区別するものである．これより

$$\frac{J_n}{J_p} = \frac{D_{n1} L_{p2} N_{d2} n_{i1}^2}{D_{p2} L_{n1} N_{a1} n_{i2}^2} \tag{5.42}$$

となる．式 (1.24) を用いて

$$\frac{J_n}{J_p} = \frac{D_{n1} L_{p2} N_{d2}}{D_{p2} L_{n1} N_{a1}} \left(\frac{m_{n1}^* m_{p1}^*}{m_{n2}^* m_{p2}^*}\right)^{3/2} \exp\left(\frac{E_{g2} - E_{g1}}{kT}\right) \tag{5.43}$$

となる．ここで，m^* は有効質量で，添字は半導体の伝導形と半導体1または2の区別を表している．式 (5.43) のうち指数関数の部分がほかに比べて圧倒的に大きくなる．この結果，$J_n \gg J_p$ となり，このヘテロ接合を流れる電流は電子電流が大部分を占めることが示される．

5.5.3 ヘテロバイポーラトランジスタ

5.4.2 項で述べたように，キャリアがベース領域を横切って走行する時間を短くすることが，バイポーラトランジスタの周波数特性を向上させるために必要である．そのためには，ベース幅を短くすればよい．しかし，単純にベース幅を短くすると 5.3.2 項で述べたように

ベース抵抗が大きくなってしまう．ベース抵抗の増大は式 (5.35) から最大発振周波数 f_max の低下をもたらし，周波数特性は劣化してしまう．したがって，ベース抵抗を増やさないために，ベース幅を短くするとともにベース領域の不純物濃度を大きくして導電率を大きくする必要がある[*1]．

ところが，ベース領域の不純物濃度を大きくすると，式 (5.22) で，σ_b が大きくなるので注入率 γ が低下してしまう．式 (5.22) によれば，エミッタ領域の導電率 σ_e を大きくすれば，γ の低下を防げる．実用のバイポーラトランジスタでは，エミッタ領域の不純物濃度は母体の半導体に添加できる上限に既に達しており，σ_e の増大は望めない．

以上の限界を超えるために，エミッタ接合にヘテロ接合を用いた**ヘテロバイポーラトランジスタ** (hetero bipolar transistor：HBT) がある．図 5.22 に npn 形のヘテロバイポーラトランジスタを示す．ベース領域の半導体に比べて禁制帯幅の広い半導体をエミッタ領域に用いることで，ベース領域の正孔に対して障壁が形成されている．前節で述べたようにこの障壁のため，エミッタ接合に正孔電流はほとんど流れず，ベース領域の正孔密度を大きくしても注入率の低下を招かない．その結果，ベース抵抗を増大させることなくベース幅を短くでき，トランジスタの高周波特性を大幅に改善できる．

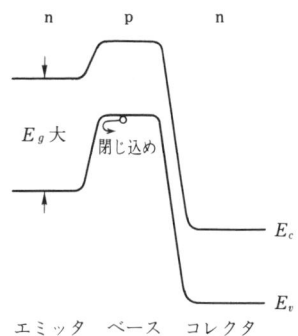

図 5.22 npn 形ヘテロバイポーラトランジスタ

演 習

5.1 エミッタ接地の場合，直流電流増幅率 α_{cb}^{DC} にコレクタ電流 (I_c) 依存性がない場合，小信号電流増幅率 α_{cb} と α_{cb}^{DC} が等しくなることを示せ．

5.2 バイポーラトランジスタの注入率 γ および到達率 β の改善法を述べよ．

5.3 ある npn 形トランジスタについて以下の問に答えよ．トランジスタの諸量は次のとおりである．ベース領域のアクセプタ濃度 $N_a = 10^{23}$ m^{-3}，電子の拡散長 $L_n = 5 \times 10^{-6}$ m，ベース幅 $w = 10^{-6}$ m．エミッタ領域のドナー濃度 $N_d = 10^{26}$ m^{-3}，正孔の拡散長 $L_p = 4 \times 10^{-7}$ m．コレクタ領域のドナー濃度 $N_d = 8 \times 10^{21}$ m^{-3}．ベース領域とエミッタ領域のいずれにおいても，正孔の移動度 $\mu_p = 8 \times 10^{-3}$ m^2/Vs，電子の移動度 $\mu_n = 0.02$ m^2/Vs とする．

[*1] ベース幅を短くすると，5.3.3 項で述べたベース幅変調が起こりやすくなってしまう．ベース領域の不純物濃度を大きくすると，ベース領域への空乏層の伸びが抑制される．したがって，ベース領域の不純物濃度を大きくすることは，ベース幅変調を抑制する方向にも働く．

(1) 室温における注入率，到達率，エミッタ接地の場合の電流増幅率を求めよ．

(2) コレクタ接合に印加される電圧が $0\,\mathrm{V}$ および $-5\,\mathrm{V}$ のときのコレクタ接合の空乏層幅およびベース側への空乏層の広がり幅を求めよ．ただし，半導体の比誘電率は 12.0 とする．また，半導体の真性キャリア密度を $1.4 \times 10^{16}\,\mathrm{m}^{-3}$ とする．

(3) 例題 5.4 を参考にして，キャリアのベース領域通過時間 τ_b およびコレクタ接合通過時間 τ_c を求めよ．コレクタ接合には $-5\,\mathrm{V}$ (逆バイアス) が印加されているとする．飽和ドリフト速度は $8 \times 10^4\,\mathrm{m/s}$ とする．

5.4 バイポーラトランジスタのエミッタ接合をショットキー接触にした場合，トランジスタ動作するか．コレクタ接合をショットキー接触にした場合はどうか．

6

電界効果トランジスタ

電界効果トランジスタはバイポーラトランジスタと並ぶ重要な半導体デバイスであり，単体デバイスとしてだけでなく，集積回路のなかの能動素子として重要である．このトランジスタでは，多数キャリアの電気伝導を外部電圧により制御しており，多数キャリアが主役となる．

6.1 MOS形電界効果トランジスタ

6.1.1 構造と原理

MOS形電界効果トランジスタの簡単な構造を図6.1に示す．Si基板上に薄い絶縁膜を介して金属電極を付けたMISキャパシタの半導体側の両側に，キャリアの供給源である**ソース**(source)領域と，キャリアを取り出す**ドレイン**(drain)領域を設けている．ソースおよびドレインは高濃度に不純物を添加してある[*1]．絶縁膜が酸化膜（Siの場合はSiO_2）のものを **MOSFET**(metal-oxide-semiconductor field effect transistor) とよぶ[*2]．絶縁膜上の金属電極は，ソース-ドレイン間のコンダクタンスを制御するために設けられており，**ゲート**(gate)とよぶ．ゲート直下の電流の流れる半導体部分をチャネルという．チャネル内を電子が流れるものを **nチャネル** (n channel) 形，正孔が流れるものを **pチャネル** (p channel) 形とよんでいる．

MOSFETの出力特性は図6.2のようになる．nチャネル形を例にとって動作特性を述べる．ゲート電圧V_gを印加しない場合，ソース-ドレイン間はn^+pn^+

[*1] 高濃度に不純物を添加した状態を，n^+ または p^+ と表す．
[*2] 絶縁膜が酸化膜以外の場合も含めて MISFET と総称する．

6.1 MOS 形電界効果トランジスタ

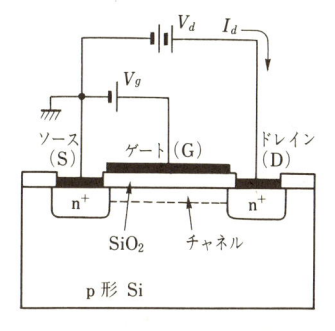

図 6.1 MOSFET の基本構造
（n チャネルの場合）

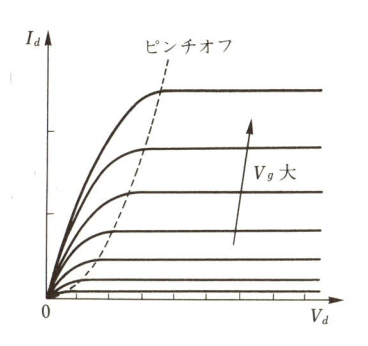

図 6.2 MOSFET のドレイン電流-電圧特性

構造になっており，ダイオードが背中合わせの構造であるので，電流はほとんど流れない．正のゲート電圧が大きくなり**しきい電圧** (threshold voltage)V_t を越えると，半導体表面に少数キャリアの電子が多数誘起され，反転層が形成されて，n チャネルとなる．ソース-ドレイン間は n^+nn^+ の形になり，ソースドレイン間の電圧（ドレイン電圧）V_d が小さい間は，チャネルはあたかも抵抗素子のように働く．チャネルを流れるドレイン電流 I_d は V_d に比例して変化する．このため，直線領域とよばれる（図 6.3(a)）．

先に述べたように，反転層形成のためにゲートの電位がチャネル側（基板側）より高くなっている．ドレイン電圧が増加すると，ドレイン近傍のチャネルの電位も増加する．この電位上昇は表面反転層の形成を妨げる方向に働き，ドレイン近くの表面反転層は薄くなる．このため電流は流れにくくなり，I_d-V_d は直線関係からずれてくる．あるドレイン電圧 V_p ではついにドレイン近傍のチャネルが消滅する．これを**ピンチオフ** (pinch off) という（図 6.3(b)）．

ピンチオフが起こっている点（ピンチオフ点）での電圧が，ちょうど反転層

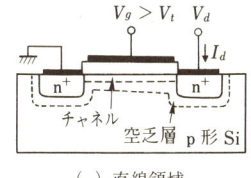

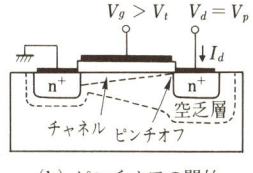

（a）直線領域　　　（b）ピンチオフの開始　　　（c）飽和領域

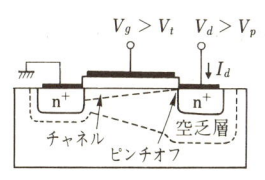

図 6.3 MOSFET の動作状態

を形成するのに必要な電圧になっているので，ドレイン電圧がピンチオフの始まる電圧より高くなっても，チャネル両端の電位差は一定となる．すなわち，ドレイン電圧の増加分はドレイン領域の空乏層の増加に使われる．

ソースからの電子は，反転層（チャネル）を流れてピンチオフ点に到達し，そこからドレイン近くの空乏層に引き込まれる．この現象は，バイポーラトランジスタにおいてベース領域からコレクタ接合を介してコレクタ領域へキャリアが引き込まれるのと同じで，キャリアにとってバリアは存在しない．ドレイン電流はチャネルを流れる電流で決まり，前述のようにチャネル両端の電位差は一定であるので，ドレイン電流はほぼ一定となる．

ドレイン電圧の増加により，ドレインの空乏層厚が増大する．しかし，この増加分よりチャネル長が十分大きいので，ドレイン電流はほぼ一定となる（図6.3(c)）[*1]．

以上述べてきた $V_g = 0$ で電流が流れない MOSFET を**エンハンスメント形**(enhancement type) または**ノーマリオフ** (normally off) 形という．これに対して，$V_g = 0$ のときに電流の流れる**ディプレション形** (depletion type)（または**ノーマリオン** (normally on) 形）がある．ゲート電圧を印加しないでもチャネルが形成される場合，ディプレション形になる．ディプレション形では，n チャネルの場合にはゲートに負電圧を，p チャネルの場合にはゲートに正電圧を印加することによりチャネルを空乏化し，ドレイン電流を 0 にする．図 6.4 に各 MOSFET の回路記号と，I_d-V_d 特性，I_d-V_g 特性を示す．

6.1.2 電流-電圧特性

図 6.5 に示すようなチャネル長 L の n チャネル MOSFET について考える．チャネル幅を W，SiO_2 の膜厚と比誘電率をそれぞれ，d, ε_r とし，チャネル中の電子の移動度を μ とする．点 x における絶縁膜内の電界を $F(x)$, 半導体-絶縁膜界面での電位を $V(x)$, チャネルに誘起される単位面積当たりの電荷を $Q(x)$ とすると，ガウスの法則から次式が成り立つ．

[*1] 後述するように微細な MOSFET の場合，ドレイン電流は一定でなく増大する傾向が目立ってくる．

6.1 MOS形電界効果トランジスタ

(a) nチャネルエンハンスメント形

(b) nチャネルディプレション形

(c) pチャネルエンハンスメント形

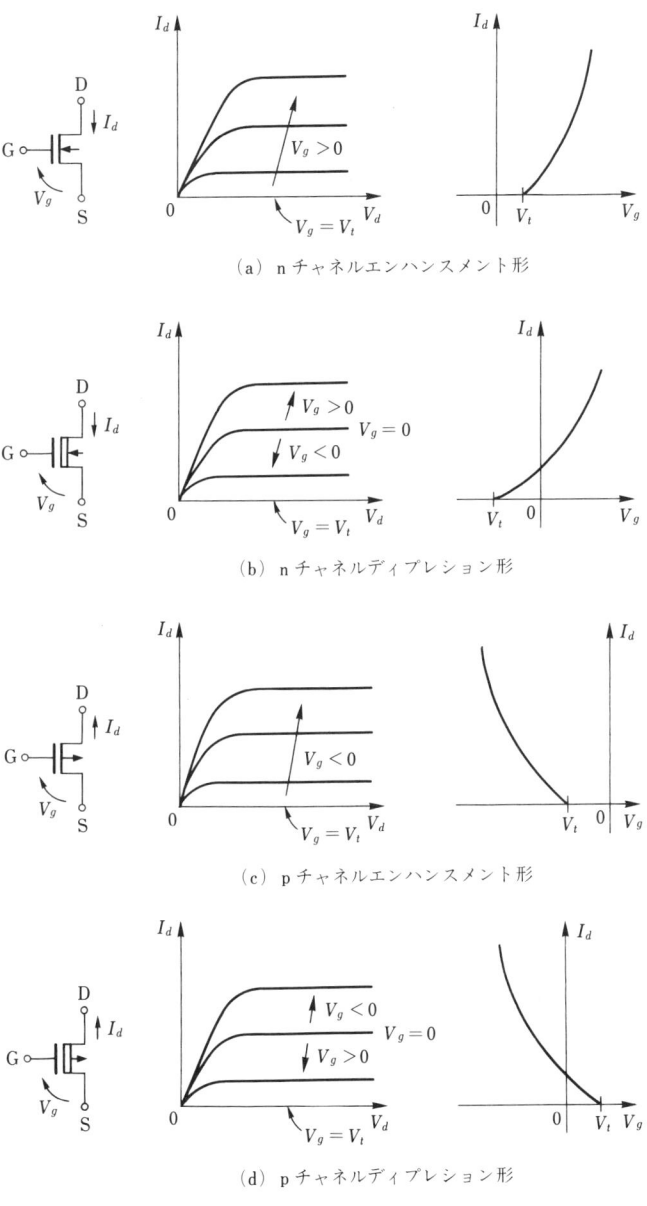

(d) pチャネルディプレション形

図 6.4 各MOSFETの回路記号と特性

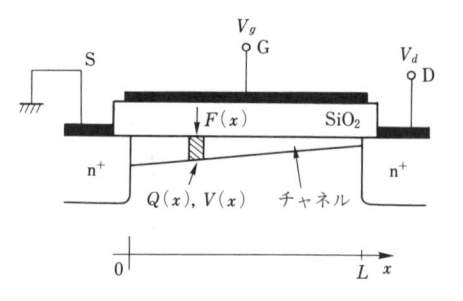

図 6.5 電流-電圧特性を解析するための MOSFET の模式図

$$F(x) = \frac{Q(x)}{\varepsilon_r \varepsilon_0} = \frac{V_g - V(x)}{d} \tag{6.1}$$

誘起された電荷 $Q(x)$ がソース-ドレインの電界でドリフトし, I_d となるので

$$I_d = Q(x) \mu \frac{dV(x)}{dx} W \tag{6.2}$$

が成り立つ.

式 (6.1) および (6.2) より次式を得る.

$$I_d = \frac{\mu W \varepsilon_r \varepsilon_0}{d} \{V_g - V(x)\} \frac{dV(x)}{dx} \tag{6.3}$$

ここで, 式 (6.3) では I_d は x の関数になっている. 電流連続の条件から I_d は任意の x で一定であるので, I_d を $x = 0$ から L まで積分すると

$$\int_0^L I_d dx = I_d L \tag{6.4}$$

が成り立つ. よって, 式 (6.3) より次式を得る.

$$I_d = \frac{\mu W \varepsilon_r \varepsilon_0}{Ld} \int_0^{V_d} \{V_g - V(x)\} dV(x) \tag{6.5}$$

ここで, $V(0) = 0$, $V(L) = V_d$ を用いた. これより, 次の I_d-V_d 特性が得られる.

$$I_d = \frac{\mu W \varepsilon_r \varepsilon_0}{Ld} V_d \left(V_g - \frac{V_d}{2} \right) = \frac{\mu W C_i}{L} V_d \left(V_g - \frac{V_d}{2} \right) \tag{6.6}$$

C_i は単位面積当たりの絶縁層の容量である.

実際には,絶縁層と半導体の界面において界面状態が存在したり,絶縁層内に電荷が存在したりするために,反転層を形成するためには,V_g がしきい電圧 V_t を越える必要がある.すなわち,V_g が V_t を越えてはじめてチャネル(反転層)が形成される[*1].この場合,V_g の代わりに V_g-V_t とすればよい.

$$I_d = \frac{\mu W C_i}{L} V_d \left(V_g - V_t - \frac{V_d}{2} \right) \tag{6.7}$$

ピンチオフが始まるドレイン電圧 V_p は,$dI_d/dV_d = 0$ より求められ

$$V_p = V_g - V_t \tag{6.8}$$

となる.このピンチオフ電圧を式 (6.7) に代入して,飽和電流値 I_d^{sat} を得る.

$$I_d^{\text{sat}} = \frac{\mu W C_i}{2L}(V_g - V_t)^2 \tag{6.9}$$

電界効果トランジスタの重要な特性として,入力電圧の変化に対する出力電流の変化を表す**相互コンダクタンス** (transconductance) g_m があり,次式で定義される[*2].

$$g_m \equiv \frac{\partial I_d}{\partial V_g} \tag{6.10}$$

直線領域および飽和領域の相互コンダクタンスはそれぞれ次のように表される.

$$直線領域:g_m = \frac{\mu W C_i}{L} V_d \tag{6.11}$$

$$飽和領域:g_m = \frac{\mu W C_i}{L}(V_g - V_t) \tag{6.12}$$

[*1] しきい電圧を制御するために,チャネル領域の不純物濃度を制御することが行われている.
[*2] 以上は,グラジュアルチャネル近似とよばれ,ソース-基板間の電圧を 0 としている.ほかに,基板の電位を考慮した空乏近似とよばれる解析法がある.

[**例題 6.1**] n チャネル MOSFET がドレイン電圧 3V でちょうどピンチオフし始めた．このときの (1) ドレイン飽和電流 I_d^{sat}, (2) 相互コンダクタンス g_m を求めよ．ただし，ゲート酸化膜厚 3×10^{-8} m, チャネル長 2×10^{-6} m, チャネル幅 2×10^{-5} m, チャネル内の電子移動度 0.07 m^2/Vs, ゲート酸化膜の比誘電率 3.9 とする．後述する短チャネル効果は無視する．

(**解**) (1) 式 (6.9) で $V_g - V_t = 3$V. $I_d^{\mathrm{sat}} = 0.07 \cdot 2 \times 10^{-5} \cdot 3.9 \cdot 8.85 \times 10^{-12} \cdot 3^2 / (2 \cdot 2 \times 10^{-6} \cdot 3 \times 10^{-8}) = 3.6 \times 10^{-3}$A.

(2) 式 (6.12) より，$g_m = 0.07 \cdot 2 \times 10^{-5} \cdot 3.9 \cdot 8.85 \times 10^{-12} \cdot 3 / (2 \times 10^{-6} \cdot 3 \times 10^{-8}) = 2.4 \times 10^{-3}$S.

MOSFET では，例えば n チャネルの場合，熱的に生成される少数キャリアと比較して圧倒的に多い電子が，ソースの n$^+$ 形領域から供給されるために，反転層中の電子の動きは，高周波信号に追随できる．MOSFET の高周波特性は，反転層に誘起される全電荷の変化分 ΔQ_g がドレイン電流の変化 ΔI_d をもたらすのに要する時間 t_0 で特徴づけられる．したがって，ゲートの面積を A として

$$\Delta Q_g A = t_0 \Delta I_d \tag{6.13}$$

が成り立ち，これより

$$t_0 = \frac{\Delta Q_g A}{\Delta I_d} = \frac{\Delta Q_g A}{\Delta V_g} \frac{\Delta V_g}{\Delta I_d} = \frac{C_i W L}{g_m} \tag{6.14}$$

を得る．式 (6.12) を用いて，飽和領域では

$$t_0 = \frac{L^2}{\mu(V_g - V_t)} \tag{6.15}$$

となる．動作の最高周波数 f_0 は t_0 の逆数と考えられるから

$$f_0 = \frac{\mu(V_g - V_t)}{L^2} \tag{6.16}$$

を得る[*1]．これは，f_0 が絶縁層の容量 C_i には無関係で[*2]，f_0 を大きくするには移動度の大きい材料を選び[*3]，チャネル長を短くすればよいことを示している．

[*1] 回路的には，C_i よりもソース-ゲート間の容量とドレイン-ゲート間の容量を考えなければならない．その場合でも，$f_0 \propto \mu(V_g - V_t)/L^2$ が成り立つことが知られている．
[*2] ただし，C_i が小さくなると，g_m が低下してまうことに注意．
[*3] 同じ材料であれば，p チャネルより n チャネルにすると移動度が大きくなる．

[例題 6.2] 例題 6.1 の n チャネル MOSFET で，ドレイン電圧 3V でピンチオフした後の飽和領域での最高動作周波数 f_0 を求めよ．

(解) 式 (6.16) より，$f_0 = 0.07 \cdot 3/(2 \times 10^{-6})^2 = 5.25 \times 10^{10}$. 52.5 GHz

6.1.3 短チャネル効果とスケーリング則

上述のように，相互コンダクタンスや最高動作周波数を大きくするためには，チャネル長が短いことが望ましい．また集積回路では，1 つ 1 つの MOSFET は微細になりチャネル長も短くなっている．チャネル長が短い場合，次に述べるような**短チャネル効果** (short channel effects) により，特性が前節で述べたものと異なってくる．

(1) ドレイン電圧の増加によりドレインの空乏層厚は増大する．チャネル長が短い場合，この空乏層厚の増大によるチャネル長の減少が無視できなくなる．この結果，ドレイン電圧の増大により，式 (6.9) のチャネル長 L が減少し，ドレイン電流は増大する．

(2) チャネル長が短い場合，ゲート電圧に加えてドレイン電圧も，チャネル内の電荷の誘起に寄与するようになる．この 2 次元的な電界の効果により，より小さいゲート電圧で反転層が形成されるようになる．図 6.6 のように，チャネル長が素子構造で決まるある値より小さくなると，チャネル長の減少につれてしきい電圧が減少する．

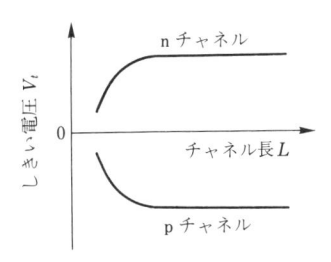

図 6.6 短チャネル MOSFET におけるしきい電圧のチャネル長依存性

このため，加工精度で決まるチャネル長のばらつきにより，しきい電圧が大きくばらつくことになり，応用上問題となる．

(3) ドレイン電圧を大きくしていくと，ピンチオフ点がソースに到達して，チャネル領域が完全に空乏化することがある．この状態はバイポーラトランジスタにおけるパンチスルー現象と同じように，ソースのキャリアに対してバリアが存在しなくなるので大きなドレイン電流が流れる．

(4) 電源電圧を小さくできない場合，微細 MOSFET ではソース-ドレイン間

の電界が大きくなる．高電界ではキャリアの速度は飽和し，移動度はみかけ上減少することが知られている．これは式 (6.7) よりドレイン電流に影響を与える．

(5) 高電界で加速されたキャリアの一部は，絶縁膜中へ注入される．注入されたキャリアは絶縁膜中の固定電荷となり，しきい電圧が影響を受ける．

(6) MOSFET では，図 6.7 に示すようにソースをエミッタ，基板をベース，ドレインをコレクタとする寄生トランジスタ (n チャネルの場合は npn 形) が形成されている．ソースと基板は通常アースされており，寄生トランジスタのエミッタ-ベース間は短絡されている．しかし，ドレイン近くでなだれ増倍により電子正孔対が形成されると，生成した正孔は基板電流として流れる．

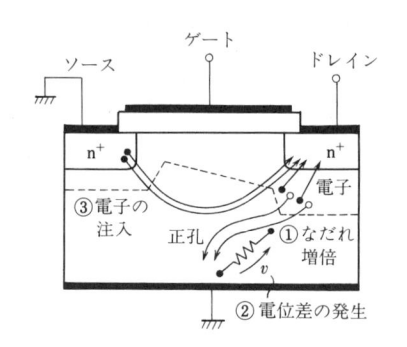

図 6.7 寄生バイポーラトランジスタ

この結果，ソースに比べて基板の電位が高くなり，ソースからの電子注入が引き起こされ寄生トランジスタが動作し始め，その電流が I_d に重畳する．

短チャネル効果は望ましくないので，MOSFET の寸法を縮小する際に電界強度が一定になるように，デバイスの寸法を縮小し，電源電圧を下げることが行われる．具体的には表 6.1 に示した**スケーリング** (scaling) 則によりデバイスの寸法と電源電圧を $1/\kappa$ にし，基板の不純物濃度を κ 倍に増やす．これにより，ドレイン接合近傍の空乏層幅が $1/\kappa$ になり，上述のドレイン空乏層の影響が抑えられる．厳密には，2 次元モデルを用いた解析により，MOSFET 内の電界分布を同一にしたまま，素子寸法を縮小できることが知られている．

スケーリング則に従った場合，しきい電圧も $1/\kappa$ となり，素子 1 個当たりの遅延時間は $1/\kappa$ に，素子 1 個当たりの消費電力は $1/\kappa^2$ となる．また，素子寸法が $1/\kappa$ となるので単位面積当たりの素子数は κ^2 倍となる．したがっ

表 6.1 MOSFET のスケーリング則

チャネル長 L	L/κ
酸化膜厚 d	d/κ
チャネル幅 W	W/κ
接合深さ d_j	d_j/κ
基板の不純物濃度 N_a, N_d	$\kappa N_a, \kappa N_d$
ゲート電圧 V_g	V_g/κ
ドレイン電圧 V_d	V_d/κ

て MOSFET から成る集積回路で単位面積当たりの消費電力はつねに 1 となる[*1].

6.1.4 種々の MIS トランジスタ

MOSFET は次章で述べるように大規模集積回路で広く用いられている．単体の MOSFET は，入力抵抗がきわめて高いことを利用して微小信号（電荷，電流，電圧）検出用に，また，少数キャリアの蓄積がなく高周波特性に優れていることから高周波デバイスにも用いられている[*2]．

図 6.8 に示すように絶縁基板上に単結晶 Si 層を成長した **SOI**(silicon on insulator) 構造[*3]に MOSFET を形成すると，MOSFET 間の電気的な分離[*4]が容易になる．また，寄生容量を低減でき，高周波化も期待できる．当初，単結晶サファイア基板上に Si を成長した SOI 構造が利用された．最近では，石英(SiO_2) 上に単結晶 Si を形成する技術が発達しており，これを用いた MOSFET が注目されている．

図 6.9 に示すように，ガラスなどの絶縁物基板上に多結晶 Si や非晶質 Si などの半導体を堆積し，これにゲート用の絶縁薄膜とゲート，ソース，ドレイン電極を取り付けた**薄膜トランジスタ** (thin film transistor：TFT) がある．TFT は半導体層が単結晶ではないので，MOSFET に似ているものの，それよりは劣った特性を示す．しかし，ガラス基板上に集積回路として製作が可能であるために，液晶

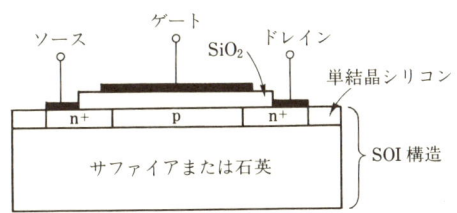

図 6.8 SOI 構造と MOSFET

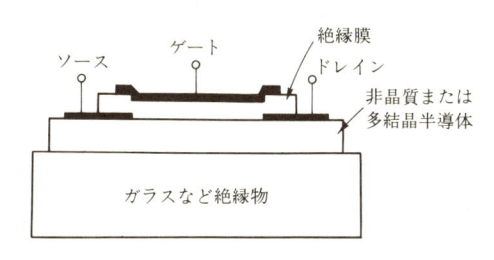

図 6.9 TFT

[*1] 実用上の要請により電源電圧を単純に $1/\kappa$ とできないことがある．また，素子寸法を $1/\kappa$ にしても，漏れ電流や配線抵抗などスケーリング則に従って $1/\kappa$ に減少しない素子パラメータがある．このため，より詳細なスケーリング則が用いられる．

[*2] 大電流を取り扱うパワー用途にも MOSFET は多用されている．詳しくは 8 章で述べる．

[*3] より広義に semiconductor on insulator の意味で用いられることもある．

[*4] 集積回路を製作するときに，素子間を電気的に分離することが重要になる．詳しくは 7 章で述べる．

表示などの表示素子における画素の制御用トランジスタなどとして用いられている．

6.2 接合形電界効果トランジスタ

6.2.1 pn接合形

ノーマリオン形の FET として**接合形電界効果トランジスタ** (junction FET) がある．このトランジスタではゲート電圧 0 のときにすでにチャネルができている．チャネル側面に形成されている pn 接合に逆バイアスを印加することで，接合の空乏層が伸びてチャネルを狭め，FET 動作をする．図 6.10 に接合形電界効果トランジスタの概念図を示す．n 形領域の両端にオーム性電極をつけ，ソースおよびドレインとする．n 形層に接して p^+ 形層を作りオーム電極を形成してゲートとする．

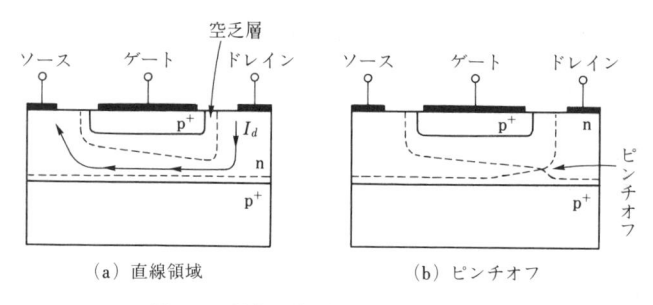

(a) 直線領域 　　　(b) ピンチオフ

図 6.10　接合形電界効果トランジスタ

ゲートに電圧を印加していない場合は，n チャネル部分は単なる抵抗体とみなせるので，ドレイン電流 I_d とドレイン電圧 V_d の間にはオームの法則が成り立つ．この領域を直線領域という．ソース電極に対してゲート電極に負電圧を印加すると，pn 接合は逆バイアスされて，空乏層は広がる．空乏層にはキャリアがほとんど存在せず高抵抗であるので，空乏層が広がるほどチャネルが狭まり，半導体のコンダクタンスが小さくなる．

図 6.10(a) では，V_d が印加されているので，ドレイン側の方がソース側より pn 接合の逆バイアスの度合いが大きくなり，空乏層もより伸びている．ゲート

電圧を一定にして，V_d を増加していくと，遂には空乏層が基板側の p$^+$ 層から伸びた空乏層に接するようになり，MOSFET と同じくピンチオフ状態になる (図 6.10(b))．ソースからピンチオフ点までは，キャリアが存在し電界により伝導できる．ピンチオフ点から空乏層に流れ込んできたキャリアは，強い電界によりドレインに引き出される．このときのドレイン電流はソースからピンチオフ点までの電圧降下で決まる．

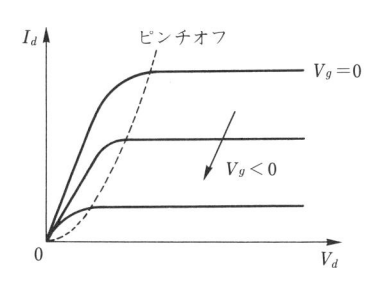

図 6.11 接合形電界効果トランジスタのドレイン電流-電圧特性

図 6.11 に接合形電界効果トランジスタのドレイン電流-電圧特性を示す．ゲート電圧 $V_g = 0$ のときも，ドレイン電圧の増大によりピンチオフが起こり，ドレイン電流は飽和する．$|V_g|$ を大きくすると空乏層が広がり，小さなドレイン電圧でピンチオフが起こる．

6.2.2 ショットキー障壁形

pn 接合に逆バイアスを印加することによりチャネルを狭める pn 接合形 FET のほかに，ショットキー障壁を用いてゲートとする FET がある．ゲートに金属と半導体の接触を用いているので **MES**(metal semiconductor)**FET** とよんでいる．とくに，GaAs を用いた FET に用いられる構造である．

GaAs は Si に比べて 5 倍程度移動度が大きいという特長をもっている．また，GaAs は Si に比べて高抵抗 (抵抗率にして $10^6 \Omega$m 以上) の **半絶縁性** (semi-insulating) とよばれる基板が得られる．この基板を用いて素子を製作すると寄生容量を小さくでき，高周波素子に向いている[*1]．ところが，GaAs には Si に対する SiO$_2$ のような良質の絶縁膜が存在していないので，GaAs で MOSFET は実用化されていない．代わりに GaAs では MESFET が実用化されている．MESFET は pn 接合形 FET に比べてゲート面積を小さくしやすいので，ゲート容量が小さくでき高周波化しやすい．

[*1] 素子の分離も容易になるので集積化も容易となる．

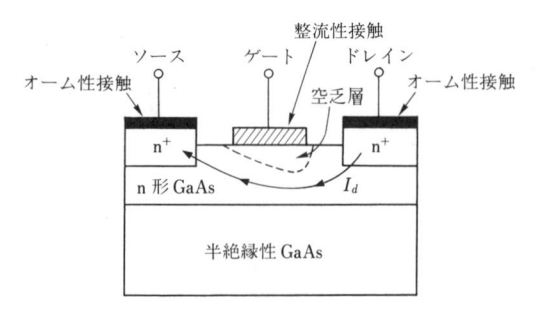

図 6.12 GaAs MESFET

図 6.12 に GaAs MESFET の構造の一例を示す．半絶縁性の GaAs 基板の上に n 形層を形成し，その上にソース，ドレイン，ゲートの各電極を形成する．ゲートはショットキー障壁で，直下に空乏層を形成している．ゲート-ソース間に逆バイアスを印加することにより空乏層幅を変化させる．空乏層が基板に達するとピンチオフ状態となる．ドレイン電流-電圧特性は pn 接合形 FET と同様のものとなる．式 (6.14) で示した t_0 の逆数である高周波性能指数 $g_m/C_i WL$ を大きくし高周波特性を改善するには，ゲート長をできるだけ短くすることが重要である．

[**例題 6.3**] MOSFET や MESFET において，ソース電極のソース抵抗が図 6.13 の等価回路に示すような抵抗として働く．このとき，飽和領域での実効的な g'_m は，

$$g'_m = \frac{g_m}{1 + R_s g_m} \tag{6.17}$$

で表されることを示せ．ただし，g_m はソース抵抗を 0 とした場合の相互コンダクタンスである．

（**解**）実際に FET のソースゲート間に印加される電圧を V_{g0} とすると

$$V_g = V_{g0} + R_s I_d \tag{6.18}$$

の関係が成り立つ．また

$$g'_m = \frac{\partial I_d}{\partial V_g} \tag{6.19}$$

$$g_m = \frac{\partial I_d}{\partial V_{g0}} \tag{6.20}$$

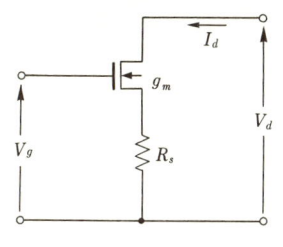

図 6.13 ソース電極における
ソース抵抗の効果

と表せる．式 (6.18) の両辺を V_{g0} で微分する．

$$\frac{dV_g}{dV_{g0}} = 1 + R_s \frac{dI_d}{dV_{g0}} = 1 + R_s g_m \tag{6.21}$$

ここで，式 (6.20) を用いた．この結果と，式 (6.19), (6.20) より

$$g'_m = \frac{\partial I_d}{\partial V_g} = \frac{\partial I_d}{\partial V_{g0}} \frac{dV_{g0}}{dV_g} = g_m \frac{dV_{g0}}{dV_g} = \frac{g_m}{1 + R_s g_m} \tag{6.22}$$

が成り立つ．この結果は，R_s の存在により g'_m が低下することを示している．g_m が大きいほど R_s の影響は顕著になる（演習 6.3 参照）．

6.3 高電子移動度トランジスタ

GaAs の電子移動度は電子密度が 10^{19} m^{-3} の高純度結晶では低温（77 K）で 30m^2/Vs を越えることが知られている．これは Si の同程度の高純度結晶の 77 K での移動度と比べて 1 桁大きな値であり，GaAs は超高速動作をするトランジスタへの応用が期待できる．不純物添加量を多くして電子密度を増大させると，図 2.8 のところで説明したように，移動度は低下してしまう．電子を供給するためにドナー不純物を添加した領域と，電子を高移動度で走行させるために不純物添加のない領域を分けてつくることを**変調ドーピング** (modulation doping) とよぶ．この方法を用いた超高速動作をする FET に**高移動度トランジスタ** (high electron mobility transistor, HEMT)[*1] がある．

図 6.14 に HEMT 構造とそれに対応するバンド構造を示す．半絶縁性の GaAs 基板上に高純度のアンドープ (undope)GaAs 層を堆積し，その上に Si を添加

[*1] MODFET(MOdulation Doped FET) ともいう．

(a) 基本構造

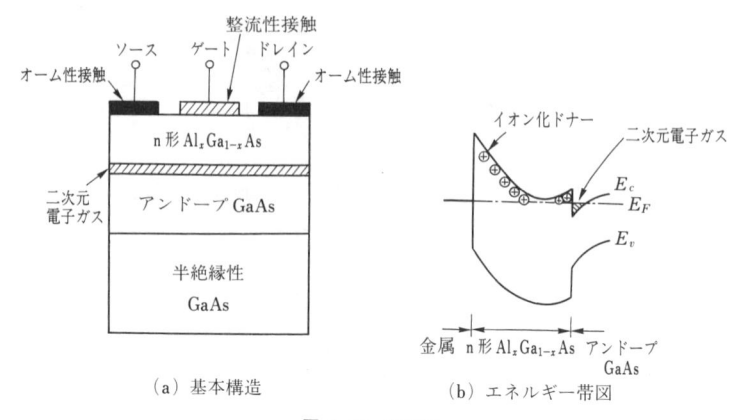

(b) エネルギー帯図

図 6.14 HEMT

してn形にした $Al_xGa_{1-x}As$ 薄膜を形成する（変調ドーピング構造）．GaAs の電子親和力は $Al_xGa_{1-x}As$ のそれより大きいので，$Al_xGa_{1-x}As$ 中の電子は GaAs に落ち込み，GaAs にチャネルが形成される．電子はチャネル平面内にしか運動の自由度をもたないので **2次元電子ガス** (two-dimensional electron gas, 2DEG) とよばれる．GaAs には不純物が存在しないことから，電子は散乱を受けにくくなり高移動度が実現できる．図の HEMT はディプレション形で $Al_xGa_{1-x}As$ と金属からなるショットキー障壁のゲートにバイアスを印加してゲート直下のチャネル内の電子密度を制御する．ソースおよびドレイン電極は $Al_xGa_{1-x}As$ に対してオーム性接触を形成しており，FET 動作をすることになる．ゲート直下の $Al_xGa_{1-x}As$ 層の厚さを薄くして，ゲートバイアスが印加されていない状態でチャネル部分が空乏化したエンハンスメント形の HEMT も製作されている．

HEMT はゲートの下の $Al_xGa_{1-x}As$ が空乏化した状態で用いられているので，動作は MOSFET と同様である．実際，実験的に求めたゲート容量は，$Al_xGa_{1-x}As$ の厚さと誘電率から求めた容量とよく一致し，ゲートの下の $Al_xGa_{1-x}As$ が絶縁層として振る舞っていることが確かめられている．HEMT では，とくに低温にしたときに高い移動度が実現でき超高速動作ができる．室温においても低雑音の増幅動作をすることから，衛星放送の受信機の増幅器などに広く用いられている．

6.4 静電誘導トランジスタ

MOSFETではピンチオフ電圧以上ではドレイン電流が飽和するが，この飽和値を決めている要因についてもう一度考えてみる．6.1.1項で述べたようにピンチオフ電圧以上で，ソースとピンチオフ点の間のチャネルを流れるキャリア数がドレイン電流を決めている．したがって，ドレイン電流が増大するとチャネルでの電圧降下が増大し，この電圧降下がゲート電圧を打ち消す方向に働く．ここで，図6.2に示したようにドレイン電流-電圧特性でゲート電圧が小さくなるほどピンチオフ電圧は減少する．このため，チャネルでの電圧降下の増大は，ピンチオフ電圧の減少につながり，ドレイン電流は小さな電流値で飽和してしまう．MOSFETを大電流化するためには，チャネル長を短くして，チャネルでの電圧降下を小さくすることが重要である．

チャネル長を極限まで短くして，ドレイン電流が飽和しない特性をもつFETがあり，それを**静電誘導トランジスタ** (static induction transistor, SIT) とよぶ．SITは図6.15(a)に示すような縦形構造をもっていて，p^+形のゲートが埋め込まれている．チャネル部分の不純物濃度を小さくし，ゲート間の距離を十分小さくすることにより，ゲート電圧の印加で容易にピンチオフするようにしている．ソースの電子はゲート領域の中間部分のポテンシャルの最も低い領域を通ってドレインに流れていく．ソースに対してゲートが負に，ドレインが正になるように電圧を印加したときの図6.15(a)におけるS-G'-D間のポテンシャル分布を図6.15(b)に示す．ドレイン電圧を大きくするか，ゲートの逆バイアスを小さくすることにより，ポテンシャル障壁eV_g'を低くでき，ドレイン側に注入される電子の量は大きくなる．注入された電子はほぼ飽和速度で移動するのでドレイン電流は，ドレイン側に注入された電子の数で決まる．つまり，ドレイン電流をポテンシャル障壁で制御できる．以上の結果，SITは図6.15(c)に示す出力電流が飽和しない特性を示す．

SITは，多数キャリアデバイスであるので他のFETと同じように少数キャリアの蓄積がなく高周波動作が期待でき，熱暴走も起こしにくい．また，縦形構造をとることでソース-ドレイン間の距離が大きくとれ，しかもソース-ドレイン間は不純物濃度が低いことから，高耐圧化が容易になる．これらの特徴を

(a) 基本構造　　(b) ポテンシャル分布　　(c) ドレイン電流-電圧特性

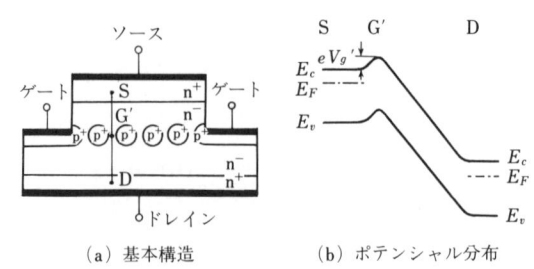

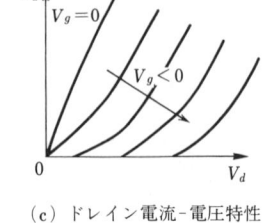

図 6.15　静電誘導トランジスタ

活かして大電力高周波素子に応用されている．また，歪み特性が優れていることから，SIT は音響増幅器用に用いられている

演習

6.1 n チャネル MOSFET がドレイン電圧 2V でちょうどピンチオフし始めた．次の諸量を求めよ．(1) ドレイン飽和電流 I_d^{sat}，(2) 飽和領域の相互コンダクタンス g_m，(3) 最高動作周波数 f_0．ただし，ゲート酸化膜厚 4×10^{-8}m，チャネル長 1.5×10^{-6}m，チャネル幅 2×10^{-5}m，チャネル内の電子移動度 0.07 m^2/Vs，ゲート酸化膜の比誘電率 3.9 とする．短チャネル効果は無視する．

6.2 ゲート酸化膜厚 1×10^{-8}m，チャネル長 1.5×10^{-6}m，チャネル幅 2×10^{-5}m の n チャネル MOSFET についてドレインとゲートを短絡して，ドレイン電流-電圧特性を測定したところ，$\sqrt{I_d[\text{A}]} = 0.034(V_d\,[\text{V}] - 1.5)$ なる実験式を得た．(1) しきい電圧はいくらか．(2) チャネル内の電子の移動度はいくらか．

6.3 図 6.13 で示した FET について，ゲート電圧を増大すると，g'_m はどのように変化するか．

7

集 積 回 路

集積回路はエレクトロニクスを支える重要な要素として，われわれの身の回りで広く使われている．本章では，集積回路の中の基本半導体デバイスについて，その動作原理や集積化する上での留意点について紹介する[*1]．

7.1 集積回路の分類

集積回路 (integrated circuit, IC) は，1つの半導体チップ（小片）の上にトランジスタ，ダイオード，抵抗，容量を形成し，これらを相互に配線して全体として一つの機能をもたせたものである．集積回路には**モノリシック集積回路** (monolithic IC) とハイブリッド集積回路[*2]がある．モノリシック集積回路のうちとくに集積度が大きいものを**大規模集積回路** (large scale integrated circuits, LSI) とよんでいる．集積度がさらに大きいものを **VLSI**(very large scale integrated circuit) という[*3]．以下では，集積度をとくに問題にしないので，よび方を集積回路に統一する．

集積回路の分類にはいくつかの方法がある．信号で分類するとアナログ集積回路とディジタル回路に分類される．代表的なアナログ集積回路に**演算増幅器** (operational amplifier, 略称：オペアンプ) がある．オペアンプは差動増幅器を中心に構成され高利得，広帯域の増幅器を集積回路化したもので，単なる増幅器として使用されるだけでなく，線形演算回路（加減算回路や微分積分

[*1] 集積回路の製作法や，回路設計的な内容は他書に譲る．
[*2] モノリシック集積回路，トランジスタ，ダイオード，抵抗，容量などの回路部品をセラミック基板などの上に配置し，配線したもの．
[*3] さらに集積度の増したものを，ULSI：ultra LSI と称することもある．

回路など）や非線形回路（定電圧回路や対数指数変換回路，比較回路など）として広範囲に用いられている．ディジタル集積回路は，**マイクロプロセッサ** (microprocessor unit, MPU) などの論理集積回路や**メモリ** (memory) として，電子，情報技術の根幹を支えている．

　用いる能動素子で分類すると，バイポーラトランジスタを用いる**バイポーラ集積回路**と MOS トランジスタを用いる **MOS 集積回路**がある．ダイオードは pn 接合ダイオードとショットキー障壁ダイオードの両方が用いられる．また，定電圧ダイオードも基本素子の1つである．抵抗には，Si 表面で局所的に不純物を添加した領域や，Si 上に形成した多結晶 Si 層や金属薄膜を利用する．容量には，pn 接合の空乏層容量，Si 上の二酸化シリコン (SiO_2) 膜などの絶縁膜を電極で挟んだ容量を用いる．Si 上の限られた面積で大きな容量を得るのは容易ではなく，絶縁膜の薄膜化や高誘電率化に加えて，**トレンチ** (trench) とよばれる溝を Si 表面に形成して表面積を実効的に増やしたり，積層構造の容量を形成することで，大容量化している．集積回路の製作には次の制限がある．(1) 各素子の入出力端子は Si チップの上面に出ていて，チップ上面で配線される．(2) 配線をしやすくするためにチップ上に形成した各素子はできるだけ平坦であることが望ましい．(3) 各素子間は**分離** (isolation) されていなければならない．

7.2　バイポーラ集積回路

　バイポーラ集積回路の代表的な製作プロセスとして **pn 分離**方式と**アイソプレーナ** (isoplanar) 方式がある．pn 分離方式では，表面から不純物を添加することにより図 7.1 のように素子間に pn 接合を形成する．この pn 接合に逆バイアスを印加することで素子間を分離している．

　pn 分離方式では，分離のための pn 接合の空乏層容量が大きくなり寄生容量が大きくなる．これを防ぐために，絶縁物で素子を分離する分離方式がアイソプレーナ方式である．図 7.2 にこの方式の製作工程を示す．図はかなり簡略化してあり，実際には各段階の前後にいくつかの工程が加えられる．この構造では，Si を酸素や水蒸気の中で高温にして得られる SiO_2 膜で素子間を分離している．また，図の例ではエミッタ端子とコレクタ端子取り出し領域の間も SiO_2

7.2 バイポーラ集積回路

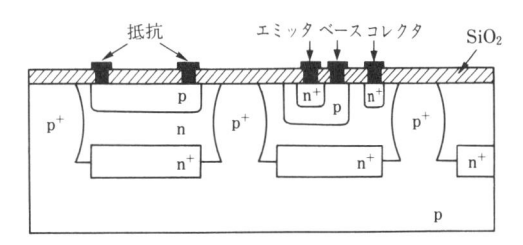

図 7.1 pn 分離方式

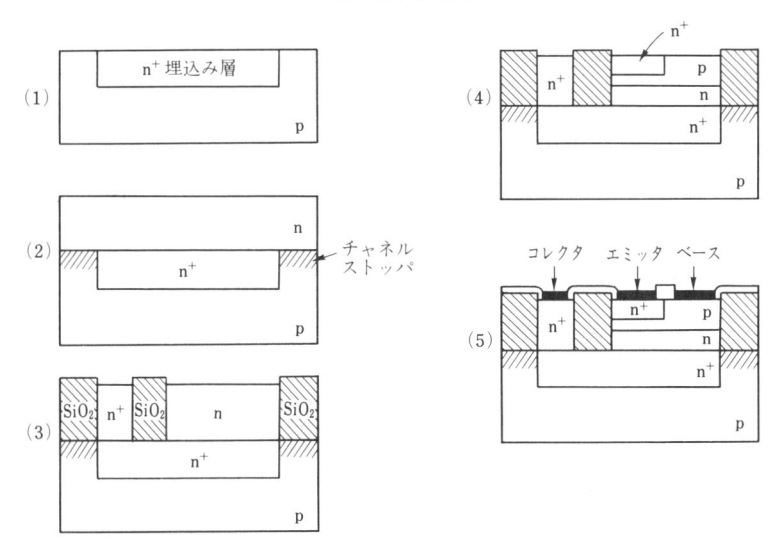

図 7.2 アイソプレーナ方式によるバイポーラ集積回路の製作プロセスの例

層で分離してある.

この方式では, (1) まずコレクタ領域を低抵抗化するために埋め込み層を形成する[*1]. 埋め込み層は, トランジスタのコレクタ接合からコレクタ電極までの直列抵抗を低減するためのものである[*2]. (2) その上に新たに Si 層を形成す

[*1] 局所的に不純物添加したり, 絶縁膜を形成するために, ホトリソグラフィ (photolithograpy) 技術が用いられる. この技術では, ガラスなどの光を透過する板の上に, 遮光性の薄膜を用いて所望の加工パターンを描いておく. この板をマスク (mask) という. 半導体基板の表面に感光性の有機膜を塗布しておき, マスクのパターンを基板上に投影したのちに, 現像処理をする. 現像により, 有機膜のうち光の当たったところが残り, 当たらなかったところがなくなってしまう (この逆の場合もある). これにより, 半導体表面にマスクの加工パターンが転写できる. このパターンを元に, 局所的な加工をする.

[*2] エミッタから基板にかけて npnp 接合が形成されている. 埋め込み層はこの npnp 接合のサイリスタ動作を防ぐ役割もある.

る*1. (3) このあと Si を酸素や水蒸気の中で高温にして，酸化反応により SiO_2 を形成し，素子分離を行う．また，コレクタ領域のみに不純物を添加し*2, コレクタ端子取り出し部を形成する．(4) 不純物添加を局所的に行い，ベースおよびエミッタを形成する．(5) 電極と表面保護膜を形成する．

バイポーラ集積回路を用いた論理回路では，(1) バイポーラトランジスタの飽和領域をオンとし，遮断領域をオフとする TTL，(2) トランジスタのコレクタ接合が順方向にバイアスされないように，または深い飽和領域に入らないように回路設計した ECL，および　(3) 回路および素子構造の面からの改善により素子分離工程を要しない I^2L(integrated injection logic) が用いられる．

[例題 7.1] (1) 図 7.3(a) に示す回路が，インバータとして働くことを説明せよ．ここで，トランジスタ Tr_1 のエミッタ接合には順バイアス V_e が印加されている．(2) この回路を実現したのが，図 7.3(b) である．(a) でのトランジスタ Tr_1, Tr_2 がそれぞれ，(b) でどのように構成されているか図示せよ．この回路が I^2L である．

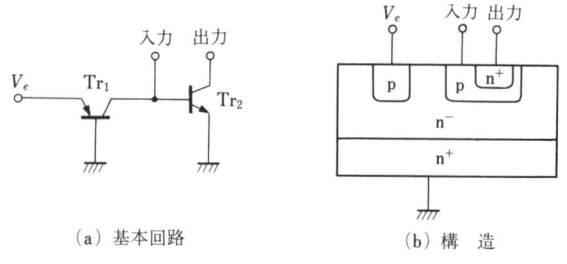

図 7.3　I^2L

(解)　(1) Tr_1 のエミッタ接合にはつねに順バイアス V_e が印加されており，Tr_1 は電流供給用のトランジスタとして働いている．Tr_1 を電流源とみなして図 7.3(a) を描き直すと図 7.4(a)，(b) のようになる．図中のスイッチをオンすると，スイッチを介して電流が流れて，電流源からの電流は Tr_2 に流れ込まず，Tr_2 はオフとなる (図 7.4(a))．スイッチがオフのときは，電流が Tr_2 に流れ込み，Tr_2 はオンとなる (図 7.4(b))．具体的なスイッチとして，図 7.4(c) に示すトランジスタ Tr_3 を用いる．Tr_3 は飽和領域で動作する．Tr_3 として前段の

---

*1 図中，チャネルストッパは 7.3.1 項で後述する．
*2 不純物の添加には，Si を高温にして Si 表面の不純物を Si 内部に拡散する方法か，加速した不純物イオンを Si に打ち込み，その後熱処理をするイオン打ち込み法が用いられる．

Tr$_2$ を用いることで，I^{2}L は縦続接続できる．(2) 図 7.4(d) に解答を示す．この構造は他の回路に比べ簡単で，高集積化しやすい．

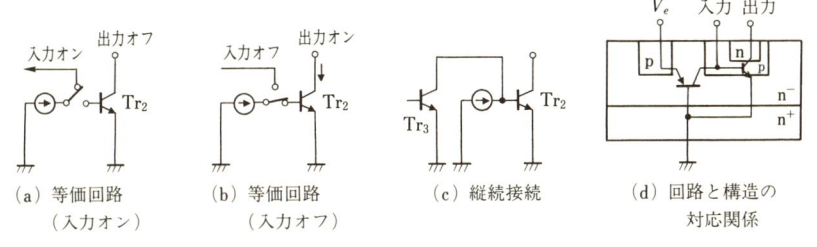

(a) 等価回路　　(b) 等価回路　　(c) 縦続接続　　(d) 回路と構造の
　（入力オン）　　（入力オフ）　　　　　　　　　　　対応関係

図 7.4 I^{2}L の動作原理

7.3　MOS 集積回路

7.3.1　基 本 構 造

基本トランジスタとして **p チャネル MOS**(pMOS)，**n チャネル MOS**(nMOS) および両方のトランジスタを含む**相補** (complementary) 形 MOS(**CMOS**) がある．nMOS のキャリアは電子で，pMOS のキャリアの正孔より移動度が大きいので，nMOS の方が高速で動作する．

2つの MOSFET 間で一方のソースと他方のドレインの間に配線がある場合，配線の電圧が高くなると，配線の下の絶縁膜-半導体界面で半導体表面が反転して，チャネルが形成され，寄生 FET が形成されることがある．

[**例題 7.2**]　図 7.5 のように，隣り合う MOSFET の間にも，寄生 MOSFET が形成される．この寄生 MOSFET を動作させないためには，図のように酸化膜厚を厚くし，また，MOSFET 間を高濃度に不純物を添加することが有効である理由を述べよ．

(**解**)　図のように nMOS とする．寄生 MOSFET を動作させないためには，しきい電圧を大きくすればよい．式 (4.25) より，MOS 構造の半導体表面に誘起される電荷 Q_s は，酸化膜容量 C_i と酸化膜に印加される電圧 V_i を用いて $Q_s = -C_i V_i$ で示される．酸化膜厚が厚く C_i が小さければ，半導体表面に電子を誘起するために大きな V_i が必要となり，寄生 MOSFET のしきい電圧が大きくなる．また，寄生 MOSFET のチャネル領域に高濃度に不

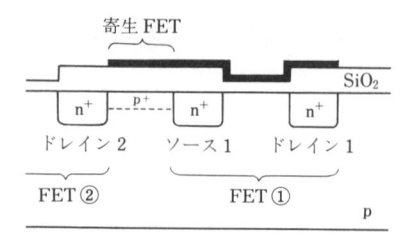

図 7.5 隣り合う MOSFET の間に形成される寄生 MOSFET

純物を添加すると，その高濃度層を空乏化しさらに反転層を形成するために，より大きなゲート電圧が必要になり，しきい電圧は大きくなる．

この寄生 FET の発生を防止するために，通常使用されているのがアイソプレーナ法である．この方法では，図 7.6 に示すように，MOSFET 以外の領域に厚い酸化膜を形成し，同時に，その酸化膜の直下を高濃度に不純物添加しておく．厚い酸化膜を**フィールド酸化膜** (field oxide)，高濃度不純物添加層を**チャネルストッパ**という．この 2 つの対策により，反転層を形成できなくし寄生 MOSFET の形成を防止している．この方法は厚い酸化膜を局所的に形成しているので **LOCOS**(LOCal Oxidation of Silicon) 法ともよばれる．フィールド酸化膜は，厚いほど反転層を形成しにくくするが，厚くしすぎると素子表面の平坦性が損なわれ，配線しにくくなる．

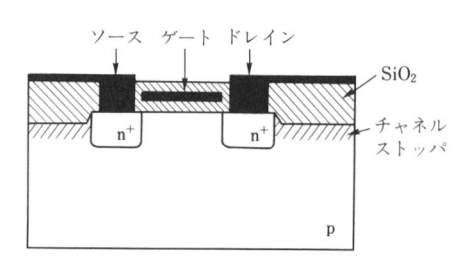

図 7.6 MOS 集積回路におけるアイソプレーナによる素子分離

7.3.2 インバータ回路

MOSFET を用いた最も単純なインバータ回路[*1]は，図 7.7(a) に示す抵抗とエンハンスメント形 MOSFET からなる抵抗負荷インバータである．入力電圧

[*1] 集積回路では，インバータ回路を用いて，NAND 回路 (入力信号のすべてが高レベルになったときのみ出力が低レベル) と NOR 回路 (入力信号のすべてが低レベルになったときのみ出力が高レベル) を構成している．

が低レベルのとき，FET はオフであるので回路に電流が流れず，出力電圧は高レベルになる．入力電圧が高レベルのとき，FET はオンになり電流が流れて，出力電圧は低レベルになる．実際には負荷となる高抵抗を集積回路上に作るのが比較的難しいので，MOSFET を負荷としたインバータがよく用いられる．

CMOS は図 7.7(b) に示す pMOS と nMOS のドレインを共通にして直列にしたインバータ回路である．nMOS，pMOS のゲートには同じ入力電圧を同時に加える．入力電圧が低レベル（アース）のとき，pMOS がオン，nMOS がオフとなり，出力電圧が高レベル（正）の出力になる．入力電圧が高レベルのときは，出力電圧は低レベルとなる．出力が高レベル/低レベルいずれの場合もどちらかの MOSFET がオフとなる．前述の nMOS インバータ回路では，静止状態で電流の流れる状態があるのに対して，CMOS では静止状態で定常的に回路を貫通する電流はないので電力消費がない．オン/オフの切り替えのときにわずかに電流が流れるのみで，消費電力が小さい特徴がある．

(a) nMOS インバータ　(b) CMOS インバータ

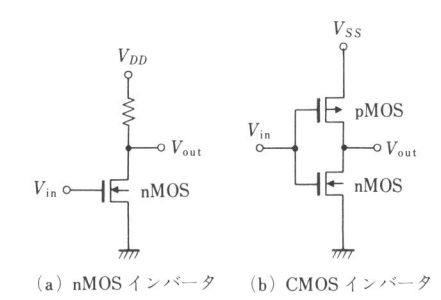

図 7.7　インバータ回路

図 7.8 に CMOS 集積回路の製作プロセスの一例を示す．(1) まず，ウェル (well) を形成する．n ウェルとは pMOS を形成するための領域のことであり，p ウェルは nMOS を形成する領域である．図では n 形 Si 基板に p ウェルのみを形成している．高抵抗の Si 表面に n ウェルと p ウェルの両方を形成する場合もある．(2) チャネルストッパを形成した後フィールド酸化膜を形成する．(3) ゲート酸化膜とゲート電極を形成する．ゲート電極には通常高濃度に不純物添加した低抵抗の多結晶 Si が用いられる．(4) ソース，ドレインを形成する．(5) 保護膜を形成し，配線する．

7.4　メモリ回路

メモリには，電源を切ると電気的に書き込んだメモリの内容が消えてしまう**揮発性メモリ** (volatile memory) と，電源が切れても内容を保持できる**不揮発**

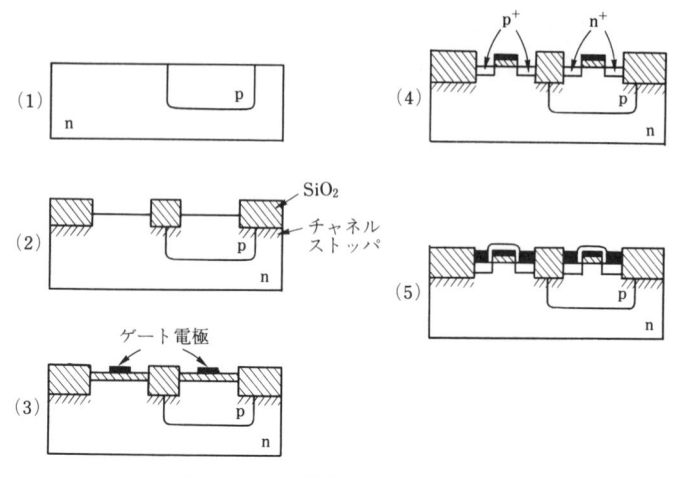

図 7.8 CMOS集積回路の製作プロセス例

性メモリ (non-volatile memory) がある．また，データの書き込みをメモリの製作工程の中で行ってしまい，電気的には書き込みがまったくできない**マスクROM**(mask read only memory) がある[*1]．

7.4.1 揮発性メモリ

揮発性メモリに **RAM**(random access memory) がある．RAM は，任意の順序で任意のアドレスのデータの読み出しと書き込みができ，しかも読み出しと書き込みがほぼ同じ時間でできるメモリであることからこの名がついている．RAM は，記憶しているデータを保持しておくために一定時間ごとにデータの再書き込みの操作（リフレッシュ操作）が必要な **DRAM**(dynamic RAM) と，リフレッシュ操作が不要な **SRAM**(static RAM) に分けられる．

DRAM は図 7.9 にある MOSFET とコンデンサ C_s で構成される DRAM セル 1 個で 1bit になっている．書き込みはワード線に電位を印加して MOSFET

[*1] マスク ROM は，使用者が指定したデータを，製造過程でマスクパターンとしてプログラムするのでこの名前がある．高い集積度が実現でき，大量生産により低コスト化できるのが長所である．一方，使用者がプログラムを指定してから完成まで比較的時間がかかるのが短所である．具体的なプログラムの仕方は，(1) 不純物領域の形成場所を制御し，MOSFET の有無で，(2)MOSFET のチャネル領域の不純物濃度を変化させて，MOSFET のしきい電圧の制御で，(3)MOSFET への配線の有無で，それぞれ"0"/"1"を定義する方法が採られる．

7.4 メモリ回路

をオンにする．記憶させたいデータ（"0"または"1"）に応じた電位をビット線に印加しコンデンサ C_s を充電する．読み出しのときは，MOSFET をオンにすると，コンデンサ C_s とビット線のもつ容量 C_B に電荷が再配分されることでビット線の電位が変化するので，それを検知する．コンデンサに充電された電荷は，漏れ電流により放電してしまうので，一定時間毎にリフレッシュしなければならない．リフレッシュ動作は必要ではあるが，高い集積度のものが低コストで得られることから，大容量メモリとして非常に広く使われている．

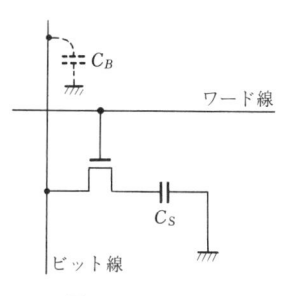

図 7.9 DRAM セル

[**例題 7.3**] 図 7.9 の DRAM セルで，コンデンサ C_s に電圧 V_1 を印加して電荷を蓄積したとする．読み出し動作をしたとき，ビット線に現れる電位 V_2 はいくらか．ただし，読み出し動作前にビット線に蓄積されていた電荷は無視する．

（**解**） C_s に蓄積される電荷は $C_s V_1$．この電荷が並列に接続された C_s と C_B に分配されるので，$(C_s + C_B)V_2 = C_s V_1$ が成り立ち

$$V_2 = \frac{C_s}{C_s + C_B} V_1 \tag{7.1}$$

を得る．

SRAM ではメモリセルにフリップフロップ回路が採用されており，動作に双安定性があり，リフレッシュ操作を必要としない．図 7.10 に SRAM の模式図を示す．負荷素子 R_1 と T_1，および，R_2 と T_2 で 2 つのインバータを構成し，それらのインバータでフリップフロップを構成している．負荷素子

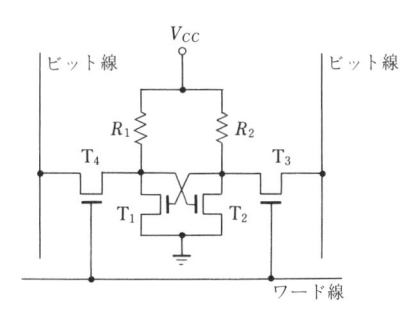

図 7.10 SRAM セル

には MOSFET のほか多結晶 Si を用いた抵抗が用いられる．T_3，T_4 は書き込み，読み出し用のゲートとして働く．また，フリップフロップをバイポーラト

ランジスタで構成した SRAM もある．

7.4.2 不揮発性メモリ

不揮発性メモリは，記憶保持のために電源を必要としないので，携帯可能な小形電子情報機器など応用範囲は拡がりつつある．不揮発性メモリとして，電気的な書き込みと紫外線を用いたデータ消去ができる **EPROM**(electrically programmable ROM) と電気的に消去も書き込みもできる **EEPROM**(electrically erasable and programmable ROM) が早くから開発されてきた．

EPROM や EEPROM では，MOSFET のゲート電極に工夫をこらすことによって，電荷をゲート内に半永久的に閉じ込め，電源が切れても MOSFET に書き込まれた記憶内容 ("1"/"0") を保持している．また，強誘電体材料を記憶保持用のコンデンサに用いたメモリも近年実用化されている．以下では，不揮発性メモリの 3 種類の基本素子について述べる．

(1) 浮遊ゲート MOS

浮遊ゲート MOS(floating gate MOS) では，図 7.11(a) のように，ゲート電極として，どこにも接続されていないフローティングゲートと，書き込み動作に用いるコントロールゲートがあるのが特徴である．書き込みにはコントロールゲートとドレインに高電圧 V_1 を印加する．ソース-ドレイン間で電子は加速され運動エネルギーが大きな状態 (ホットエレクトロン：熱い電子) になる．同時に，コントロール電極に高電圧を印加しているので，ホットエレクトロンはフローティングゲートとチャネルの間の絶縁膜を介してフローティングゲートに注入される[*1]．注入された電子により，MOSFET のしきい電圧が高い状態 ("0") になる．コントロールゲートに正電圧を加えてメモリセルを選択し，MOSFET のしきい電圧を検出することで，"0"/"1" を読み取る．このとき，ホットエレクトロンを発生させないようにドレイン電圧は十分低くしておく．EPROM の場合，消去は，メモリのパッケージの窓を通して紫外線を照射して，フローティングゲート内の電子を放出させることで行う．

EEPROM の場合は，図 7.11(b) に示すように，フローティングゲートと Si

[*1] 絶縁膜を介した電子の伝導は，トンネル伝導の一種で引き起こされる．

7.4 メモリ回路

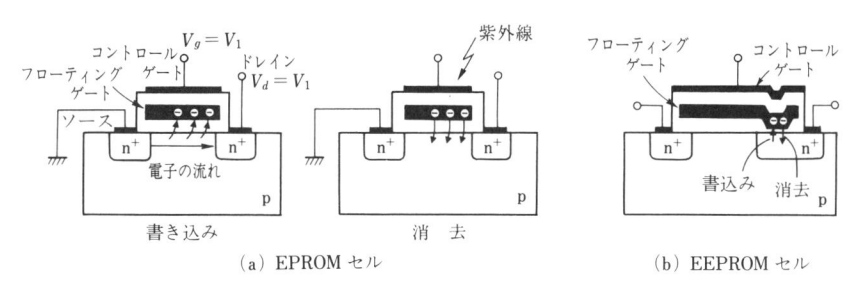

図 7.11 浮遊ゲート MOS

の間の絶縁膜の一部の膜厚を薄くすることで，トンネル伝導が起こりやすいようにしておく．膜厚の薄い部分を介して，フローティングゲートへの電子の注入・放出を行う．これにより電気的にも消去可能となる．従来形の EEPROM をさらに発展させ，チップ全体のデータを一度に消去でき，消去時間が短く，またより高集積化が可能な**フラッシュメモリ** (flush memory) が実用化されている．

(2) MNOS

窒化シリコン (silicon nitride, Si_3N_4) 膜は，膜中に多くのトラップを含んでいる．膜中に電子を注入するか，トラップされている電子を放出させることにより，前述の浮遊ゲートと同様に不揮発性メモリの働きが期待できる．図 7.12 に示すような，2 nm 程度の非常に薄い酸化膜 (SiO_2) を挟んで窒化シリコン膜が堆積された構造を **MNOS**(metal nitride oxide semiconductor) 構造とよんでいる．この構造で，ゲート電圧に大きな負電圧を印加すると，反転層から正孔が窒化シリコン膜中に注入される．この結果，ゲート絶縁膜が正に帯電し，この MISFET のしきい電圧は負にシフトする．これを書き込みされた状態と考える．逆に大きな正電圧を印加すると，トラップに捕獲されていた正孔が放出され，しきい値は正にシフトする．これを消去動作とする．読み出しは，窒化膜から正孔の出入りがないように，書き込みと消去の中間の電圧をゲート電極に印加し，FET がオンかオフを見ればよい．このように

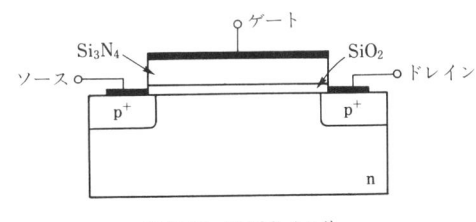

図 7.12 MNOS メモリ

MISFET のしきい電圧のシフトを利用してメモリとすることができる．MNOS メモリは，電子ロックや TV チューナ用不揮発性メモリとして，比較的早い時期から実用化されている EEPROM である．

(3) 強誘電体メモリ

強誘電体を電極で挟みコンデンサとすると，図 7.13 に示すように電界 E と電束密度 D の間に履歴現象（ヒステリシス）が現れる．電束密度の飽和値より求まる P_s を**自発分極** (spontaneous polarization)，電界を 0 にしたときの分極 P_r を**残留分極** (remanent polarization)，P_r を 0 にする電界 E_c を**抗電力** (coercive force) とよんでいる．

強誘電体[*1]を図 7.9 の DRAM セルのコンデンサ C_s キャパシタに用い，これに大きな電圧 (a 点の状態) を印加すると，自発分極が生じる．印加電圧を 0 にすると，残留分極が残り，図 7.13 の b 点の状態にとどまる．負電圧 (c 点の状態) を印加し，その後，印加電圧を 0 にすると d 点にとどまる．この動作が，書き込みに当たる．図に示すように，正の電圧を印加すると，b 点の状態であった場合は ΔQ_b の，d 点の状態であった場合 ΔQ_d の電荷がコンデンサから流れ出る．流れ出た電荷はコンデンサ C_s とビット線のもつ容量 C_B に再配分される．流れ出た電荷量によってビット線の電位が異なるので，それを識別すれば読み出しができる．自発分極は電源を切っても消えないので不揮発性メモリとなり，**強誘電体メモリ** (ferroelectric memory) とよばれている．

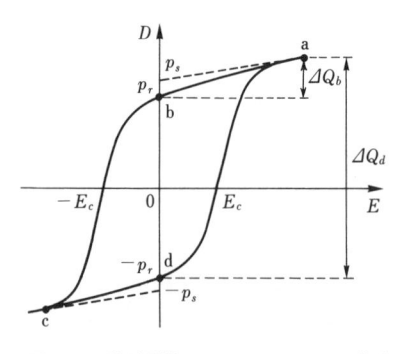

図 7.13 強誘電体の D-E ヒステリシス曲線

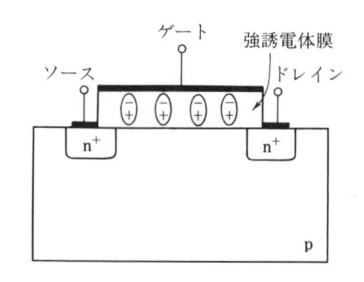

図 7.14 強誘電体ゲート絶縁膜 MISFET

[*1] 強誘電体としてチタン酸ジルコン酸鉛（$Pb(Zr_{1-x}Ti_x)O_3$：略称 PZT）などが用いられる．

ゲート絶縁膜に強誘電体層を含む MISFET で不揮発性メモリを作る試みがある．この MISFET に，抗電力より絶対値が大きな電圧をゲートに印加すると，印加電圧の極性に対応した自発分極が生じ，MISFET のしきい電圧がシフトする（図 7.14）．この動作が，書き込みに当たる．しきい電圧の変化を，MISFET のオン／オフで検出すれば，読み出しができる．この場合も，自発分極は電源を切っても消えないので不揮発性メモリとなる．

7.5 CCD

電荷結合デバイス (charge coupled device) は，図 7.15(a) に示すような MOSFET のソース-ドレイン間に多数のゲート電極を並べた構造をもっている．このデバイスは，ゲートに順次パルス電圧を印加することにより，ソースからドレインに電荷を転送する働きをする．ディジタル信号の遅延線として使え，また，転送する電荷量はアナログ量であるので，アナログ信号の遅延線としても利用できる．さらに，図 7.15 で，CCD の上面に一次元像を照射すると，像の明暗に対応して電子正孔対が生成するので，このうち，例えば電子を順次転送すれば，一次元の光学像を電気信号列に変換できる．さらに，CCD を二次元に配列しておけば，二次元像を電気信号列に変換でき，撮像デバイスとして使える．

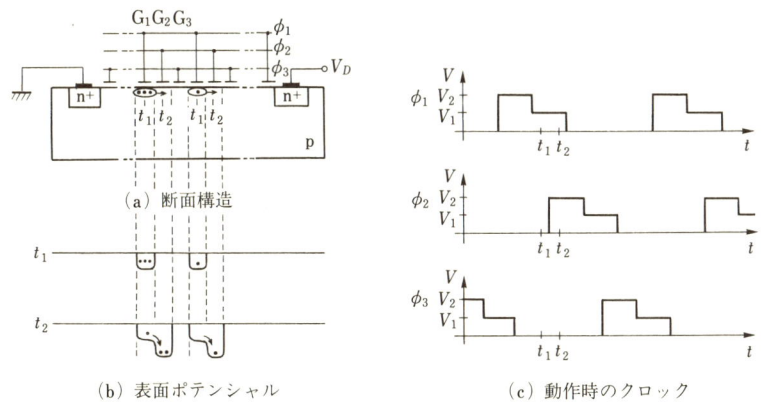

図 7.15 CCD

(a) 断面構造　(b) 表面ポテンシャル　(c) 動作時のクロック

まず，nMOS 構造で，ゲート電圧を反転側にし，半導体表面を空乏状態から反転状態に変化する過渡状態を考える．すぐに反転状態になるわけではなく，半導体内部から表面に少数キャリア（いまの場合，電子）を集める時間が必要である．ゲート電圧を反転側にしてしばらくは半導体界面に電子はなく，印加されているゲート電圧はほとんど空乏層に加わっている．この状態で半導体表面に電子を送り込むと，その少数キャリアは半導体表面にとどまっている．図 7.15(b) に示すように，半導体表面にポテンシャル井戸が形成され電子がたまっていることになる．

たまった電子の転送に当たっては，図 7.15(c) に示すような形状の 3 相のクロックパルスで駆動する．時刻 t_1 でゲート電圧 V_1 によってゲート電極 G_1 の直下にポテンシャル井戸ができ，そこに電子が蓄えられている．このとき，ゲート電極 G_2 には電圧は印加されず，ポテンシャル井戸は形成されていない．時刻 t_2 まで時間が経過すると，ゲート電極 G_1 に印加される電圧は不変であるが，電極 G_2 には，$V_2 > V_1$ の電圧 V_2 が印加され，より深いポテンシャル井戸が形成される．このとき，電子はこのより深いポテンシャル井戸に流れ込む．その後，ゲート電極 G_1 に電圧は印加されなくなり，また，ゲート電極 G_2 に印加される電圧も V_1 に減少し，G_1 直下から G_2 直下への電子の転送を完了する．その後，同様にして G_2 直下から G_3 直下へ電子を転送し，電荷は一方向に転送されていく．動作パルスの幅が広すぎると，少数キャリアが半導体内部から半導体表面に集まってくるようになり，雑音となってしまう．動作周波数の下限は 1 kHz 程度に制限される．

7.6 多様化する集積回路

集積回路はますます多様化しており，ディジタルとアナログを混載した集積回路も広く使われている．また，高速で負荷駆動力が高いバイポーラデバイスと低消費電力の CMOS を積極的に組み合わせた **Bi-CMOS**(bipolar-CMOS) 形式の集積回路が実用化されている．

集積回路を設計・生産する観点から分類すると，メモリやマイクロプロセッ

サ*¹のように同じものを大量に生産する汎用集積回路と，使用者の特別注文で作られる専用集積回路に分けられる．専用集積回路は **ASIC**(application specific integrated circuit) ともよばれ，近年とみに発展している．専用集積回路の生産方式は，集積回路製作の全工程を専用に開発，製造するフルカスタム方式，一部の工程のみを専用に開発製造するセミカスタム方式に分けられる．セミカスタム方式では開発，製造に要する期間が短縮でき，試作や少量生産に向いている．

セミカスタム方式の中には，(1) 7.4.2 項で述べた EPROM，EEPROM の中に特定のプログラムを使用者が書き込む**ユーザ書き込み**方式*², (2) 基本論理回路の配置があらかじめ決められた半完成品 (**マスタスライス**：masterslice) の集積回路を生産，準備しておき，配線のみを使用者の要望に応じて変えるマスタスライス方式と*³, (3) すでに設計されている論理回路や論理回路のまとまりを使用者の要望に応じて配置し，それらの間を配線する**標準セル** (standard cell) 方式がある．

演 習

7.1 膜厚 5×10^{-8} m の SiO_2 膜を用いて図 7.16 のような MOS 構造で 100 pF の容量を得るのに必要な面積はいくらか．SiO_2 の比誘電率を 3.9 とする．

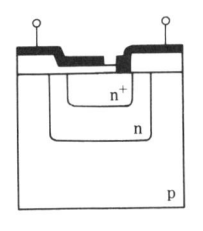

図 7.16

---

*¹ 演算を得意とする MPU のほかに，身のまわりのあらゆる電子機器の制御用途に活躍している**マイクロコントローラ** (MCU: microcontroller unit)，画像や音声の実時間ディジタル処理に特化した**ディジタルシグナルプロセッサ** (DSP: digital signal processor) へと分化している．
*² マスク ROM とユーザ書き込み方式を合わせて **PLD**(programmable logic device) と総称することがある
*³ ゲートアレイ (gate array) とよばれるものがこれに当たる．

7.2 集積回路において，ダイオードとしてバイポーラトランジスタのエミッタ–ベース間を利用したとする．このとき，ベース–コレクタ間は短絡すべきか開放すべきか理由をつけて論じよ．

7.3 (1) 図7.9のDRAMセルのコンデンサに図7.13の特性をもつ強誘電体を使ったものを用いた．読み出し動作でコンデンサから，ΔQ_b または ΔQ_d の電荷が流れ出たときの，ビット線の電位はそれぞれいくらか．

(2) 図7.17に前問のビット線の電位を識別するための基準電圧発生回路を示す．図中，2つのコンデンサはともに強誘電体コンデンサで，それぞれ，つねに図7.13での残留分極b点，d点を維持するようにしてある．発生する基準電位はいくらか．

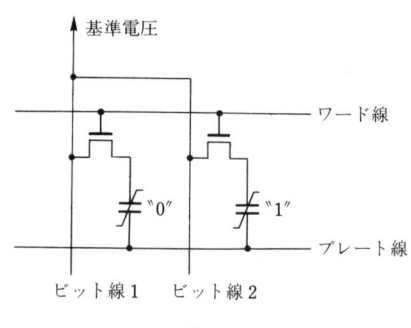

図 7.17

8

パワーデバイス

パワーデバイスは電力系統の制御から，車両の電動機制御，産業機器や家電製品の電源の制御に幅広く用いられている．たとえば，電動機の回転数やトルクを電子デバイスで直接に制御できれば，電子回路を用いた高度な制御が可能になる．また，電動機の特性に合わせた適切な電力の供給が可能になり，エネルギー消費を小さくすることができる．パワーデバイスの動作原理の基本は今まで述べてきた半導体デバイスと同じである．ただ，パワーデバイスでは高耐圧で大電流を扱う必要があり，放熱にもとくに注意を払わねばならない．このため，パワーデバイスは特有の構造をもっている．

8.1　パワーデバイスの種類と用途

　電動機の制御装置や電源装置などでは，整流作用をもつダイオードに加えて，スイッチ用デバイスが重要になる．電動機を例にとると，誘導電動機は，直流電動機と比較して，電機子をもたないので信頼性や寿命の点で優れ，安価で小形化が容易である．しかし，誘導電動機の回転数は，直流電動機のように印加電圧で変化させることができず，その回転数を制御するには印加電圧の周波数を変化する必要がある．このため，誘導電動機の制御には，パワーデバイスをスイッチング素子とするインバータが用いられる[*1]．インバータは，電流を適当なタイミングでスイッチング（オン・オフ）して，電動機に可変周波数の交流電力を供給し，電動機の回転数を制御している．
　スイッチ用デバイスの電流-電圧特性は，図 8.1 で，導通状態での電圧 V_on が

[*1] ここでのインバータは，直流電力を適当な交流電力に変換する機能をもつものという意味であり，整流器と逆の概念である．

できるだけ小さく，電流 I_on ができるだけ大きいことが望ましい．また，電流阻止状態での耐圧 V_off が大きく，そのときの漏れ電流 I_off が小さいことが望ましい．スイッチングの周波数を高くすると，電源装置の小形化や低雑音化に効果的なことがある．一方，スイッチングできる周波数の範囲はパワーデバイスの種類によって異なっている．現在のところ，出力容量 (図 8.1 で $(I_\mathrm{on}V_\mathrm{off})/2$) とスイッチング周波数で整理すると各パワーデバイスの用途は図 8.2 のようになる．**サイリスタ** (thyristor)，**GTO**(gate turn off) **サイリスタ**は大容量の分野に，MOSFET は高速スイッチングの分野に，**IGBT**(insulated gate bipolar transistor) はその中間の分野で，主に使われている．各デバイスについて以下で説明する．

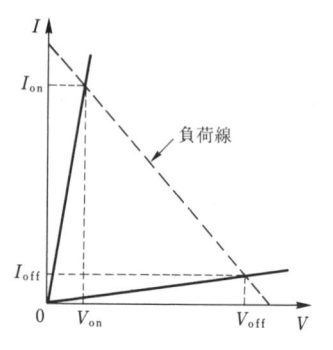

図 8.1 パワーデバイスに要求される電流-電圧特性

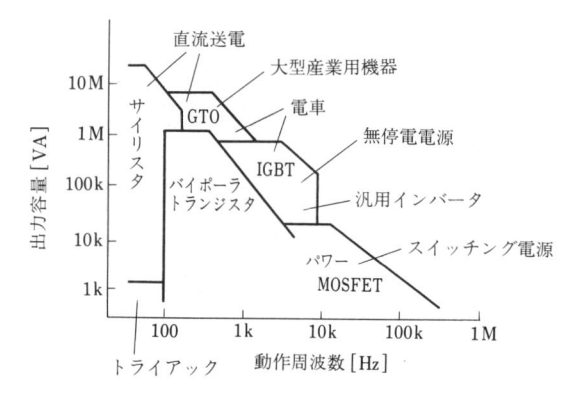

図 8.2 パワーデバイスの種類と使用用途

8.2 サイリスタ

8.2.1 pnpn 接合の特性

図 8.3(a) に示すように pnpn 接合をもつこの構造では，中央の pn 接合 J_2 が，その両側の pn 接合 J_1, J_3 と逆向きになっている．p_1 を**アノード** (anode)，n_2 を**カソード** (cathode) という．等価回路としては，図 8.3(b) のように npn トランジスタと pnp トランジスタが背中合わせにつながった構造をとっている．このダイオードを **pnpn スイッチ素子**または，**ショックレイダイオード** (Shockley diode) という．図 8.3(a) で，p_1 が正，n_2 が負になるように電圧を印加する．pn 接合 J_1 と J_3 は順方向にバイアスされるが，pn 接合 J_2 は逆方向バイアス状態になり，これらが直列に接続されているので，pnpn スイッチ素子に電流はほとんど流れず，オフ状態である．

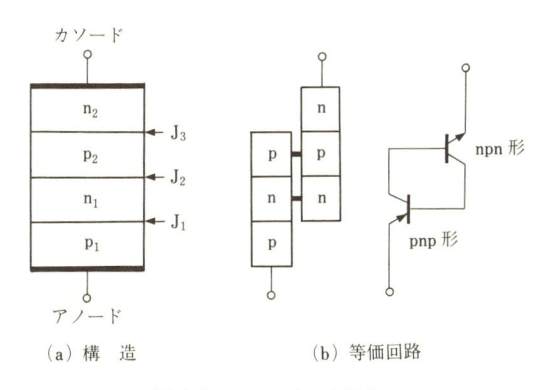

(a) 構 造 (b) 等価回路

図 8.3 pnpn スイッチ素子

図 8.4(a) の①に示すように，印加電圧が大きくなると，J_2 がなだれ破壊を起こす．発生したキャリアのうち，電子は n_1 側へ，正孔は p_2 側へ流れていく．このキャリアの大部分は最終的にはアノード–カソード間の外部電流となる．キャリアの一部分は接合 J_2 の近傍にとどまる．そのため，②に示すように，接合 J_1, J_3 ともに順バイアスされた状態になり，いっそう，n_2 から p_2 に電子が，また，p_1 から n_1 に正孔が注入される．n_2 から p_2 に注入された電子は，バイポーラトランジスタのベース領域におけるのと同様に，拡散で p_2 を

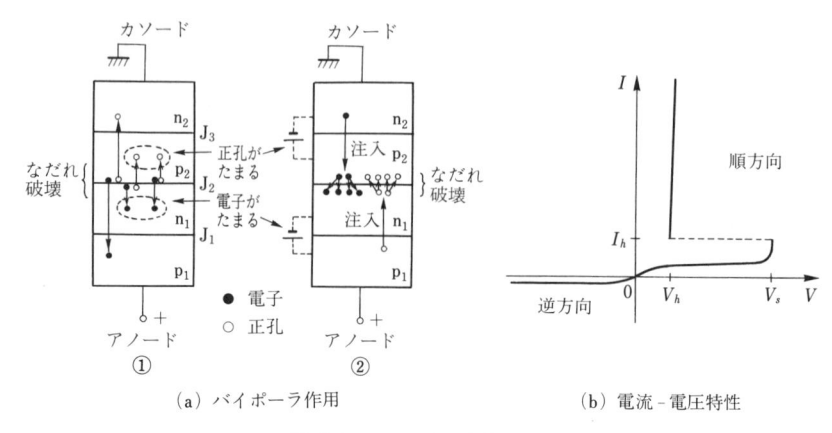

図 8.4 pnpn スイッチ素子の動作

横切り，高電界の印加されている接合 J_2 で加速されて，J_2 でのなだれ破壊に寄与する．p_1 から n_1 に注入された正孔も，同様にして，J_2 でのなだれ破壊に寄与する．このような正帰還現象を**バイポーラ作用**という．以上の機構で，素子に大きな電流が流れ，オン状態になり，素子の両端の電圧は低下する．

この素子の電流-電圧特性は図 8.4(b) に示すように，負性抵抗を示す．オフ状態からオン状態へ遷移することを**点弧** (fire) または**ターンオン** (turn on) といい，ターンオンが起こる電圧を**スイッチング電圧** V_s という．オン状態からオフ状態にするには，印加電圧を反転させるか，電流を**保持** (holding) **電流** I_h まで下げて，接合 J_2 の近傍にキャリアがとどまらないようにしなければならない．このときの電圧を**保持電圧** V_h という．素子の印加電圧を図 8.4(a) と逆にした場合には，**逆方向阻止電圧** (backward blocking voltage) まで流れない．逆方向の場合は，接合 J_1 および J_3 が絶縁破壊を起こすが，順方向の場合と異なり，バイポーラ作用がなくターンオンしない．

8.2.2　サイリスタの構造と動作

pnpn スイッチング素子にゲート電極を付加して 3 端子デバイスとして，スイッチング電圧 V_s を制御できるようにしたものを **SCR**(silicon controlled rectifier) という*1. p_1 がアノード，n_2 がカソードである．また，サイリスタを SCR と同じ意味で使うことがある*2.

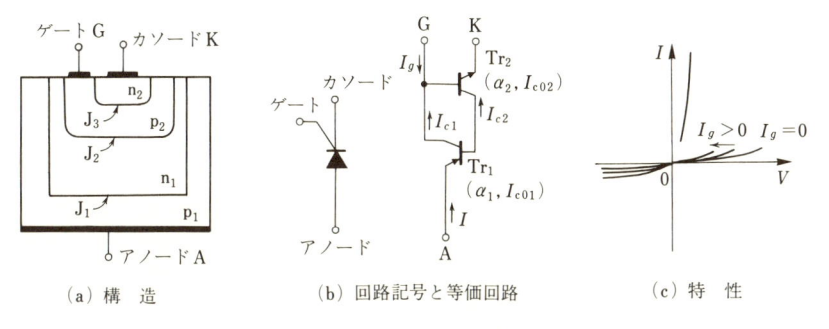

図 8.5 SCR

(a) 構造　　(b) 回路記号と等価回路　　(c) 特性

図 8.5(a) に示すように $p_1n_1p_2n_2$ 接合の p_2 領域に**ゲート** (gate) 電極を付加する．接合 J_3 が順方向バイアスになるようにゲート電極に電圧を印加すると，n_2 から p_2 領域へ注入される電子が増加する．先に述べたバイポーラ作用により，J_2 が絶縁破壊し SCR はターンオンする．ゲート電圧に印加する順方向電圧を大きくすれば，p_2 に注入される電子は増え，スイッチング電圧は低下する．図 8.5(b) に SCR の回路記号と等価回路を示す．図 8.5(c) に特性の例を示す．ゲート電流を流しオフ状態からオン状態に遷移するまでの時間を**ターンオン時間** (turn-on time)，逆の遷移に要する時間を**ターンオフ時間** (turn-off time) という．通常，ゲート電流の制御でターンオフはできない．ターンオフするためには，ショックレイダイオードと同じように，アノード-カソード間の電圧を小さくするか，電圧の極性を反転しなければならない．

[**例題 8.1**] SCR の順方向導通時には，図 8.5(a) の pn 接合 J_2 でなだれ破壊が起こっている．このときの増倍因子（式 (3.76) 参照）を M とする．SCR の等価回路で，各トランジスタの電流増幅率 α_{ce} とコレクタ接合の飽和電流密度，および電流を図 8.5(b) の記号で表したとき，SCR を流れる電流は次式で表されることを示せ．

$$I = \frac{\alpha_2 I_g + I_{c01} + I_{c02}}{(1/M) - \alpha_1 - \alpha_2} \tag{8.1}$$

*1 現在のところ，母体材料として Si のみが使われているので，「シリコン」を付けてよび慣わしている．
*2 厳密には，サイリスタは 3 つ以上の pn 接合をもち，オン，オフの 2 つの安定状態をもったスイッチング素子の総称．

(**解**) なだれ破壊が起こっていないときは，式 (5.3) より $I_{c1} = \alpha_1 I + I_{c01}$ および $I_{c2} = \alpha_2(I + I_g) + I_{c02}$ が成り立っている．なだれ破壊のためにコレクタ電流は M 倍に増大するので，次式が成り立つ．

$$I_{c1} = M(\alpha_1 I + I_{c01}) \tag{8.2}$$

$$I_{c2} = M\{\alpha_2(I + I_g) + I_{c02}\} \tag{8.3}$$

ここで，トランジスタ Tr_1 で $I = I_{c1} + I_{c2}$ が成り立つ．以上の式を整理して

$$I = \frac{\alpha_2 I_g + I_{c01} + I_{c02}}{(1/M) - \alpha_1 - \alpha_2} \tag{8.4}$$

を得る．これより，$1/M = \alpha_1 + \alpha_2$ のとき，I は発散する．すなわち，SCR がオンする．

8.2.3 種々のサイリスタ

(1) 短絡エミッタ構造

サイリスタでは，図 8.6 に示すようにカソード電極が p 領域と n 領域の両方に接する構造をとることがある．これを**短絡エミッタ** (shorted emitter) **構造**という．順方向阻止状態でアノード電圧がスイッチング電圧以下であっても，アノード電圧がある程度以上急激に変動するとサイリスタがターンオンする．これは，急激な電圧変動で，逆バイアス状態にある接合 J_2 の空乏層容量を充電するための電流が増大し，この充電電流の増加がバイポーラ作用によるターンオンを引き起こしてしまうためである．これを防ぐために短絡エミッタ構造をとる．等価回路としては，pn 接合 J_3 に並列に抵抗 R がついた構造になっている．

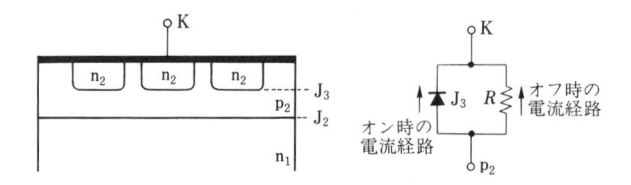

図 8.6 短絡エミッタ構造とその等価回路

順方向のオフ状態ではサイリスタを流れる電流は微小で，接合 J_3 より抵抗 R の方が低抵抗になり，電流は抵抗 R を流れる．これにより $n_2 p_2 n_1$ トランジスタによるバイポーラ作用は抑制され，ターンオンは起こりにくくなる．ゲー

ト電流が流れると，電流が大きいので，抵抗 R より接合 J_3 を電流が流れるようになり，サイリスタがターンオンする．

(2) GTO サイリスタ

ゲートに逆方向電流を流して，ターンオフできるようにしたサイリスタを GTO サイリスタという．図 8.7(a) に GTO サイリスタの構造を示す．アノード側は短絡エミッタ構造になっている．GTO では，ショックレイダイオードや SCR と同じように，ターンオン時に接合 J_2 近傍にキャリアが蓄積されている．GTO は微細な単位 GTO の集合体になっており，接合 J_2 近傍に止まっているキャリアをすばやく抜き取り，ターンオフできるように工夫されている．GTO の静特性は図 8.5(c) と同様である．ターンオフ時には，GTO サイリスタに印加される過渡的な電圧とその増大率を低く抑えるために，電流を GTO サイリスタから**スナバ回路**とよばれるダイオードとコンデンサで構成された保護回路に急激に流れ込ませる (図 8.7(b))．

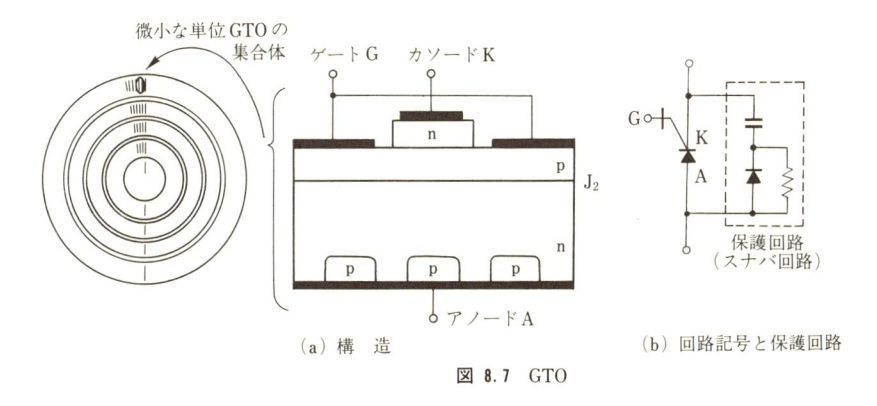

図 8.7 GTO
(a) 構造
(b) 回路記号と保護回路

(3) 光サイリスタ

ゲート電流を流す代わりに図 8.5 の p_2 領域に光を照射してターンオンさせる**光サイリスタ** (photothyristor) がある．ゲート信号としての光は光ファイバを通じて伝送できるので，高耐圧化が容易となる．

(4) 逆導通形 SCR

アノードとカソードをともに短絡エミッタ構造としたサイリスタを**逆導通形 SCR**(reverse conducting SCR) という[*1]. 図 8.8 に示すように逆導通形 SCR では n_1 領域がアノード電極に，p_2 領域がカソード電極に直結しているので，アノードが負，カソードが正になるように電圧を印加すると p_2n_1 接合の順方向電流が流れる. パワーデバイスは電動機など誘導性負荷を駆動することが多い. 誘導性負荷に流れる電流をオフにすると，$v = Ldi/dt$ の関係から大きな逆起電力が生じ，サイリスタに過電圧がかかる恐れがある. SCR を用いたインバータ回路では SCR とダイオードを逆向きに並列接続して，過電圧がサイリスタに印加されるのを防いでいる. この代わりに逆導通形 SCR が用いられることがある.

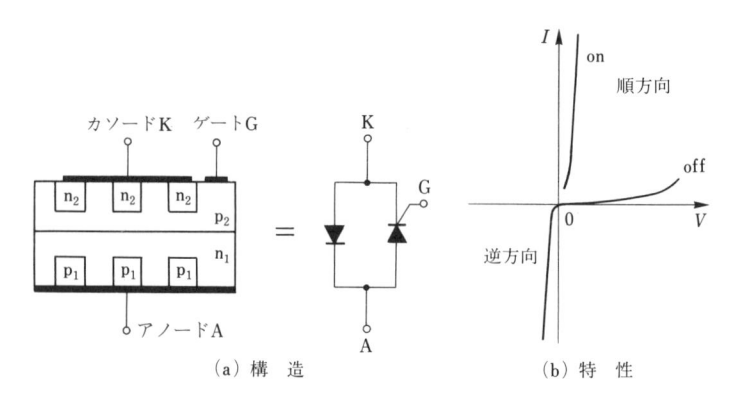

(a) 構造　　(b) 特性

図 8.8　逆導通形 SCR

(5) トライアック

図 8.9(a) に示すような構造のサイリスタを**トライアック** (TRIAC：triode ac switch) という. トライアックは図 8.9(b) で示すように両方向性の素子である. ゲート電圧に正負いずれの極性を印加してもオンすることができる. トライアックの基本構造は 2 つの SCR を逆接続したものになっている. まず，電極 T_1 に対して電極 T_2 が正の場合を考える. ゲート電極に正の電圧を加えると接合 p_2n_2 間に電流が流れ，通常のサイリスタ動作で $p_1n_1p_2n_2$ がオンになる. 一

[*1] これに対して図 8.5 で述べたものを**逆阻止形 SCR** という.

(a) 構造と回路記号　　　　(b) 特　性

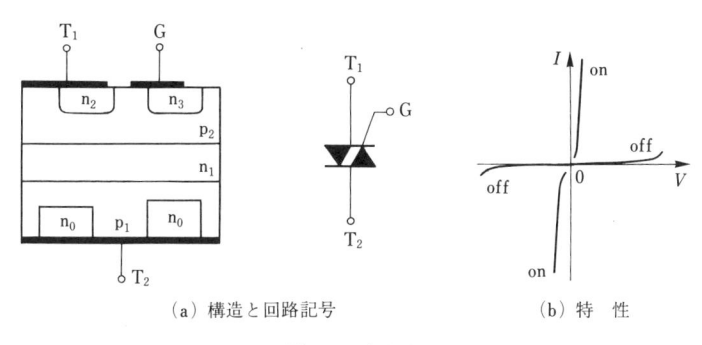

図 8.9　トライアック

方,ゲート電極に負の電圧を印加すると接合 p_2n_3 間に電流が流れ,ゲート電極と電極 T_2 の間の $n_3p_2n_1p_1$ がオンになる.これにより p_2n_1 接合近傍に止まっているキャリアが横方向に拡散し,電極 T_1-電極 T_2 間 $p_1n_1p_2n_2$ がオンする.

次に,電極 T_1 に対して電極 T_2 が負の場合を考える.ゲート電極に正の電圧を印加すると,$n_2p_2n_1$ で構成されるトランジスタのエミッタ接合 n_2p_2 が順バイアス状態になり,n_1 に電子が注入される.この電子により接合 p_2n_1 に印加されている順バイアスが大きくなり,$p_2n_1p_1n_0$ がオンする.ゲート電極に負の電圧を印加すると,$n_3p_2n_1$ で構成されるトランジスタのエミッタ接合 n_3p_2 が順バイアス状態になり,電子が n_1 に注入され,同様にしてトライアックはオン状態になる.

8.3　パワートランジスタ

バイポーラトランジスタは,オン状態での抵抗が低く大電流への利用に適しているが,少数キャリアの蓄積のためにターンオフ時間が長くなってしまう.一方,MOSFET はキャリアの蓄積がなく高周波特性がよいので高速のスイッチング電源に用いられている.また,MOSFET より通電能力が高く,バイポーラトランジスタより高周波特性に優れた**絶縁ゲートバイポーラトランジスタ** (insulated gate bipolar transistor, IGBT) が実用化されている.

8.3.1 パワーバイポーラトランジスタ

バイポーラトランジスタをパワー用途に用いるには，耐圧の向上，電流容量の増加，および放熱特性の向上が必要になる．パワー用のバイポーラトランジスタは多くの場合，図 8.10(a) に示すような構造をとっている．トランジスタ

(a) 構造　　　(b) 等価回路（ダーリントン接続）

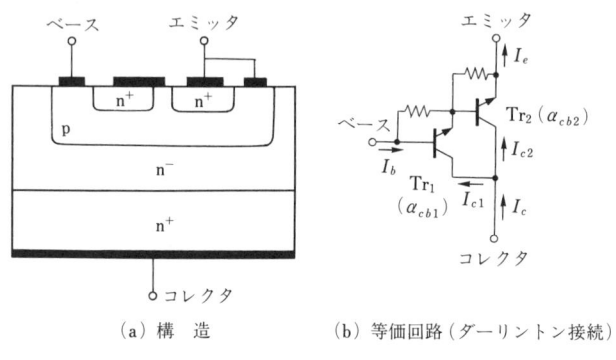

図 8.10　パワートランジスタ

の耐圧は動作時に逆方向バイアスが印加されているコレクタ接合の耐圧で決まる．pn 接合の耐圧は，p 形領域または n 形領域の不純物濃度の小さい方によって決まる．したがって，コレクタ領域の不純物濃度を小さくすると耐圧は向上する．しかし，コレクタ領域の不純物濃度が小さいと直列抵抗として働く．そこで，図に示したように，コレクタ領域で空乏層の形成に関係しないコレクタ電極の近くに多量の不純物を添加し（図では n^+），低抵抗化する．n^- 領域[*1]の厚みは所定の耐圧を満たす最小限のものにする（例題 8.3 参照）．

駆動電流を減らし，大電流を取り扱えるように図 8.10(b) に示す**ダーリントン (Darlington) 接続**をとっている．また，大電流を流すために単純にエミッタ面積を大きくするとベース抵抗が大きくなり，電流集中が起こる．このため，エミッタの面積に比べて周辺部の割合を大きくする，「くし形」電極などを用いてベース抵抗を低減する[*2]．バイポーラトランジスタのターンオフ時間はベース領域に蓄積している少数キャリアの引き抜きにかかる時間によってほぼ決

[*1] n^- はドナー濃度が比較的小さいことを示している．
[*2] ベース領域の不純物濃度を大きくしてもベース抵抗は小さくなる．しかし，この場合，注入率が低下し電流増幅率が低下するので望ましくない（式 (5.22) 参照）．

まっている．ターンオフ時にはベースに逆バイアス電流を流し，少数キャリアを引き抜き，高速化する．

[**例題 8.2**] 図 8.10(b) に示すダーリントン接続で，各トランジスタの電流増幅率 α_{cb} がともに 100 のとき，ダーリントン接続全体の電流増幅率はいくらになるか．ただし，図中の抵抗は十分大きく，無視できるとする．

(**解**) [コレクタ電流] $= \alpha_{cb} \times$ [ベース電流] の関係から，Tr_1 について，$I_{c1} = \alpha_{cb1}I_b$ が成り立つ．Tr_2 のベース電流は $I_b + I_{c1}$ であるので，$I_{c2} = \alpha_{cb2}(I_b + I_{c1}) = \alpha_{cb2}(\alpha_{cb1} + 1)I_b$ が成り立つ．$I_c = I_{c1} + I_{c2}$ であるので，ダーリントン出力全体の電流増幅率は

$$\frac{I_c}{I_b} = \alpha_{cb2}(\alpha_{cb1} + 1) + \alpha_{cb1} \tag{8.5}$$

で示される．$\alpha_{cb1} = \alpha_{cb2} = 100$ であるので，全体の電流増幅率は 10200 になる．

8.3.2 パワー MOSFET

6.1.2 項で述べたように，MOSFET のドレイン電流（出力電流）は移動度 μ に比例する．格子振動による散乱に移動度が支配されている場合，2.3 節でとり上げたように，温度が上がると移動度は減少する．つまり，温度上昇によりドレイン電流は減少する．バイポーラトランジスタでは熱暴走（5.3.5 項参照）の危険があるが，MOSFET は熱的には安定であり，容易に大面積化できる．これらのことから MOSFET では大電流，大電力動作が可能である．6.4 節で述べたように，MOSFET を大電流化するためにはチャネル長を短くすることが重要である．パワー MOSFET には図 8.11(a) に示すように，Si 基板に V 字形の溝を作り，チャネルを並列につないだ **VMOSFET**(V-shaped grooved MOSFET)[*1] と，不純物拡散の技術を活用して図 8.11(b) のようにチャネルを形成した二重拡散 (double-diffused)MOSFET(**DMOSFET**) がある．VMOSFET では各層の厚みを，DMOSFET では 2 種類の不純物の位置分布の違いを利用して，短いチャネル長を実現し，大電流化を実現している．これらのトランジスタは，多数を容易に並列接続できるので，大電力，大電流動作に向いている．図 8.11(b) のように DMOSFET では横方向に電流が流れている．さらに，図 8.11(c) のよ

[*1] 溝の形状によって UMOSFET とよぶこともある．

(a) VMOSFET (b) DMOSFET (c) VDMOSFET

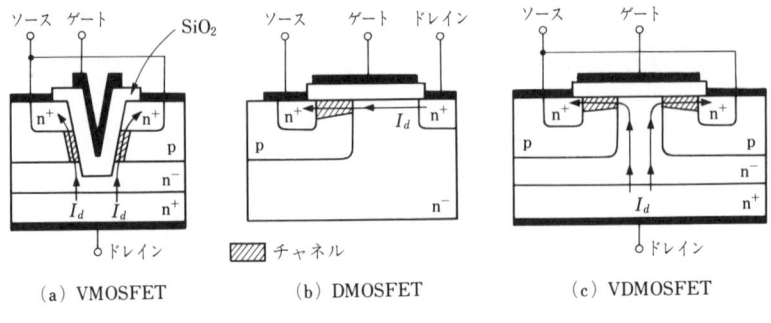

図 8.11　パワー MOSFET

うに縦方向に電流を流す縦形 (vertical)DMOSFET(**VDMOSFET**) が開発され広く用いられている．ドレインが基板裏面にある縦形構造とすることで，ドレイン電流が基板全体を流れるようになり，素子に大電流を流せるようになる．

VDMOSFET の場合，p 形ウェル (7.3.2 項参照) を形成し，その中に n^+ 領域を作りソースとする．基板の裏面に n^+ を形成し，その上の n^- 形領域とソースの間の p 形領域をチャネルとして用いている．n^- 領域は，ここに空乏層を広げて高耐圧化するためのものである．ゲート電極にしきい電圧以上の電圧を印加するとドレイン電流が流れる．スイッチング特性は，通常の MOSFET と同じように式 (6.15) で決まる遅れ時間に加えて，n^- 領域の空乏層の充放電時間によって決まる．

[**例題 8.3**] 図 8.12 に示す直方体 (断面積 S) の p^+/n^-n^+ ダイオードで，電圧 $-V_b$ (逆バイアス) を印加したときに，このダイオードは絶縁破壊を起こし，空乏層はちょうど n^- 領域と n^+ 領域の境界まで伸びた．このダイオードに順バイアスを印加したとき，n^- 領域は抵抗 R_on として働く．このダイオードは階段接合であるとしたとき

$$R_\mathrm{on} = \frac{4V_b^2}{\varepsilon_s \varepsilon_0 \mu_n F_b^3 S} \tag{8.6}$$

が成り立つことを示せ．ε_s は半導体の比誘電率，ε_0 は真空の誘電率，F_b は半導体の絶縁耐力 (3 章参照)，μ_n は n^- 領域の電子の移動度である．

(**解**) p^+ 領域のアクセプタ濃度を N_a，n^- 領域のドナー濃度を N_d とし，それらがすべてイオン化しており，また，$N_a \gg N_d$ が成り立つとすると，式 (3.75) より

$$V_b = \frac{\varepsilon_s \varepsilon_0 (N_a + N_d)}{2eN_a N_d} F_b^2 = \frac{\varepsilon_s \varepsilon_0}{2eN_d} F_b^2$$

8.3 パワートランジスタ

図 8.12 p^+/n^-n^+ ダイオード

$$N_d = \frac{\varepsilon_s \varepsilon_0 F_b^2}{2eV_b} \tag{8.7}$$

が成り立つ．

n^- 側の空乏層幅を d_n とする．ダイオードは絶縁破壊を起こしたことから，p^+/n^- 接合の境界での電界は絶縁耐力 F_b に等しい．式 (3.56) より次式が成り立つ．

$$F_b = \frac{eN_d}{\varepsilon_s \varepsilon_0} d_n$$
$$d_n = \frac{\varepsilon_s \varepsilon_0 F_b}{eN_d} = \frac{2V_b}{F_b} \tag{8.8}$$

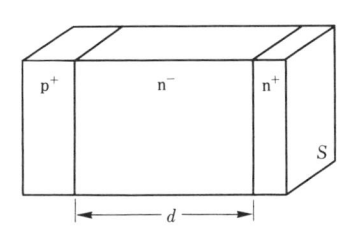

順バイアス時の n^- 側の空乏層幅が d_n に比べて十分小さいとすると，R_on は

$$R_\mathrm{on} = \frac{1}{en\mu_n}\frac{d_n}{S} = \frac{2eV_b}{e\varepsilon_s\varepsilon_0\mu_n F_b^2}\frac{2V_b}{F_b S} = \frac{4V_b^2}{\varepsilon_s\varepsilon_0\mu_n F_b^3}\frac{1}{S} \tag{8.9}$$

と表される．ここで，式 (8.7) と (8.8) を用いた．

ダイオードだけでなくバイポーラトランジスタのコレクタ (図 8.10(a) 参照) や MOSFET のドレイン (図 8.11 参照) でも，n^- 領域を用いることで高耐圧化している．図 8.1 で $V_\mathrm{on}/I_\mathrm{on}$ に対応するオン抵抗は，いま求めた R_on が主要な部分を占めている．この例題の結果は，高耐圧化がオン抵抗の増大をもたらしてしまうことを示している．

8.3.3 絶縁ゲートバイポーラトランジスタ

絶縁ゲートバイポーラトランジスタ (IGBT) は VDMOSFET と類似の構造で，MOSFET よりスイッチング速度は劣るが，パワーバイポーラトランジスタに比べて非常に高速に動作する．IGBT は図 8.13(a) に示す微細なセル構造が集合して構成されている．この構造は VDMOSFET (図 8.11(c)) のドレイン n^+

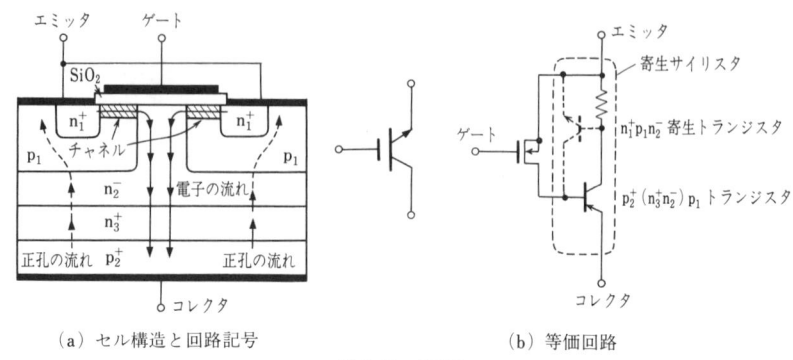

(a) セル構造と回路記号   (b) 等価回路

図 8.13 IGBT

領域とドレイン電極の間にさらに p^+ 領域を形成したものであり，等価回路は図 8.13(b) で示される．n チャネル MOSFET がオン状態になると，$p_2^+(n_3^+n_2^-)p_1$ で形成されるバイポーラトランジスタがオン状態になる．これにより，電子だけでなく正孔も電流に寄与するようになり，オン抵抗が VDMOSFET より小さくなり，通電能力が高まる．ここで $n_1^+p_1(n_2^-n_3^+)p_2^+$ でサイリスタ構造になっているが，各層の厚みと不純物濃度を制御してサイリスタ動作を起こさないように設計されている．微細加工技術の進展により，IGBT は低損失化，高速化，高耐圧化が図られ，その応用範囲が拡大している．

演 習

8.1 pnpn 素子の等価回路（図 8.3(b)）を用いて，その動作原理を説明せよ．
8.2 図 8.14 に示す pn 分離方式のバイポーラトランジスタおよび CMOS 回路で，寄生サ

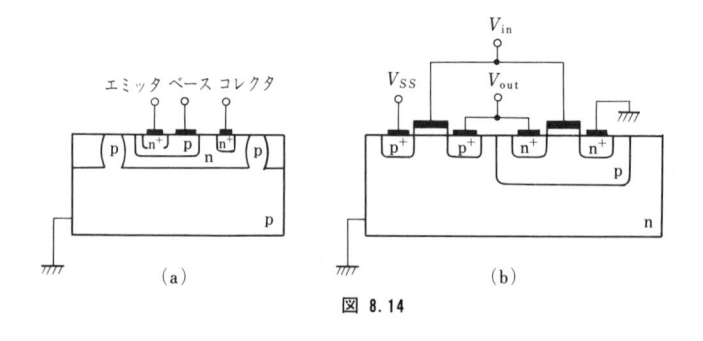

図 8.14

イリスタが生じる。寄生サイリスタがどのように構成されているか述べよ。

8.3 ドナー濃度 N_d が 10^{26} m^{-3} の n 形とアクセプタ濃度 N_a の p 形からなる Si の pn 接合ダイオードがある。温度は室温とし，不純物はすべてイオン化しているとする。Si の絶縁耐力を 3×10^7 V/m，比誘電率を 11.9，正孔の移動度を 0.04 m^2/Vs とする。(1) この pn 接合ダイオードの破壊電圧を 200 V とする p 形領域のアクセプタ濃度を求めよ。(2) このときの例題 8.3 で示した R_{on} を求めよ。pn 接合の断面積を 1 cm^2 とする。(3) この pn 接合に 100 A の電流が流れたときに，R_{on} による発熱量はいくらか。

8.4 図 8.11 の 3 つの MOSFET では，ソース電極が n 形領域と p 形領域をショートしている。この理由を述べよ。

9

受光デバイス

この章では，光を受けて動作する半導体デバイスについて述べる．まず，半導体の光学的性質と光電的性質（受光したときのキャリアの振る舞い）について簡単に触れた後，太陽電池と光検出器について述べる．

9.1 半導体の光学的性質

9.1.1 光の透過，反射，吸収

半導体に光を照射したとき，一部は半導体表面で反射され，残りは半導体内部に侵入する．侵入した光の一部または全部は半導体に吸収され，残りは半導体を透過する（図 9.1 参照）[*1]．長さ L の半導体に強度 I_0 の光を表面に垂直に照射する．表面で反射される光の強度は，半導体表面の**反射率** (reflectivity) を R とすると，RI_0 で表される．残り $I_0 - RI_0$ の光が半導体内に侵入する．半導体の反対側まで強度 I_T が通り抜けたとすると，$T \equiv I_T/I_0$ で定義される T を**透過率** (transmissivity) とよぶ．半導体中では，$I_0 - RI_0 - TI_0 = (1 - T - R)I_0$ だけ吸収されたことになる．

透過率はさらに次のように考えられる．いま，図 9.2 で示すように，厚みが dx と極薄い半導体に強度 $I(x)$ の光が入射し，反対側に強度 $dI(x)$ だけ弱くなって透過したとする．$dI(x)$ は半導体に吸収された光強度を表し，それが入射強度に比例すると考えると次式が成り立つ．

[*1] このほか，屈折や回折，特定の偏光のみの透過などの現象が起こり得る．

9.1 半導体の光学的性質

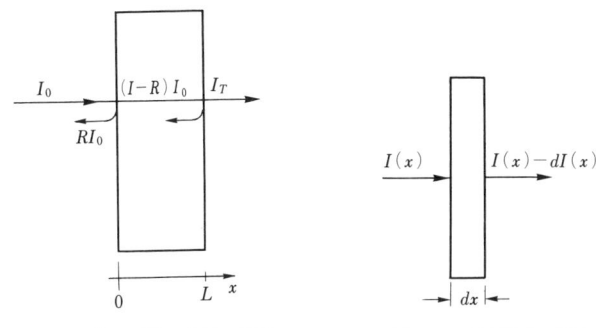

図 9.1 光の反射，吸収，透過

図 9.2 吸収係数の導出

$$-dI(x) = \alpha I(x)dx \tag{9.1}$$

ここで，比例定数 α は**吸収係数** (absorption coefficient) という．$x=0$ において $I = (1-R)I_0$ であることを境界条件として，上式を x について積分すると

$$I(x) = (1-R)I_0 \exp(-\alpha x) \tag{9.2}$$

が得られる．$x=L$ では光の強さは $(1-R)I_0 \exp(-\alpha L)$ となる．ここで，$x=L$ での表面状態が $x=0$ のときと同じであれば，やはり光は反射率 R で反射されるので，半導体から外にでる光の強度は次のようになる．

$$I_T = (1-R)^2 I_0 \exp(-\alpha L) \tag{9.3}$$

したがって，透過率 T は次式で表される．

$$T = I_T/I_0 = (1-R)^2 \exp(-\alpha L) \tag{9.4}$$

[例題 9.1] 図 9.3 のように，光が何度も半導体内で反射を繰り返した場合の透過率と反射率を導出せよ．

(解) 図中，①での光の強度は式 (9.2) より $(1-R)I_0 \exp(-\alpha L)$ となる．透過光②の強度は式 (9.4) より $(1-R)^2 I_0 \exp(-\alpha L)$ である．反射光③の強度は光①の強度に反射率 R をかけたものであり $(1-R)RI_0 \exp(-\alpha L)$ である．反射光③が $x=0$(光④)に到達すると吸収によりその強度は $(1-R)RI_0 \exp(-2\alpha L)$ になる．光④のうち半導体の外

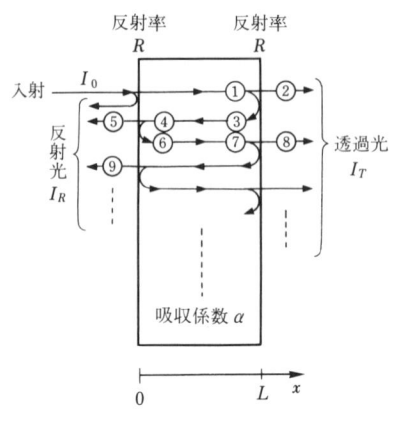

図 9.3 光の多重反射

に出る光⑤の強度は $(1-R)^2 R I_0 \exp(-2\alpha L)$，再び半導体内に反射される光⑥の強度は $(1-R)R^2 I_0 \exp(-2\alpha L)$ になる．反射光⑥が $x = L$ (光⑦) に到達するとその強度は吸収により $(1-R)R^2 I_0 \exp(-3\alpha L)$ となる．光⑦のうち光⑧ (強度 $(1-R)^2 R^2 I_0 \exp(-3\alpha L)$) が半導体の外に出ていく．

以上をまとめると，半導体を透過する光の強度 I_T は，

$$\begin{aligned} I_T &= [\text{光②の強度}] + [\text{光⑧の強度}] + \cdots \\ &= (1-R)^2 I_0 \exp(-\alpha L) + (1-R)^2 R^2 \exp(-3\alpha L) + \cdots \\ &= (1-R)^2 I_0 \exp(-\alpha L)\{1 + R^2 \exp(-2\alpha L) + \cdots\} \\ &= I_0 (1-R)^2 \exp(-\alpha L) \frac{1}{1 - R^2 \exp(-2\alpha L)} \end{aligned} \quad (9.5)$$

となる．I_T/I_0 が透過率となる．反射光 I_R は次のように表される．

$$I_R = R I_0 + [\text{光⑤の強度}] + [\text{光⑨の強度}] + \cdots \quad (9.6)$$

ここで，透過率の場合と同様に半導体内を光が往復した場合を考えると，[光⑨の強度] $= R^2 \exp(-2\alpha L) \times$ [光⑤の強度] が成り立つ．よって

$$\begin{aligned} I_R &= R I_0 + (1-R)^2 R I_0 \exp(-2\alpha L)\{1 + R^2 \exp(-2\alpha L) + \cdots\} \\ &= R I_0 \left\{1 + (1-R)^2 \exp(-2\alpha L) \frac{1}{1 - R^2 \exp(-2\alpha L)}\right\} \\ &= R I_0 \frac{1 + (1-2R)\exp(-2\alpha L)}{1 - R^2 \exp(-2\alpha L)} \end{aligned} \quad (9.7)$$

I_R/I_0 が反射率となる．

9.1.2 半導体の光吸収

半導体に光を照射すると，光のエネルギーが半導体内の電子に与えられて，電子はエネルギーの低い状態から高い状態に遷移する．半導体の光吸収スペクトルは図 9.4 に示すように大きく 3 つの領域に分けられる．領域 I は自由キャリア吸収とよばれ，光は半導体内の自由キャリア（電子または正孔）に吸収される．領域 III は内殻電子による吸収で，価電子帯よりエネルギーの低い許容帯から導電帯への遷移である．領域 II の吸収では価電子帯から導電帯への電子の遷移に加えて，不純物や結晶欠陥により禁制帯内に形成された局在準位と光の相互作用が現れる．

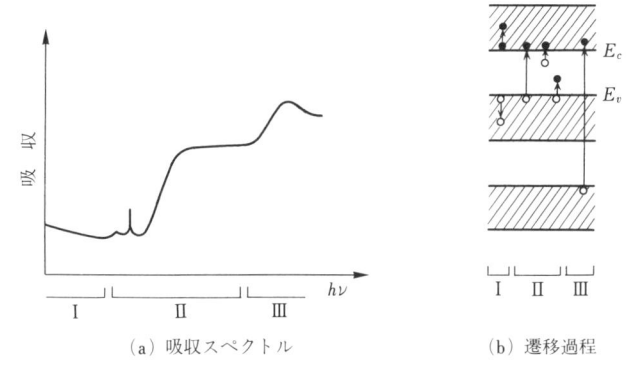

(a) 吸収スペクトル (b) 遷移過程

図 9.4 半導体の光吸収

領域 II の光吸収を詳細に見ると，図 9.5 に示す**基礎吸収** (fundamental absorption)，**励起子** (exciton) による吸収，不純物や結晶欠陥による吸収が見られる．基礎吸収は**帯間遷移** (band-to-band transition) ともよばれ，吸収の始まる最小エネルギーを**吸収端** (absorption edge) という．禁制帯幅より大きなエネルギーの光量子 $h\nu$ が半導体に照射されると，価電子帯から導電帯へ電子が遷移し，電子正孔対が生成され帯間遷移が起こる．ただし，価電子帯の頂上付近および導電帯の底では状態密度が少なく，遷移できる電子の数が少ない．そのため，E_g と同じか少し大きいエネルギーの光量子を照射しても，帯間遷移は起こるが吸収係数は小さい．照射する光量子のエネルギーが E_g に比べて大きくなるに従い，帯間遷移に寄与する状態密度が増えるので，吸収係数も大

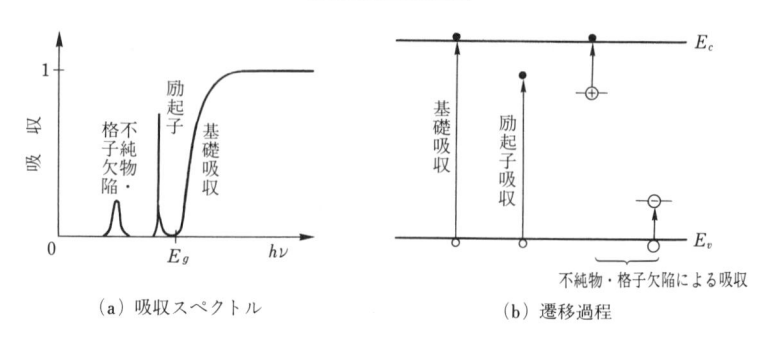

図 9.5 半導体の E_g 付近の光吸収

(a) 吸収スペクトル (b) 遷移過程

きくなる.

$h\nu < E_g$ の場合には，光照射により，図9.5に示す励起子による吸収をはじめ，いくつかの吸収が見られる．励起子は電子と正孔がクーロン力で引き合い，対になったものである．励起子は結晶中を動くことができるが中性であるので電気伝導には寄与しない．励起子はわずかの熱エネルギーを得ることで電子正孔対を生じる．したがって励起子を生成するエネルギーは電子正孔対を形成するエネルギーよりわずかに小さくなる．励起子の生成による吸収は，図9.5で，E_g よりわずかに低いエネルギーで鋭いピークとなって現れる．励起子には半導体内を自由に動き回るもののほかに，不純物や結晶欠陥に束縛されたものがある．

このほか，光照射により不純物または結晶欠陥による局在準位から導電帯に電子が遷移する．また，正孔が光照射により価電子帯から局在準位に遷移し得る．この不純物や結晶欠陥による遷移では，その遷移エネルギーに対応して E_g より比較的低エネルギーのところに吸収が見られる．

ここで，半導体のもつエネルギー帯構造が基礎吸収に与える影響について述べる．光吸収が起こるためには，入射した光と生成された電子正孔対の間で，エネルギーのほかに運動量が保存されている必要がある．また，光子のエネルギーを $h\nu$ とするとその運動量は $h\nu/c$ であり，電子や正孔の運動量に比べると非常に小さく，無視できる．図9.6(a) のようなエネルギー帯構造では，価電子帯から導電帯への電子の遷移では電子の運動量には変化がなく，運動量保存側が成り立っている．この光学遷移を **直接遷移** (direct transition) という．一

方，図 9.6(b) のようなエネルギー帯構造では，価電子帯から導電帯への電子の遷移で運動量が変化する．この遷移にはホノン*¹ が介在し，遷移の前後で運動量保存則が成り立っている．遷移に光量子とホノンが関与するので，遷移の起こる確率は小さくなり吸収係数も小さくなる．この遷移を**間接遷移** (indirect transition) とよぶ．

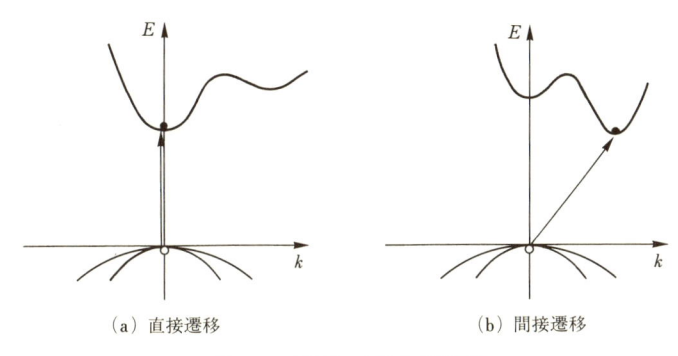

(a) 直接遷移　　　(b) 間接遷移

図 9.6　半導体における光学遷移

9.2　半導体の光電的性質

光吸収により導電帯に電子，価電子帯に正孔が励起されると電気的に検知できる種々の効果が現れる．これらを総称して**光電効果** (photoelectric effect) とよぶ．光電効果には，(1) 導電率の増加する**光導電** (photoconduction)，(2) 起電力を生じる**光起電** (photovoltaic)，(3) 半導体表面から電子を放出する**光電子放出** (photoemission) がある．このうち，半導体デバイスで積極的に用いている光導電と光起電の 2 つの効果について述べる．

9.2.1　光導電効果

図 9.7(a) に示すように，禁制帯幅以上のエネルギーをもつ光を半導体が吸収すると導電帯に電子，価電子帯に正孔が励起される．このままでは，励起された電子と正孔はやがて再結合して消滅し，これらのキャリアを外部に取り出す

---

*¹ 2.1 節参照．

ことはできない．図 9.7(b) のように外部から電界を印加することにより，励起された電子および正孔は，それぞれ正および負の電極に引き寄せられ，光電流として外部に取り出すことができ，光導電効果となる．しかし，外部電界が印加されている場合でも，励起されたキャリアは電極に到達するまでに再結合して消滅していく．以下で，電極に到達するキャリアを見積もる．

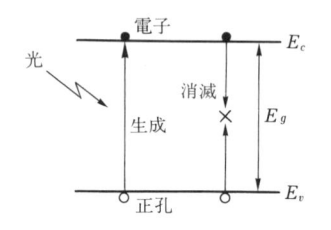

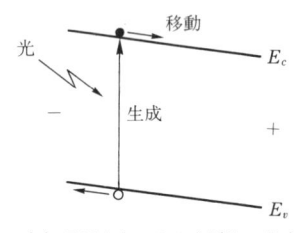

(a) 光吸収によるキャリアの励起 (b) 電界印加による光電流の発生

図 9.7 光導電効果

光が照射されていない暗状態では，外部電圧 V が印加されている半導体を流れる電流 I_d は次式で表せる．

$$I_d = e(n_d\mu_n + p_d\mu_p)\frac{S}{l}V \tag{9.8}$$

ここで，n_d, p_d は暗状態での電子密度および正孔密度，S と l はそれぞれ半導体の断面積と長さを示している．とくに

$$\sigma = e(n_d\mu_n + p_d\mu_p) \tag{9.9}$$

は**暗導電率** (dark conductivity) とよばれている．

光照射により電子密度が Δn，正孔密度が Δp だけ増加したとすると，導電率は

$$\Delta\sigma = e(\Delta n\mu_n + \Delta p\mu_p) \tag{9.10}$$

だけ増加する．以下で Δn および Δp を求める．

光が半導体で一様に吸収され，定常的に単位体積，単位時間当たり g の電子正孔対が生成されているとすると

$$\frac{\partial \Delta n}{\partial t} = -\frac{\Delta n}{\tau_n} + g \tag{9.11}$$

が成り立つ．定常状態であるから，$\partial \Delta n/\partial t = 0$ より

$$\Delta n = g\tau_n \tag{9.12}$$

が得られる．正孔についても同様に考え

$$\Delta\sigma = eg(\mu_n\tau_n + \mu_p\tau_p) \tag{9.13}$$

が得られる．

ここで簡単のために，電子のみが光伝導に寄与するとする[*1]．光照射による光電流の増加分 I_p は

$$I_p = \Delta\sigma \frac{S}{l}V = eg\mu_n\tau_n\frac{S}{l}V = eN\mu_n\tau_n\frac{V}{l^2} = eNG \tag{9.14}$$

となる．ここで，$N \equiv glS$ で，N は半導体全体で作られているキャリア数を表している．また

$$G \equiv \mu_n\tau_n\frac{V}{l^2} = \frac{\tau_n}{t_0} \quad \text{ただし}, t_0 = \frac{l^2}{\mu_n V} \tag{9.15}$$

印加電界が V/l であるので，キャリアの平均ドリフト速度は $\mu_n V/l$ で表される．t_0 は速度 $\mu_n V/l$ のキャリアが半導体の長さ l を横切るのに要する時間を表している．G を**利得係数** (gain factor) とよんでいる．利得係数を大きくし光電流を大きくするには，半導体中のトラップ密度を低減するなどして，励起されたキャリアの寿命をできるだけ長くし，一方で，高電界を印加してキャリアが電極間を移動するのに要する時間を短くすればよい．

光強度が弱い場合は，式 (9.12) で表せるように，キャリアの増分は g に，すなわち光強度に比例する．光強度 B が大きくなると，$I_p \propto B^\gamma$, $0.5 < \gamma < 1$ の関係をとることが知られている．(演習 9.4 参照)

以上述べてきた光伝導は価電子帯から導電帯への電子の励起によっているので，**真性光導電効果** (intrinsic photoconduction) という．一方，図 9.8 に示すよ

[*1] 一般に，正孔の方が電子に比べて移動度が小さく，寿命が短い．

うに，光吸収によりドナーから電子が，またはアクセプタから正孔が放出されて光導電が起こる場合がある．これを**外因性光導電** (extrinsic photoconduction) といい，真性形光導電よりも長波長で光吸収が起こる．通常，室温付近ではドナーやアクセプタはイオン化されており，外因性光導電を観測するためには低温にしなければならない．

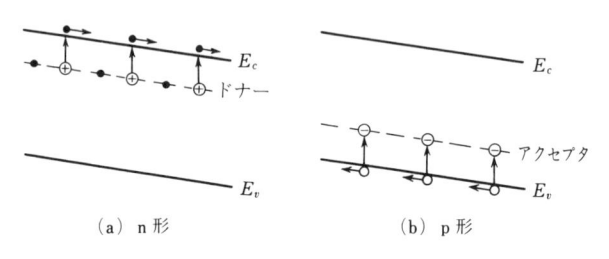

(a) n形 (b) p形

図 9.8 外因性光導電効果

[例題 9.2] 抵抗率 5×10^{-2} Ωm の n 形 Si がある．$\mu_n = 0.16$ m²/Vs，$\mu_p = 0.045$ m²/Vs とする．
(1) 光を照射して帯間遷移により，5×10^{20} m^{-3} の電子正孔対が生成された場合の抵抗率を求めよ．
(2) この Si を用いて，長さ 1 mm，幅 1 mm，厚さ 0.1 mm の光導電セルを作り，これの厚さ方向に 10V の電圧を加える．光照射によって 10^{22} m^{-3}s^{-1} の電子正孔対が生成されたときの利得係数 G と光電流 I_p を求めよ．電子，正孔とも寿命を 10^{-5}s とする．

(**解**) (1) $g\tau_n = g\tau_p = 5 \times 10^{20}$ m^{-3}．式 (9.13) より，$\Delta\sigma = 1.60 \times 10^{-19} \cdot 5 \times 10^{20}(0.16 + 0.045) = 16.4$ Sm^{-1}．暗導電率は $1/5 \times 10^{-2} = 20$ Sm^{-1}．よって，光照射時の導電率は，$16.4 + 20 = 36.4$ Sm^{-1} となる．抵抗率としては，2.7×10^{-2} Ωm．
(2) 式 (9.15) より，$G = (0.16 + 0.045)10^{-5} \cdot 10/(10^{-4})^2 = 2050$．式 (9.14) より，$I_p = 1.60 \times 10^{-19} \cdot 10^{22}(0.16 + 0.045)10^{-5} \cdot 10^{-3} \cdot 10^{-3} \cdot 10/10^{-4} = 3.3 \times 10^{-4}$A となる．

9.2.2 光起電効果

pn 接合のように内部電界が生じている場合は，光照射で生成されたキャリアがこの内部電界により分離され，外部に取り出すことが可能になる．図 9.9 で

9.2 半導体の光電的性質

pn 接合に光を照射すると，生成されたキャリアは pn 接合の空乏層端まで拡散して行く．空乏層の電界により電子は n 側へ，正孔は p 側へ分離される．この結果，n 形側には電子が，p 形側には正孔が集まって起電力を生じる．この現象を光起電効果とい

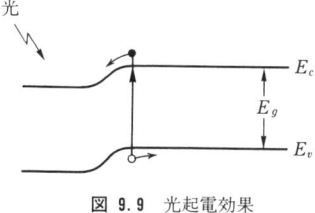

図 9.9 光起電効果

う*1．この効果を用いて発電する半導体素子を**太陽電池** (solar cell) という．また，この効果を用いて光検出器が作られている．

理想 pn 接合の暗時の電流-電圧特性は，式 (3.23) で求めたように

$$I_d = I_0 \left\{ \exp\left(\frac{eV}{kT}\right) - 1 \right\} \tag{9.16}$$

で表される．I_d の d は暗時 (dark) を，I_0 は逆方向飽和電流を表している．光を照射すると光電流 I_p が pn 接合を流れる電流に重畳する．図 9.9 に示すように光電流の向きは，順方向バイアス時の電流の向きと逆であるので，外部回路を流れる電流は

$$I = I_d - I_p = I_0 \left\{ \exp\left(\frac{eV}{kT}\right) - 1 \right\} - I_p \tag{9.17}$$

で表され，電流-電圧特性は図 9.10 のようになる．光照射時の特性は暗時のものが $-I_p$ だけ平行移動したものになっている．

電圧軸との交点を**開放電圧** (open circuit voltage)V_{oc}，電流軸との交点を**短絡電流** (short circuit current)I_{sc} という．開放電圧は，式 (9.17) で $I=0$, $V=V_{oc}$ と置くことにより

$$V_{oc} = \frac{kT}{e} \ln\left(1 + \frac{I_p}{I_0}\right) \tag{9.18}$$

---

*1 内部電界が存在しない場合でも，半導体表面でのみ光が吸収され，電子正孔対が形成される条件のとき，電子の拡散が正孔の拡散より速いことから起電力が発生することがある．これをデンバー (Dember) 効果という．

と求まる．短絡電流 I_{sc} は，光によって生成される電子正孔対の数に比例しているので，光強度に比例する．一方，開放電圧は式 (9.18) に従い，図 9.11 に示すように光強度に対して飽和傾向がある．

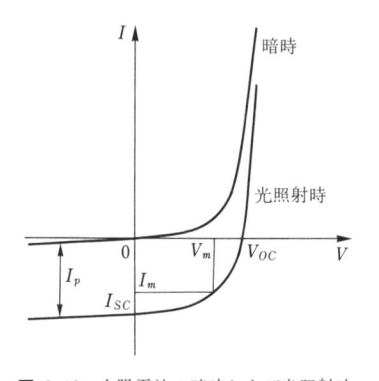

図 9.10 太陽電池の暗時および光照射時の電流-電圧特性

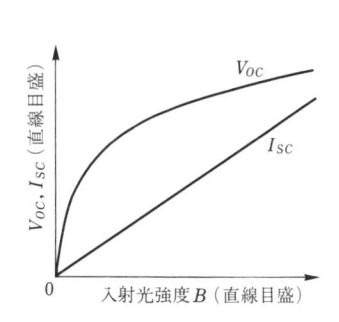

図 9.11 開放電圧および短絡電流の入射光強度依存性

9.3 太陽電池

図 9.10 において，光照射状態での電流-電圧特性の第 4 象限が発電特性となる．電池としては，取り出す電流にかかわらず電圧が一定であることが望ましいが，実際には取り出す電流が大きくなると電圧が低下する．電力は電圧と電流の積であるから，最大の電力を取り出せる電圧値 V_m と電流値 I_m がある．すなわち最大電力を取り出すための最適負荷抵抗 $R_L = V_m/I_m$ が存在する．最大電力 $P_{\max}$ は，

$$P_{\max} = V_m I_m = V_{oc} I_{sc} FF \tag{9.19}$$

と表す．FF は**曲線因子** (fill factor) とよんでいる．FF は実際の pn 接合に現れる直列抵抗や並列抵抗によって決まる．

太陽電池の最大エネルギー**変換効率** (conversion efficiency)η は

9.3 太陽電池

$$\eta \equiv \frac{V_m I_m}{P_{in}} = \frac{V_{oc} I_{sc} FF}{P_{in}} \tag{9.20}$$

で与えられる．P_{in} は入射光のエネルギーである．

[**例題 9.3**] 受光部の面積 5 cm^2 の太陽電池に，太陽の放射エネルギー 850 W/m^2 を照射したとき，最適負荷抵抗 3 Ω のもとで，最大出力を与える電流は 120 mA であった．この太陽電池の変換効率を求めよ．

(**解**) 入射光エネルギー $5 \times 10^{-4} \cdot 850 = 0.425$ W，出力エネルギー $(120 \times 10^{-3})^2 \cdot 3 = 0.0432$ W，変換効率 10.2%．

太陽光は図 9.12 に示すようなスペクトルを示す．AM0, AM1 は **AM 数** (air mass number) といい，AM に続く数字は天頂と太陽のなす角の secant を表し，大気による太陽光の吸収の影響を表す指標である．つまり，AM1 は天頂に太陽がある場合，AM2 は天頂と太陽が 60° をなす場合の地上での太陽光スペクトルを表す．AM0 は大気圏外での太陽光スペクトルを表している．

図 9.13 のように，この太陽光スペクトルに対して種々の半導体を用いたときに期待される変換効率が計算されている．1.5 eV 付近の禁制帯幅をもつ半導体を使えば変換効率は最大となる．しかし，変換効率は，禁制帯幅だけでなく，移動度，少数キャリアの寿命などに大きく影響さ

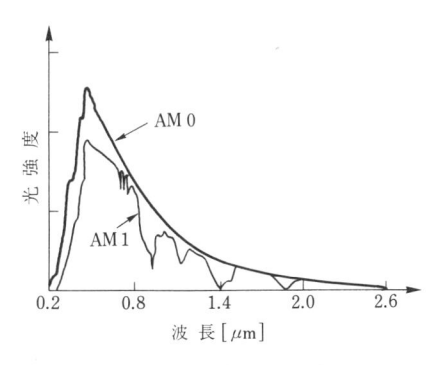

図 9.12 太陽光のスペクトル

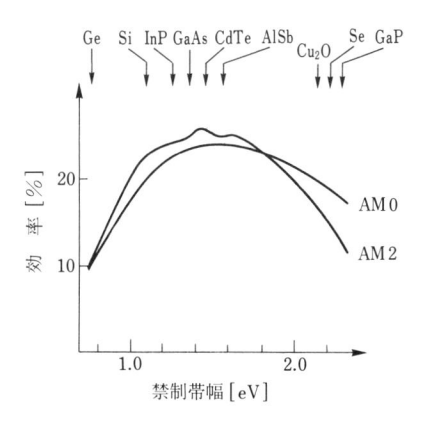

図 9.13 変換効率と禁制帯幅の関係（計算値）

れる．現在のところ Si が太陽電池の中心的役割を果たしている．単結晶 Si だけでなく，製造コストを低減するために多結晶 Si を材料とする太陽電池も広く使われている．GaAs や InP などを使えば Si より変換効率の上昇が期待でき，宇宙用など特殊用途に用いられる．

Si 太陽電池の効率を増大させるために，**BSF**(back surface field) 構造とよばれる図 9.14 のような構造をとる．実際の太陽電池用 pn 接合では，少数キャリアの拡散距離が空乏層幅よりはるかに大きくなっている．この場合，空乏層外で発生したキャリアのうち空乏層まで拡散により到達したキャリアによる光電流が，空乏層内で生成したキャリアによる光電流よりはるかに多くなる．すなわち，光電流を大きくし変換効率を大きくするためには，空乏層外で発生したキャリアをいかに効率よく空乏層まで拡散さ

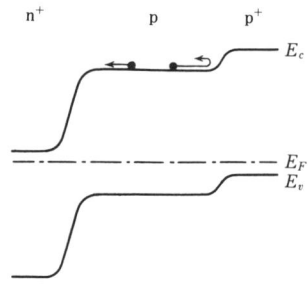

図 9.14 BSF 構造太陽電池

せるかが問題となる．BSF 構造では，裏面電極側にアクセプタ濃度の大きい p^+ 層を形成し，隣接した p 層で生成した電子で裏面電極側に向かって拡散する電子が裏面電極に到達し再結合により消滅しないようにしている．この他，太陽電池の表面に凹凸をつけ，太陽電池の表面で反射する光を小さくし，できるだけ多くの光を太陽電池内部に入射するように工夫されている．

非晶質（アモルファス）Si の太陽電池が，電卓など小形電子機器の電源として広く用いられている．非晶質 Si は禁制帯幅が 1.7 eV 程度で，図 9.13 の変換効率の面から太陽電池に向いている．非晶質 Si で pn 接合を形成すると，非晶質 Si に多く存在する局在準位のために整流性が良くない．このため，pin 構造にして整流特性を向上させ，太陽電池に応用している．また，光の入射側である p 層に，非晶質 Si より禁制帯幅の大きい非晶質 Si_xC_{1-x} を用い，i 層に光が十分到達するように工夫されている．非晶質 Si 太陽電池は，製造コストが単結晶 Si や多結晶 Si のそれに比べて安価であることが魅力であるが，変換効率はやや劣る．また，長期間の使用による変換効率の低下が問題となっている．

9.4 光検出器

9.4.1 光導電セル

光導電現象を用いた光検出器に**光導電セル** (photoconductive cell) がある．真性光導電を利用するものとして，可視光用に CdS, CdSe，赤外線用に PbS, PbSe, InSb, CdHgTe などがある．Si や Ge に不純物を添加し，外因性光導電現象を利用した赤外線用のものもある．代表的な光導電セルが用いられる波長範囲を図 9.15 に示す．光導電セルでは，図 9.16(a) に示すように，キャリアの分離に外部電界のみを用いている．

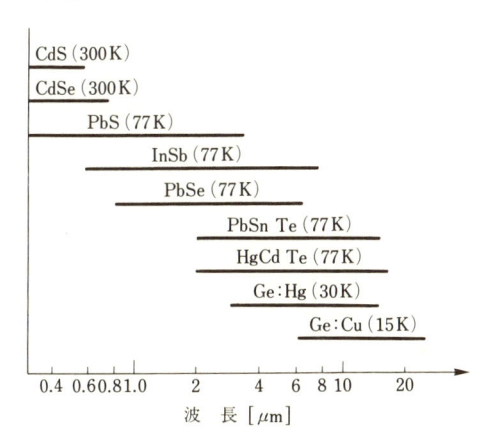

図 9.15 各光導電セルが用いられる波長範囲

(a) 光導電セル　(b) pn ホトダイオード　(c) pin ホトダイオード

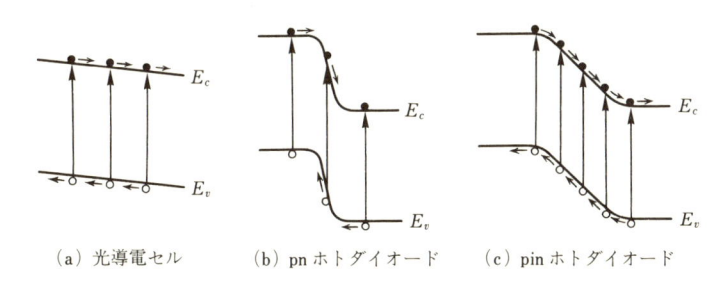

図 9.16 各種光検出器におけるキャリアの分離機構

9.4.2 ホトダイオード

(1) pn ホトダイオード

pn 接合を逆バイアス状態にすると，光を照射しない場合は，逆方向飽和電流すなわち暗電流が流れている．半導体の禁制帯幅以上のエネルギーをもつ光を照射すると，電子正孔対が生成される．図 9.16(b) に示すように空乏層の電界により，電子は n 形側に，正孔は p 形側に分離される．これが式 (9.17) における I_p として，暗電流に加わる．

pn 接合の応答速度を早めるためには，空乏層を狭くし，キャリアの走行時間を短くする必要がある．また，逆バイアス電圧を増加すると空乏層に印加される電界が増大して，走行時間が短くなり，pn 接合の応答速度を早めることができる．逆バイアス電圧の増加は空乏層容量の低下をもたらして，電気回路における CR 時定数の減少につながり，応答速度を早める．一方，空乏層が狭くなると，空乏層で生成されるキャリアの数が減少し，感度の低下につながる．また，光照射により空乏層の外側で生成される電子正孔対が無視できず，これらのキャリアは拡散で移動するため，応答速度を遅くしてしまう．

(2) pin ホトダイオード

pin 形のホトダイオードは，i 層（真性半導体層）を用いて空乏層幅を調節し，感度と応答速度を最適にして，高速化できるようにしたものである．検出しようとする光の波長での半導体の吸収係数を α とすると，表面から α^{-1} 程度まで電界が印加されるように i 層の厚さを設計しておく．生成された電子正孔対の大部分は，図 9.16(c) に示すように空乏層 (i 層) の内部電界でドリフトにより移動する．i 層があるので高電圧が印加でき空乏層内を走行する時間を短くできる．これらのことから高速応答が実現できる．また，i 層の存在により空乏層容量が小さくできる．

(3) アバランシェホトダイオード

pin ダイオードへの印加電圧を増大すると，p 領域から i 領域に注入された電子が i 領域中の高電界で加速され，なだれ破壊が引き起こされて，電流が急激に増大する．このなだれ破壊のきっかけになるキャリアの生成を，光照射によって引き起こす素子を**アバランシェホトダイオード** (avalanche photodiode,

APD) といい，図 9.17 に示すような不純物濃度分布をもっている．素子にはなだれ破壊が起こる寸前の逆バイアス電圧を印加しておく．光照射により電子正孔対が生成され，なだれ破壊が発生する．アバランシェホトダイオードではキャリアが飽和速度[*1]で走行しているので高速動作が可能となる．また，素子内部でキャリアの増倍効果があるので高感度が可能である．ただし，増倍係数 M を大きくしすぎると雑音が大きくなることが問題となる．

9.4.3 ホトトランジスタ

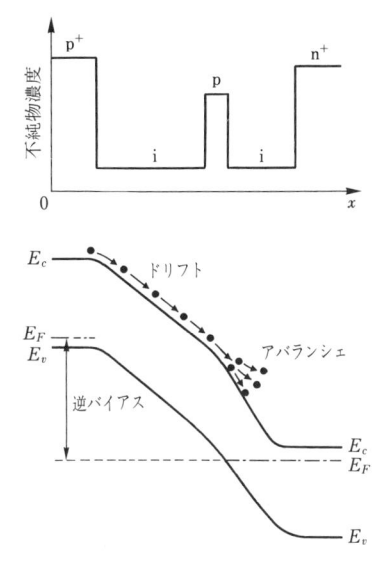

図 9.17 アバランシェホトダイオード

pnp または npn のトランジスタ構造を光検出器に用いると高感度化できる．この光検出器を**ホトトランジスタ** (phototransistor) という．図 9.18 に npn 形の例を示すように，エミッタ–コレクタ間に，エミッタ接合は順バイアス，コレクタ接合は逆バイアスとなるように電圧を印加する．暗状態では，通常のトランジスタにおいてベース電流が 0 の場合と同じように，エミッタ–コレクタ間にはほとんど電流は流れない．光照射によりベース領域およびコレクタ接合で生成された電子正孔対のうち，電子はコレクタ接合を通過し電流となるが，正孔はコレクタ接合とエミッタ接合がともに障壁となるため，ベース領域に留まる．正孔が留まることによりベース領域では正電荷が過剰となり，図中点線で示すように，導電帯の底および価電子帯の頂上が下がる．その結果，エミッタ接合の電子に対する障壁が減少して，エミッタからベースに電子が

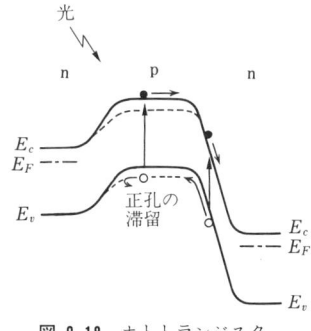

図 9.18 ホトトランジスタ

[*1] キャリアのドリフト速度は，低い電界では電界に比例するが，高い電界になると飽和することが知られている．

注入され，コレクタ電流の増大につながる．エミッタ接合から注入される電子の量は，エミッタ接合に印加される電圧に対して指数関数的に変化するので，わずかな過剰正孔で大きなコレクタ電流が流れることになる．すなわち，ホトトランジスタでは，光電流がエミッタ接地回路のベース電流の役割を果たしており，光電流がトランジスタ動作によりコレクタ電流として大きく増幅される．

演習

9.1 例題 9.1 について次のものを求めよ．
(1) 半導体に吸収される光強度 I_A，(2) $\alpha = 0$ のときの透過率と反射率．

9.2 厚さ 0.5 mm の Si 板に波長 500 nm，強度 500 W/m^2 の光を照射した．波長 500 nm における Si の反射率 0.59，光吸収係数を 1.8×10^6 m^{-1} とする．(1) Si への光の侵入深さを求めよ．(2) 単位時間，単位面積当たりの電子正孔対生成率 g を求めよ．

9.3 受光部の面積 10 cm^2 の太陽電池に，太陽の放射エネルギー 850 W/m^2 を照射したとき，最適負荷抵抗 1.8 Ω のもとで，エネルギー変換効率 10% を得た．このときの太陽電池の出力電圧および出力電流を求めよ．

9.4 半導体に非常に強い強度の光を照射したとき，再結合が直接再結合のみになり，また，生成された電子と正孔の密度が平衡状態での多数キャリア密度より大きくなったとする．キャリアの生成消滅は次式で表される．

$$\frac{dn}{dt} = -Cn^2 + g \tag{9.21}$$

このとき，光電流は光強度の平方根に比例することを示せ．

10

発光デバイス

半導体を用いた発光デバイスには，発光ダイオードと半導体レーザがある．前者は近年，高輝度化が進み，単なる豆ランプとしてだけでなく，各種の表示デバイスとして応用範囲が広がっている．半導体レーザは光通信に不可欠であり，現代の通信を支える半導体デバイスである．本章では，半導体の発光現象について触れた後，発光ダイオードと半導体レーザについて紹介する．

10.1 半導体の発光

固体に紫外線，X線，放射線や電子線を照射するなどして外部から刺激を与えることにより，固体が発光する場合がある．この発光を**ルミネセンス** (luminescence) という．ルミネセンスのうち外部からの刺激を止めると，瞬時に発光も終わるものを**蛍光** (fluorescence)，しばらく発光し続けるものを**リン光** (phosphorescence) とよんでいる．ルミネセンスは，この章で述べる発光ダイオードや半導体レーザの他，蛍光灯やブラウン管などで広く活用されている現象である．

半導体のなかでは，前章で述べた基礎吸収により，電子正孔対が生成される．電子正孔対は再結合して熱平衡状態に戻ろうとする．再結合の遷移過程には光の放射を伴う**放射形遷移** (radiative transition) と，光の放射を伴わない**非放射形遷移** (nonradiative transition) がある．非放射形遷移では，最終的に熱の形でエネルギーが放出されてしまう．発光デバイスという観点からは，できるだけ非放射形遷移が少なくなるようにする必要がある．

再結合によって発光するためには，再結合前の電子正孔対と再結合により放

射される光の間で，運動量とエネルギーが保存されている必要がある．光子のエネルギーを $h\nu$ とすると運動量は $h\nu/c$ であり，電子や正孔の運動エネルギーに比べると非常に小さい．このため，再結合に際しては光子のもつ運動量は無視でき，電子と正孔が同じ運動量をもつときに再結合確率が大きくなる．図9.6 (a) で示したように，直接遷移形半導体では，導電帯の底の電子と価電子帯の頂上の正孔が同じ運動量をもつので再結合確率が大きくなり発光が強くなる．

一方，図 9.6 (b) で示した間接遷移形半導体では，導電帯の底の電子と価電子帯の頂上の正孔の運動量が異なるので，運動量保存側が成り立つためにホノンが介在する必要がある．この場合，直接遷移に比べて再結合確率は非常に低い．間接遷移形半導体であっても，適当な不純物を添加すれば，それが放射形の再結合中心となり，発光効率の良い発光が得られることがある．

10.2 発光ダイオード

発光ダイオード (light-emitting diode, LED) は，pn 接合で構成されている．発光ダイオードに順方向電圧を印加することにより，p 形領域に電子が，n 形領域に正孔が注入される．注入された少数キャリアは，熱平衡状態に比べて過剰であるので，多数キャリアと再結合して消滅していく．再結合が放射形遷移であれば，発光が見られる．LED は少数キャリアの注入による発光であるので，**注入形エレクトロルミネセンス** (injection electroluminescence) ともいう．

放射される光の波長は，直接遷移形半導体の場合，禁制帯幅のエネルギーに相当する波長 $\lambda = hc/E_g$ になる．禁制帯幅が狭くなると，それに対応して放射される光の波長が長くなる．間接遷移形半導体の場合は，再結合中心を介しての発光となるので，禁制帯幅のエネルギーに相当する光の波長より長い波長をもつ発光が得られる．

人間の視覚はおおよそ波長 390 nm から 730 nm の範囲の光を感じることができる．図 10.1 に各波長での人間の視覚の感度を示す．555 nm 付近の緑を，最も感度良く感じることができ，これより長波長の赤や，短波長の青で感度が低下する．

代表的な直接遷移形半導体である GaAs は禁制帯幅のエネルギーが室温で

10.2 発光ダイオード

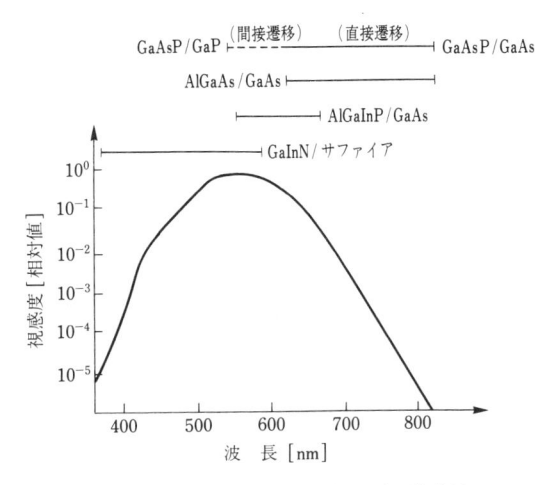

図 10.1 視感度曲線と各材料系の発光可能範囲

1.42 eV (波長 873 nm に相当) であり，高輝度の発光が得られるものの，赤外域での発光ダイオードにしかなり得ない．GaAs と AlAs の混晶である $Al_xGa_{1-x}As$ は，x が大きくなるにしたがって禁制帯幅が大きくなり，赤色での発光が可能になる[*1]．$Al_xGa_{1-x}As$ を用いた発光波長が 650 nm 付近の高輝度 (3 カンデラ (cd)) 赤色発光ダイオードが作られている．

$(Al_xGa_{1-x})_{1-y}In_yP$ では，組成に応じて赤色から橙色 (波長 610 nm 付近)，黄褐色 (590 nm) の発光が得られる[*2]．この材料を用いて，これらの発光色を発する 20 cd 程度の高輝度発光ダイオードが実用化されている．高輝度化のために，10.4.1 項で述べるダブルヘテロ構造を採用している．

[例題 10.1] $(Al_xGa_{1-x})_{0.51}In_{0.49}P$ では，Al の組成 x が大きくなるほど禁制帯幅は大きくなる．x が大きすぎると間接遷移形になってしまう．直接遷移形の範囲で禁制帯幅を 1.91 eV$(x=0)$ から 2.32 eV$(x=0.7)$ まで変化できる．これらの禁制帯幅を光の波長に換算せよ．

(解) 光子はエネルギー $E = h\nu$ をもつ．ここで，h はプランク定数，ν は光の振動数である．さらに，光の波長 λ と光速 c を用いて，$E = hc/\lambda$ が成り立つ．エネルギーが eV 単位

[*1] $Al_xGa_{1-x}As$ で $x > 0.45$ では間接遷移形となる．
[*2] GaAs 基板上に結晶を製作するために，GaAs と格子定数を一致させる必要がある．このため，y は 0.49 とする．

で表されていることを考慮して，$\lambda = hc/eE \approx 1.24 \times 10^{-6}/E$ [m] $= 1.24 \times 10^{3}/E$ [nm] が成り立つ．1.91 eV は 649 nm, 2.32 eV は 534 nm に対応する．

禁制帯幅が 2.26eV の間接遷移形半導体である GaP が発光ダイオード用材料として広く使われてきた．p 形 GaP に発光中心として Zn と O を添加すると赤色発光が得られる．また，GaP に N を添加すると緑色の発光が得られる[*1]．

GaAs と GaP の混晶である $GaAs_{1-x}P_x$ は x が大きくなると禁制帯幅が大きくなる．$x < 0.45$ で直接遷移形で，この組成領域で赤色の発光ダイオードが製作できる．また，$x > 0.45$ の間接遷移形の領域でも N を添加することにより，高輝度化することができる．

GaN は禁制帯幅が 3.44eV の直接遷移形半導体である．GaN 単独では紫外域での発光になるので，禁制帯幅の小さい $Ga_xIn_{1-x}N$ を用い，さらに $Ga_xIn_{1-x}N$ と $Al_yGa_{1-y}N$ の量子井戸構造[*2]を形成し，適当な不純物 (Zn) を添加することで，青色 (470 nm, 2cd) および緑色 (520 nm, 6cd) の発光ダイオードが実用化されている．さらに，$Ga_xIn_{1-x}N$ 発光ダイオードからの光で蛍光材を励起して白色を得る発光ダイオードが実用化されている．

発光ダイオードは，白熱電球などに比べて動作電圧が低く，電流も数〜数十 mA で消費電力が小さく発光効率が良い．また，寿命が長く信頼性が高いという特長をもっている．赤，緑，青の三原色も揃っており，単なる豆ランプとしてではなく，交通信号などの太陽光の下で用いる用途や，平面形の画像表示素子などの用途が広がりつつある．

図 10.1 に各材料での発光可能な波長範囲を[*3]，図 10.2 に代表的

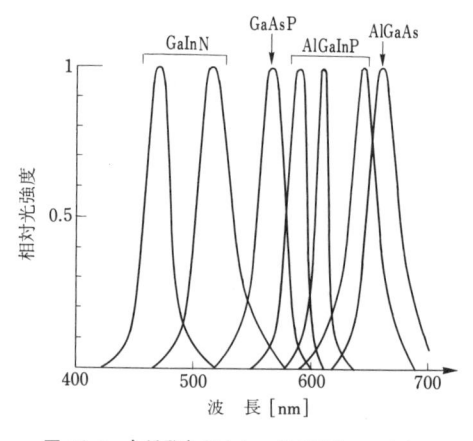

図 10.2 各種発光ダイオードの発光スペクトル

[*1] 添加された N 原子は同じ V 族の P 原子を置換する．この N は等電子トラップとよばれる発光中心を形成する．
[*2] 10.4.3 項参照
[*3] $Al_xGa_{1-x}As$ や $(Al_xGa_{1-x})_{1-y}In_yP$ も間接遷移形になる組成の領域があるが，その領域で実用になる発光ダイオードは製作されていないので，ここではその領域を示していない．

な発光ダイオードの発光スペクトルを示す．

10.3 レーザ

話を単純にするため，しばらく半導体を離れ原子内の電子について考える．離散的なエネルギー準位をもつ原子において，電子が基底状態 E_i から励起状態 E_j へ $(E_j > E_i)$，またはその逆の遷移をするとき，次の3つの過程が考えられる（図 10.3）．

1. **自然放出** (spontaneous emission)：E_j の励起状態にある電子が，振動数 ν_{ji} の電磁波を放出して E_i に移る過程．$E_j - E_i = h\nu_{ji}$ の関係が成り立つ．（図 10.3(a)）
2. **誘導吸収** (stimulated absorption)：E_i の状態にある電子に，振動数 ν_{ji} の電磁波が入射すると，それに誘導されて電子は電磁波のエネルギー $(h\nu_{ji} = E_j - E_i)$ を吸収して，E_i から E_j に遷移する過程．（図 10.3(b)）
3. **誘導放出** (stimulated emission)：誘導吸収とは逆に，振動数 ν_{ji} の電磁波の入射に誘導されて，電子は E_j から E_i の遷移を起こし，入射した電磁波と同じ電磁波を放出する過程．（図 10.3(c)）

入射する電磁波のエネルギー密度を I とすると，誘導吸収の起こる確率は $B_{ij}I$，誘導放出の起こる確率は $B_{ji}I$ で表せ，$B_{ij} = B_{ji}$ であることが知られている．E_i の状態にある電子の数を N_i，E_j の状態の電子の数を N_j とすると，単位時間にこの電子の集まりに吸収されるエネルギー P は

$$P = (N_i - N_j)B_{ij}Ih\nu_{ij} \qquad (10.1)$$

となる．ここで，電子の分布がマクスウェル・ボルツマン分布に従うとすれば

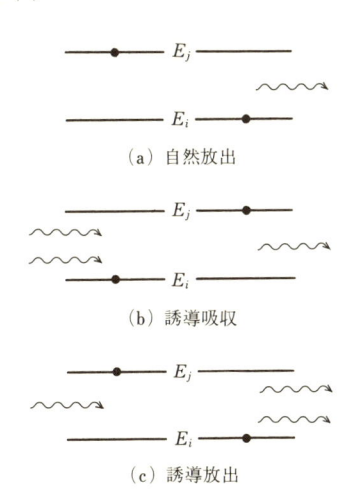

図 10.3 エネルギー準位の遷移の過程

$$N_j = N_i \exp\left(-\frac{E_j - E_i}{kT}\right) \tag{10.2}$$

となる．$E_j > E_i$ であるので $N_j < N_i$ となり，P は正である．これはエネルギーが吸収されることを表している．このことは，すべての物質について，熱平衡状態では，誘導吸収より誘導放出が少なく，物質は電磁波のエネルギーを吸収することを示している．

もし，何らかの方法で $N_j > N_i$ の状態ができれば，P は負となり，入射した電磁波は物質からエネルギーを得て増幅される．このような，エネルギーの高い準位の電子の数が，低い準位の数より多い状態を，熱平衡状態での分布が反転したものと見えるので**反転分布** (inverted population) という．反転分布が起こっている状態は，式 (10.2) で $T<0$ の状態に相当するので，$N_j > N_i$ の条件を**負温度** (negative temperature) の条件ともいう．また，反転分布を作り出す方法を**ポンピング** (pumping) という[*1]．

以上で述べたように，反転分布の状態では物質は電磁波を増幅する．電子回路や制御回路の知識をもとに考えると，増幅機構に適当な正帰還機構を組み合わせると発振器ができる．この発振器が**レーザ** (laser, light amplification by stimulated emission of radiation) である．正帰還作用を起こす最も単純な構造は，図 10.4 に示す平行平面鏡 (M_1, M_2) である．M_1 と M_2 の間の距離 l が

$$l = m\lambda/2n \qquad (m：整数) \tag{10.3}$$

を満たすときに波が共振し定在波ができる．ここで，λ は光の波長，n は媒質の屈折率である．この共振条件が満たされると，雑音程度の微小振動が増幅されて，発振に至る．また，どちらか一方の鏡を半透明にしておけば，レーザ発振のエネルギーの一部を外に取り出せる．平行平面鏡でできた共振器を**ファブリ・ペロー形共振器** (Fabry-Perot cavity) という．共振器として回折格子を用いることもある．レーザ光は単色性が良く，干渉性に優れている．その結

[*1] ポンピングには次の方法がある．(1) 適当な波長の光を照射する光ポンピング．(2) 放電管内に発生した電離気体（プラズマ）内で，加速された電子が原子と衝突して，原子内の電子がポンピングされる方法．(3) 半導体 pn 接合に電流を流す電流ポンピング．このあと述べる半導体レーザで用いられている．

果，レーザ光は非常に鋭い指向性をもっている．このような光を**コヒーレント** (coherent：可干渉性) 光とよぶ．

レーザ発振は，共振器内を1往復した光が減衰しない条件として求められる．反転分布がないとき，光が吸収係数 α の共振器内を1往復すると，$R_1 R_2 \{\exp(-\alpha l)\}^2$ だけ減衰する[*1]．ここで，R_1, R_2 は平面鏡 M_1, M_2 での反射率である．反転分布による増幅効果を単位長さ当たりの**利得** (gain) g で表すと，共振器を1往復した光が減衰しない条件は，

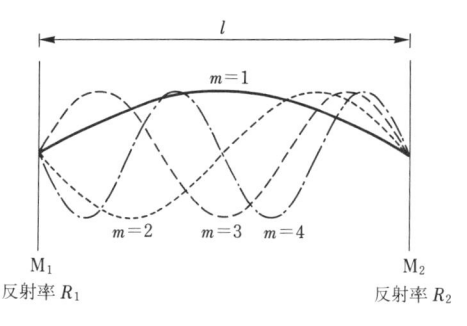

$$R_1 R_2 \left[\exp\{(g-\alpha)l\}\right]^2 = 1 \tag{10.4}$$

で表される．これより，

$$g = \alpha + \frac{1}{2l} \ln \frac{1}{R_1 R_2} \tag{10.5}$$

がレーザ発振を得るための**しきい値利得**である．

10.4　半導体レーザ

10.4.1　構　造

半導体レーザの基本構造は，図 10.5 に示す直接遷移形の半導体の pn 接合で，接合面に垂直な両面を平行な鏡面に仕上げた構造である．レーザ発振させるために，この pn 接合に順方向電流を流す．順方向電流が小さい間は発光ダイオードと同じように，図 10.6(a) に示すように，比較的幅広い波長域にわたって発光スペクトルを示す（自然放出）．

[*1] 例題 9.1 参照

大きな電流を流すことにより，大量の少数キャリアが注入され，空乏層内での電子と正孔の密度が高くなって，反転分布が形成される．自然放出で生成された光子は，反転分布状態の半導体結晶内を進むうちに，誘導放出を引き起こし光子を増殖させる場合（利得）と，結晶欠陥や電子と衝突して，進行方向が変わったり吸収されてしまう場合（損失）がある．レーザ構造全体として利得が損失を上回るようになると，共振器の正帰還作用によりレーザ発振に至り，同じ位相をもつ光だけが強調されて発光スペクトルは非常に鋭くなる．しきい値利得条件を満足し，レーザ発振の始まる電流密度を**発振開始電流**，または**しきい値電流** (threshold current) という（図 10.6(b) 参照）．

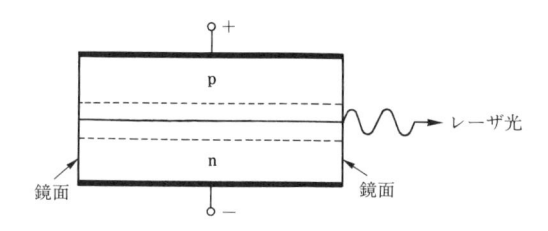

図 10.5 半導体レーザの基本構造

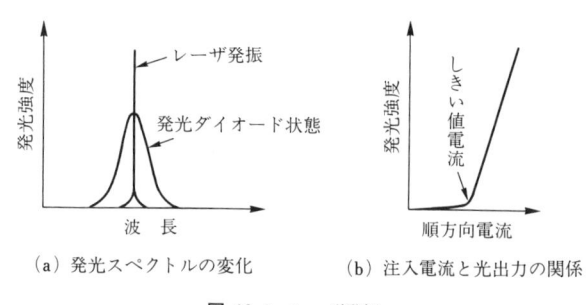

(a) 発光スペクトルの変化　(b) 注入電流と光出力の関係

図 10.6 レーザ発振

半導体レーザを実用可能にするためには，しきい値電流を十分低いものにする必要がある．しかし，単純な pn 接合では一般にしきい値電流は非常に大きなものとなり[*1]，大電流による発熱で pn 接合ダイオードは破壊される．このため，単純な pn 接合でレーザ発振をさせる場合は，パルス電流による動作か，低温（例えば液体窒素温度：77 K）での動作になってしまう．

[*1] GaAs を用いた pn 接合では，電流密度にして 10^9A/m^2 にも達する．

しきい値電流を小さくするための最も基本的な構造に，**ダブルヘテロ** (double hetero, DH) **構造**がある．図 10.7 に $Al_xGa_{1-x}As/GaAs$ ダブルヘテロ構造レーザのエネルギー帯図，屈折率の位置分布を示す．GaAs 領域を**活性層** (active layer)，両側の $Al_xGa_{1-x}As$ 領域を**クラッド層** (clad layer) とよぶ．DH 構造では，n 形 $Al_xGa_{1-x}As$ から p 形 GaAs に注入された電子は，p 形 GaAs と p 形 $Al_xGa_{1-x}As$ のヘテロ接合で形成された導電帯側のポテンシャル障壁によって，p 形 $Al_xGa_{1-x}As$ 領域への移動を押し止められる．p 形 $Al_xGa_{1-x}As$ から p 形 GaAs に注入された正孔についても，価電子帯側に形成されたポテンシャル障壁により p 形 GaAs 内に滞留し，**キャリア閉じ込め** (carrier confinement) ができる．

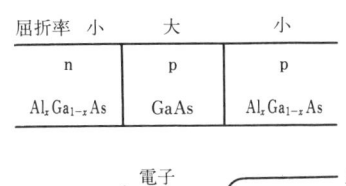

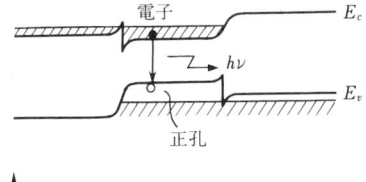

図 10.7 $Al_xGa_{1-x}As/GaAs$ ダブルヘテロ構造レーザ

さらに，DH 構造では，GaAs 領域の屈折率が両側の $Al_xGa_{1-x}As$ のそれに比べて大きいので，発生した光が GaAs 領域内に閉じ込められ，しきい値電流の低減につながる．この現象を**光閉じ込め** (light confinement) とよぶ．以上の 2 つの効果によって DH 構造におけるしきい値電流は大きく低減され，半導体レーザの室温での連続発振が可能となった．

10.4.2 発振波長

レーザの発振波長は，誘導放出に関与する準位のエネルギー差でほぼ決まる．原子や分子を用いたレーザでは，原子や分子に固有なレーザ光を発する．半導体において，発光波長はまず禁制帯幅によって決まる．$Ga_xIn_{1-x}As_yP_{1-y}$[*1]の組成 (x および y) を変化させて，DH 構造を製作すると，波長 1.2 から 1.67 μm で発光する赤外レーザが得られる．とくに，波長 1.3 および 1.55 μm の光[*2]を

[*1] 格子定数が一致する InP 基板上に製作されている．
[*2] ともに石英製の光ファイバーが実用上重要な特性を示す波長領域．1.3 μm:波長が多少変わっても，光の伝搬速度が変化しない領域，1.55 μm:光の伝送損が最小になる領域．

用いたものが光通信用に実用化されている．$Al_xGa_{1-x}As/GaAs/Al_xGa_{1-x}As$ を用いた DH 構造レーザでは，活性層を GaAs から $Al_yGa_{1-y}As$ に置き換えることにより，0.8 から 0.7 μm 帯で発光するレーザが実用化されている[*1]．特に，0.78 μm の発光波長をもつレーザは，光ディスク（コンパクトディスクなど）用のレーザとして広く普及している．$(Al_xGa_{1-x})_yIn_{1-y}P$ の組成を変化させて DH 構造を製作し，0.6 μm 帯の赤色レーザが実用化されている[*2]．$Al_xGa_yIn_{1-x-y}N$ を用いた DH 構造レーザで近紫外から青色の領域で室温連続発振しており，波長 400 nm のレーザが実用化されている[*3]．また，$Zn_{1-x}Mg_xSe_{1-y}S_y$ や $Cd_{1-x}Zn_xSe_{1-y}S_y$ などが青色から緑色のレーザ用材料として研究されている．

半導体では図 10.8 に示すように，電子および正孔のエネルギーが幅をもっているので，遷移できるエネルギーには広がりがある．とくに，DH 構造では，活性層内に電子と正孔が滞留するので，この傾向は強くなる．このため，発光可能な波長幅は 40 nm にも及ぶことがある．

レーザ発振が起こると，式 (10.3) を満たす波長で発光する．整数 m が 1 だけ異なっても，λ はわずかしか変化しない（演習 10.2 参照）．このため，複数の m の値に対応する波長でしきい値利得以上の利得が得られることがあり，複数の波長（多モード）で発光することになる．この場合，図 10.9(a) に示すように波長の異なるモードを**縦モード** (longitudinal mode) という．半導体レーザの用途によっては，あえて多モードを用いたり，また逆に，図 10.9(b) のような単一モードでしかも発振波長の厳格な制御を行ったりする．

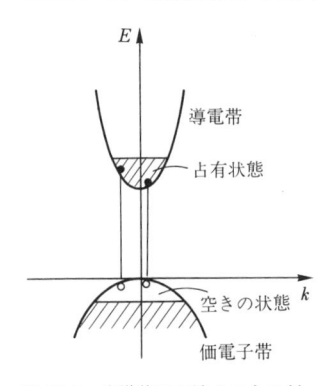

図 10.8 半導体におけるエネルギー準位と遷移

[*1] 格子定数が一致する GaAs 基板が用いられる．
[*2] 格子定数が一致する基板として GaAs が用いられている．
[*3] 現在のところ，$Al_xGa_yIn_{1-x-y}N$ とは格子定数が大きく異なるサファイヤを基板としている．

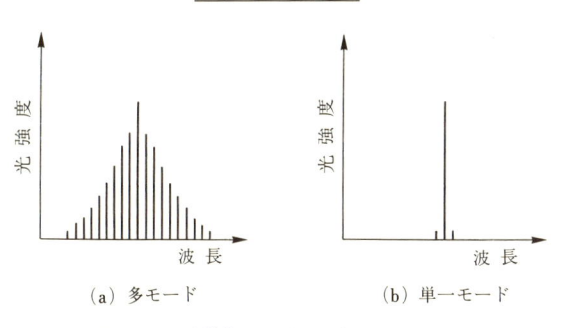

図 10.9 半導体レーザの発光スペクトル

10.4.3 種々の半導体レーザ

(1) 屈折率導波形レーザ

レーザ光の伝搬方向に垂直な方向で，レーザ光は種々のビーム形状をとる．この形状を**横モード** (transverse mode) という．図 10.10(a) に示すレーザでは，絶縁層によって電流の流れる部分が狭窄されており，これにより生ずる利得の位置分布が導波路を形成している．このため，図 10.10(a) のものを利得導波形レーザという．このレーザでは，電流の変化による利得の変化が，導波路の特性を変化させることになり，横モードが不安定になる場合がある．これに対して，図 10.10(b) のように横方向に屈折率の小さい材料を用いて，光閉じ込め構造を作り，横モードを制御するレーザがある．これを屈折率導波形レーザという．

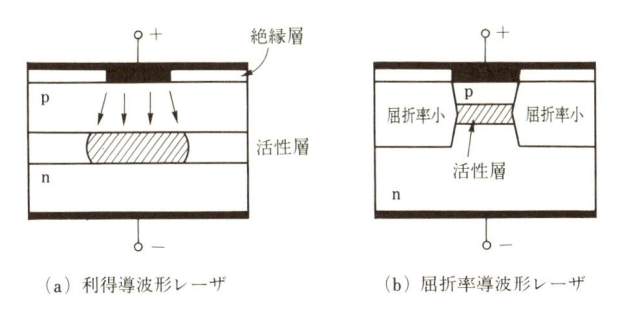

図 10.10 横モード制御

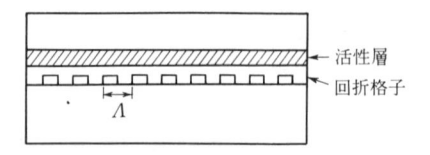

(2) 分布帰還形レーザ

一対の平行反射鏡を共振器とする半導体レーザのほかに,回折格子を共振器に用いるものがある.このようなレーザのうち,回折格子が活性層に沿って形成されているものを**分布帰還形** (distributed feedback, DFB) レーザ (図 10.11 参照) という.DFB レーザでは,製作された回折格子についてのブラグ条件 (例題 10.2 参照)

$$\lambda_B = \frac{2n_{eq}\Lambda}{m} \tag{10.6}$$

を満たす波長 λ_B の光のみが,レーザ内を伝搬する.ここで n_{eq} は回折格子の実効的な屈折率,m は回折の次数,Λ は回折格子の周期である.式 (10.3) の共振器長 l に対して,$l \gg \Lambda$ であるので,[式 (10.3) の m] $\gg$ [式 (10.6) の m] となる.式 (10.6) では,m はかなり小さな値となり,m が 1 ずれると,共振波長 (式 (10.6) での λ_B) が大きく変化し,利得のない波長になってしまう.このため,ファブリ・ペロー形のレーザとは異なり,縦モードの発生が抑えられ,単一波長での発振が可能になる.

[例題 10.2] 図 10.12 のような半透明の非常に薄い鏡が間隔 Λ で並んでいる.角度 θ で波長 λ_0 の光が入射するとき,各鏡からの反射光が強め合うように干渉する条件を求めよ.

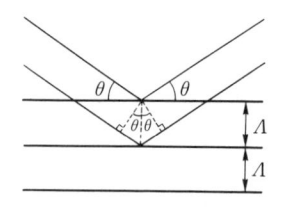

図 10.12 ブラグ条件の導出

(解) 隣り合う鏡からの反射光の間で光路差は $2d\sin\theta$ となる.この光路差が光の波長の整数倍に等しいときに反射光は強め合う.よって,次式が成り立つ.

$$2\Lambda\sin\theta = m\lambda_0 \quad (m = 1, 2, \cdots) \tag{10.7}$$

同じ振動数の光について，回折格子内の波長 λ_0 と空気中での波長 λ_B の間には，$n_{eq}\lambda_0 = \lambda_B$ の関係がある[*1]．これを式 (10.7) に代入し $\theta = 90°$ としたものが，式 (10.6) にあたる．

(3) 量子井戸レーザ

禁制帯幅の異なる 2 種類の半導体を用いることで，図 10.13(a) に示すような量子井戸が形成できる．この量子井戸の価電子帯側と導電帯側の量子準位間の遷移を用いたレーザを量子井戸レーザという．このレーザではしきい値電流が小さくでき，また，しきい値電流が周囲温度の変化に対して安定であるという特長をもつ．また，高速変調時の特性に優れ，実用上重要なレーザである．

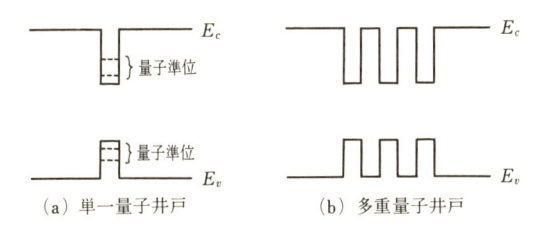

図 10.13 量子井戸

単一量子井戸の井戸層の厚みは 10 nm 程度と非常に薄いので，光を量子井戸付近に十分に閉じ込めることはできない．光閉じ込めを促進するために，図 10.13(b) のように量子井戸をいくつも並べた**多重量子井戸** (multi quantum well: MQW) 構造がある[*2]．

(4) 面発光レーザ

二次元的に並べて集積化することができる半導体レーザとして，図 10.14 に示すような，半導体基板に垂直方向に光を出射する**面発光** (surface emitting) レーザがある．これには，共振器が図 10.14(a) のように基板に垂直に形成された垂直共振器面発光レーザと，通常の半導体レーザの光出射面の前に 45° 反射鏡をつけたもの（図 10.14(b)）がある[*3]．面発光レーザは，二次元アレイにして，大出力半導体レーザや大容量並列光伝送に応用する試みがなされている．

[*1] $\lambda = c/\nu n$ を用いた．λ:波長，c:光速，ν:振動数，n:屈折率．
[*2] このほか，量子井戸を屈折率が小さい半導体で挟んだ分離閉じ込め構造 (separate confinement heterostructure: SCH) で光閉じ込めを促進する方法がある．
[*3] 45° 反射鏡の代わりに回折格子を用いたものや，共振器そのものが 45° 曲がっているものもある．

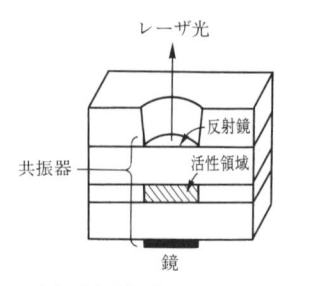

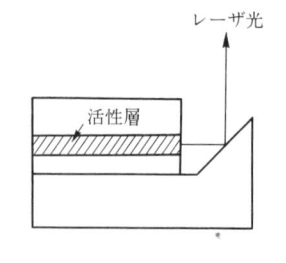

(a) 垂直共振器面発光レーザ　　(b) 45°反射鏡を用いた面発光レーザ

図 10.14　面発光レーザ

演 習

10.1 GaAs の禁制帯幅は 1.42 eV，GaP のそれは 2.26 eV，GaN のそれは 3.44 eV である．これらの値を光の波長に換算せよ．

10.2 式 (10.3) から，縦モードの間隔を，共振器長 l，波長 λ，屈折率 n で表せ．また，共振器長 0.2 mm の GaAs レーザの縦モードの間隔を求めよ．ただし，GaAs レーザの屈折率は 3.6，波長は 860 nm とする．

10.3 活性層に効率よく電流を流すために，図 10.15 のようなレーザ構造をとることがある．(1) 活性層に効率良く電流が流せる理由を述べよ．(2) この構造では寄生 pnpn 素子ができている．この pnpn 素子をオンしないための工夫として考えられることを述べよ．

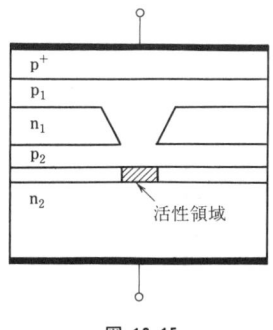

図 10.15

演習解答

1.1 図 1.3(a) より，原子の並び方は図 1 のようになっている．図中，5 個の原子は同一平面上にあり，a は格子定数である．これより，原子間隔は $\sqrt{(a/4)^2 + (\sqrt{2}a/4)^2} = \sqrt{3}a/4$ となる．Si の格子定数 $a = 0.543$ nm より，原子間隔は 0.235 nm．

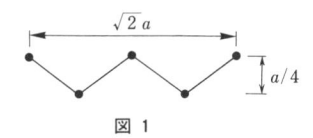

図 1

1.2 例題 1.1 の結果で，$\varepsilon_r = 1$ として，$r = (\varepsilon_0 h^2/\pi m e^2)n^2 = 5.29 \times 10^{-11} n^2$ m．$n = 1$ のとき，$r = 5.29 \times 10^{-2}$ nm．$n = 2$ のとき，$r = 0.212$ nm．$n = 3$ のとき，$r = 0.476$ nm．

1.3 式 (1.13) より，$E - E_F = kT \ln(1/F - 1)$．77 K の場合，$kT = 1.38 \times 10^{-23} \cdot 77/1.60 \times 10^{-19} = 6.6 \times 10^{-3}$ eV なので，$F = 0.1$ となるのは $E - E_F = 0.015$ eV，すなわちフェルミ準位より 0.015 eV 上のエネルギー位置．$F = 0.9$ となるのは $E - E_F = -0.015$，すなわちフェルミ準位より 0.015 eV 下のエネルギー位置．300 K で $kT = 0.026$ eV なので，$F = 0.1$ となるのは $E - E_F = 0.057$ eV，$F = 0.9$ となるのは $E - E_F = -0.057$ eV．500 K で $kT = 0.043$ eV なので，$F = 0.1$ となるのは $E - E_F = 0.094$ eV，$F = 0.9$ となるのは $E - E_F = -0.094$ eV．

1.4 $E_v = 0$ として式 (1.27) より，77 K のとき $E_F = (2+0)/2 + 3 \cdot (6.6 \times 10^{-3} \ln 4)/4 = 1.007$ eV，すなわち，価電子帯の頂上より 1.007 eV 上のエネルギー位置．300 K のとき，$E_F = 1.027$ eV．500 K のとき，$E_F = 1.045$ eV．

1.5 式 (1.23) と (1.25) を用いて，$n(n + N_a - N_d) = n_i^2$ が得られる．これより，$n = \{N_d - N_a + \sqrt{(N_d - N_a)^2 + 4n_i^2}\}/2$ を得る．$N_d - N_a \gg n_i$ を仮定しているので，$n \approx N_d - N_a$ が成り立つ．同様にして，$p = (N_d - N_a)\{-1 + \sqrt{1 + 4n_i^2/(N_d - N_a)^2}\}/2 \approx n_i^2/(N_d - N_a)$ を得る．ここで，$\sqrt{1+x} \approx 1 + x/2$ $(x \ll 1)$ を用いた．

2.1 式 (2.13) より，ホール係数は，$R_H = wV_H/IB = (0.2 \times 10^{-3} \cdot 20 \times 10^{-3})/(5 \times 10^{-3} \cdot 0.5) = 1.6 \times 10^{-3}$ m^3/C となる．よって，電子密度 n は $n = 1/(1.60 \times 10^{-19} \cdot 1.6 \times 10^{-3}) = 3.9 \times 10^{21}$ m^{-3} である．試料の抵抗 R は $R = l/\sigma wd$ で表されるので，導電

率は $\sigma = l/wdR = (5\times10^{-3})(5\times10^{-3}/1)/(2\times10^{-3}\cdot 0.2\times10^{-3}) = 62.5\,\mathrm{Sm^{-1}}$ となる．よって移動度 μ_n は $62.5\cdot 1.6\times10^{-3} = 0.1\,\mathrm{m^2/Vs}$ となる．$np = n_i^2$ の関係より，$p = (1.08\times10^{16})^2/3.9\times10^{21} = 3.0\times10^{10}\,\mathrm{m^{-3}}$ を得る．

2.2 $t=0$ まで n 形半導体に正孔 Δp_0 が注入されていたとする．式 (2.25) は，$dp/dt = rn_0 p_0 - rn_0(p_0+\Delta p) = -rn_0\Delta p = -\Delta p/\tau$ となり，式 (2.29) と同様の式が得られる．ここで，$\tau = 1/rn_0$ である．

2.3 定常状態なので式 (2.36) で $\partial p/\partial t = 0$ として，$(p_n(x)-p_{n0})/\tau_p = D_p d^2 p_n(x)/dx^2$ を得る．$x=0$ での正孔密度を $p_n(0)$ とおく．また，$x=\infty$ で $p_n(x) = p_{n0} = n_i^2/10^{23} = 1.2\times10^9\,\mathrm{m^{-3}}$ である．これを境界条件として上式を解くと，$p_n(x) = p_{n0} + (p_n(0)-p_{n0})\exp(-x/\sqrt{D_p\tau_p}) = 1.2\times10^9 + 10^{21}\exp(-x[\mathrm{m}]/10^{-5}) = 1.2\times10^9 + 10^{21}\exp(-x\,[\mu\mathrm{m}]/10)\,[\mathrm{m^{-3}}]$ となる．結果は図 2 のとおり．

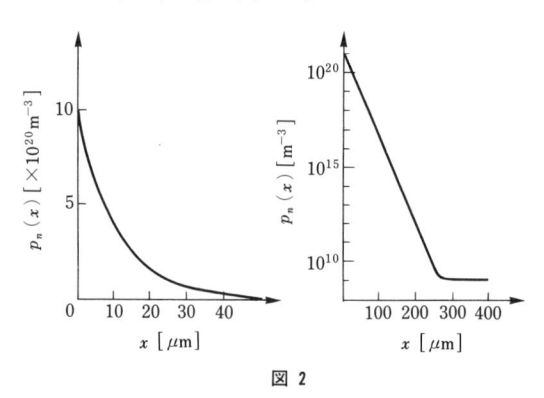

図 2

2.4 (1) 例題 2.3 より，$p_n \ll n_n$ が成り立っているので，式 (2.55) は，$F = -(D_n - D_p)(\partial p_n/\partial x)/\mu_n n_n$ と近似できる．さらに，アインシュタインの関係を用いて，$F = -(1-D_p/D_n)(\partial p_n/\partial x)kT/en_n$ となる．例題 2.3 の結果を用いて，$F = -(0.7\cdot 26\times 10^{-3}/10^{22})\{10^{19}\exp(-x\,[\mathrm{m}]/3\times 10^{-5})/4\cdot 3\times 10^{-5}\} = -0.152\exp(-x\,[\mathrm{m}]/3\times 10^{-5})[\mathrm{V/m}]$ を得る．$x=0$ では，$-0.152\,\mathrm{V/m}$．

(2) 正孔の拡散電流密度は $-eD_p(dp_n/dx) = -1.60\times 10^{-19}\cdot 9\times 10^{-4}\{10^{19}\exp(-x\,[\mathrm{m}]/3\times 10^{-5})/4\cdot 3\times 10^{-5}\} = -12\exp(-x\,[\mathrm{m}]/3\times 10^{-5})\,[\mathrm{A/m^2}]$ となる．$x=0$ では，$-12\,\mathrm{A/m^2}$．$x=0$ での正孔密度は，$7.5\times 10^{18}\,\mathrm{m^{-3}}$．正孔のドリフト電流密度は，アインシュタインの関係を用いて $ep_n\mu_p F = ep_n D_p(e/kT)F = -1.60\times 10^{-19}\cdot 7.5\times 10^{18}\cdot 9\times 10^{-4}\cdot 0.152/26\times 10^{-3} = -6.31\times 10^{-3}\,\mathrm{A/m^2}$．

(3) $x=0$ における電子の拡散電流密度は $eD_n(dn_n/dx) = 1.60\times 10^{-19}\cdot 3\times 10^{-3}(10^{19}/4\cdot 3\times 10^{-5}) = 40\,\mathrm{A/m^2}$．電子のドリフト電流密度は，$en_n\mu_n F = en_n D_n(e/kT)F = -1.60\times 10^{-19}\cdot 10^{22}\cdot 3\times 10^{-3}\cdot 0.152/26\times 10^{-3} = -28\,\mathrm{A/m^2}$．

3.1 (1) Si の場合，表 1.3 より $n_i = 1.08 \times 10^{16}$ m^{-3} なので，式 (3.68) より，$V_d = 0.026 \ln\{(2 \times 10^{22} \cdot 5 \times 10^{24})/(1.08 \times 10^{16})^2\} = 0.89$ V．ここで，室温では $kT/e = 26$ mV であることを用いている．(2) Ge の場合，$n_i = 2.3 \times 10^{19}$m^{-3} なので，$V_d = 0.50$ V．

3.2 前問の解より，$V_d = 0.89$V．式 (3.64) および (3.66) より $d = [\{2 \cdot 11.9 \cdot 8.85 \times 10^{-12}(2 \times 10^{22} + 5 \times 10^{24})(V_d - V)\}/(1.60 \times 10^{-19} \cdot 2 \times 10^{22} \cdot 5 \times 10^{24})]^{1/2} = 2.57 \times 10^{-7}\sqrt{V_d - V[\text{V}]}$[m] および，$C = 4.10 \times 10^{-4}/\sqrt{V_d - V[\text{V}]}$ [F/m^2] が成り立つ．以上より，(1) $d = 2.4 \times 10^{-7}$m $= 0.24\mu$m．$C = 4.3 \times 10^{-4}$ F/m^2．(2) $V_d - V = 5.89$ V なので，$d = 0.62~\mu$m．$C = 1.7 \times 10^{-4}$ F/m^2．

3.3 式 (3.75) より，$V_b = \{11.9 \cdot 8.85 \times 10^{-12}(2 \times 10^{22} + 5 \times 10^{24})\}(3 \times 10^7)^2/(2 \cdot 1.60 \times 10^{-19} \cdot 2 \times 10^{22} \cdot 5 \times 10^{24}) = 15$V．

3.4 問題 3.1 に示した不純物濃度から，$p_{p0} \ll n_{n0}$ なので，$np = n_i^2$ の関係を用いて，$n_{p0} \gg p_{n0}$ が成り立つ．よって，式 (3.93) は次のように簡単化できる．$C_d/S = (e^2/2kT)(L_n n_i^2/p_{p0})\exp(eV_{DC}/kT) = (1.60 \times 10^{-19}/2 \cdot 0.026)\{5 \times 10^{-6}(1.08 \times 10^{16})^2/2 \times 10^{22}\}\exp(V_{DC}/0.026) = 8.97 \times 10^{-14}\exp(V_{DC}[\text{V}]/0.026)[\text{F/m}^2]$．ここで，室温で $kT/e = 0.026$ V を用いた．(1) $V_{DC} = 0$ より，$C_d/S = 9.0 \times 10^{-14}$F/m^2．(2) $V_{DC} = 0.6$ V より，$C_d/S = 9.4 \times 10^{-4}$F/m^2．問題 3.2 で求めた空乏層容量と同程度であることに注意．

3.5 p 領域の導電率は $ep\mu_p = 1.60 \times 10^{-19} \cdot 10^{22} \cdot 3 \times 10^{-2} = 48$ Sm^{-1}，n 領域の導電率は $en\mu_n = 1.60 \times 10^{-19} \cdot 5 \times 10^{20} \cdot 0.1 = 8$ Sm^{-1}．断面積 S，長さ l の直方体では $I/V = \sigma S/l$，よって，$V = (I/S)(l/\sigma)$．p 領域の電圧降下は，$10 \cdot 10^{-3}/48 = 2.1 \times 10^{-4}$ V．n 領域の電圧降下は，$10 \cdot 10^{-3}/8 = 1.3 \times 10^{-3}$ V．ともに，0.3 V より十分小さく，印加電圧は空乏層のみに印加されているとみなせる．

4.1 (1) 式 (4.17) より，空乏層幅 W は $W = \sqrt{2\varepsilon_s\varepsilon_0(V_d - V)/eN_d} = \{2 \cdot 11.9 \cdot 8.85 \times 10^{-12}(0.4 - V[\text{V}])/(1.60 \times 10^{-19} \cdot 10^{23})\}^{1/2} = 1.15 \times 10^{-7}\sqrt{0.4 - V[\text{V}]}$ となる．$V = 0$V のとき，$W = 7.3 \times 10^{-8}$ m．$V = -5$ V のとき，$W = 2.7 \times 10^{-7}$ m．(2) 式 (4.19) より，$1/C^2 = 2(0.4 - V[\text{V}])/(11.9 \cdot 8.85 \times 10^{-12} \cdot 1.60 \times 10^{-19} \cdot 10^{23}) = 1.2 \times 10^6(0.4 - V[\text{V}])[\text{F}^{-2}~\text{m}^4]$ となる．結果を図 3 (次頁) に示す．

4.2 (1) 蓄積状態なので400pF は絶縁膜容量である．$C = \varepsilon_r\varepsilon_0 S/t_i$ より絶縁膜の膜厚 $t_i = \varepsilon_r\varepsilon_0 S/C = 3.9 \cdot 8.85 \times 10^{-12}(0.5 \times 10^{-3})^2\pi/400 \times 10^{-12} = 6.8 \times 10^{-8}$m=68 nm となる．(2) MIS 構造の空乏層はショットキー接触における空乏層と同じように扱える．式 (4.19) より，単位面積当たりの容量 $C_s = \varepsilon_s\varepsilon_0/W = 11.9 \cdot 8.85 \times 10^{-12}/10^{-6} = 1.05 \times 10^{-4}$ [Fm^{-2}] となる．空乏層容量は $1.05 \times 10^{-4} \cdot (0.5 \times 10^{-3})^2\pi = 8.25 \times 10^{-11}$F．よって，MOS 構造の容量は $1/\{(400 \times 10^{-12}) + 1/(8.25 \times 10^{-11})\} =$

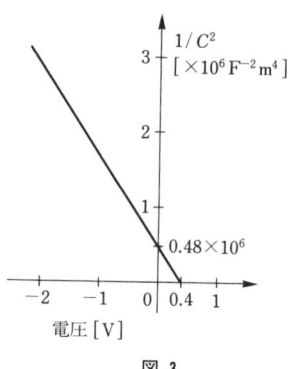

図 3

6.8×10^{-11} F = 68 pF.

4.3 図 4 参照

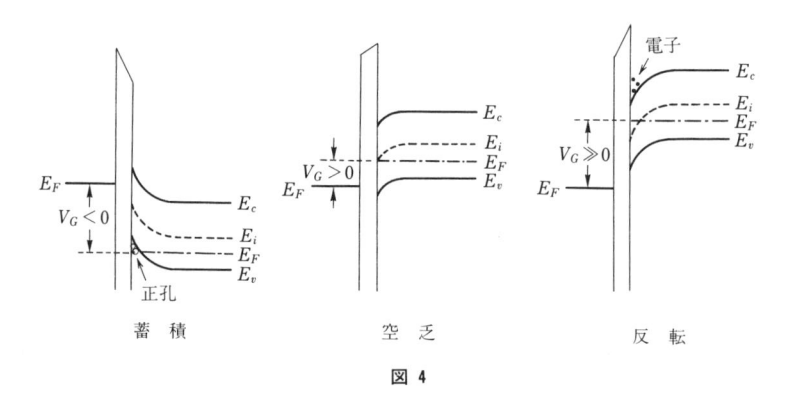

図 4

5.1 $\alpha_{cb}^{DC} = I_c/I_b$ の両辺を I_c で偏微分すると，$I_b \partial \alpha_{cb}^{DC}/\partial I_c = 1 - (I_c/I_b)\partial I_b/\partial I_c = 1 - \alpha_{cb}^{DC}/\alpha_{cb}$ が成り立つ．これより，$\alpha_{cb} = \alpha_{cb}^{DC}/(1 - I_b \partial \alpha_{cb}^{DC}/\partial I_c)$ が成り立つ．直流電流増幅率 α_{cb}^{DC} にコレクタ電流依存性が無い場合 $\alpha_{cb}^{DC}/\partial I_c = 0$ なので，$\alpha_{cb} = \alpha_{cb}^{DC}$ が成り立つ．

5.2 略 (5.2 節参照)

5.3 (1) 式 (5.22) より注入率 $\gamma = 1 - 10^{23} \cdot 8 \times 10^{-3} \cdot 10^{-6}/(10^{26} \cdot 0.02 \cdot 4 \times 10^{-7}) = 0.999$ を得る．到達率は式 (5.16) より，$\beta = 1 - (10^{-6}/5 \times 10^{-6})^2/2 = 0.98$ を得る．以上より，エミッタ接地の場合の電流増幅率 $\alpha_{cb} = 0.999 \cdot 0.98/(1 - 0.999 \cdot 0.98) = 46.7$ となる．

演習解答

(2) 式 (3.64) より, 空乏層幅 $d = \{2 \cdot 12.0 \cdot 8.85 \times 10^{-12}(10^{23} + 8 \times 10^{21})(V_d - V)/1.60 \times 10^{-19} \cdot 10^{23} \cdot 8 \times 10^{21}\}^{1/2} = 4.23 \times 10^{-7}(V_d - V \text{ [V]})^{1/2}$ [m]. また, 式 (3.58) より, ベース側への空乏層の広がり幅 $d_p = 8 \times 10^{21}/(10^{23} + 8 \times 10^{21})4.23 \times 10^{-7}(V_d - V \text{ [V]})^{1/2} = 3.13 \times 10^{-8}\sqrt{V_d - V \text{ [V]}}$ [m]. 式 (3.68) より, $V_d = 0.026 \ln\{10^{23} \cdot 8 \times 10^{21}/(1.4 \times 10^{16})^2\} = 0.755$ V. よって, $V = 0$ V のとき $d = 3.7 \times 10^{-7}$ m, $d_p = 2.7 \times 10^{-8}$ m. $V = -5$V のとき $d = 1.0 \times 10^{-6}$m, $d_p = 7.5 \times 10^{-8}$ m となる.

(3) アインシュタインの関係を用いて $\tau_b = w^2/2D = w^2 e/2\mu kT = (10^{-6})^2/(2 \cdot 0.02 \cdot 0.026) = 9.6 \times 10^{-10}$s. (2) の結果から, 空乏層幅は 1.0×10^{-6}m. $\tau_c = 1.0 \times 10^{-6}/(2 \cdot 8 \times 10^4) = 6.3 \times 10^{-12}$s.

5.4 エミッタ接合をショットキー接触にすると, エミッタからベースへの少数キャリアの注入がほとんど起こらず, トランジスタ動作をしない. コレクタ接合は, ベースに注入された少数キャリアを引き抜く役割をしているので, ショットキー接触でも動作する.

6.1 (1) 式 (6.9) で $V_g - V_t = 2$V. $I_d^{\text{sat}} = 0.07 \cdot 2 \times 10^{-5} \cdot 3.9 \cdot 8.85 \times 10^{-12} \cdot 2^2/(2 \cdot 1.5 \times 10^{-6} \cdot 4 \times 10^{-8}) = 1.6 \times 10^{-3}$A. (2) 式 (6.12) より, $g_m = 0.07 \cdot 2 \times 10^{-5} \cdot 3.9 \cdot 8.85 \times 10^{-12} \cdot 2/(1.5 \times 10^{-6} \cdot 4 \times 10^{-8}) = 1.6 \times 10^{-3}$ S. (3) 式 (6.16) より, $f_0 = 0.07 \cdot 2/(1.5 \times 10^{-6})^2 = 6.2 \times 10^{10}$. 62 GHz.

6.2 $V_g = V_d$ より, $\sqrt{I_d} \propto (V_g - 1.5)$ であるので, 飽和領域でのドレイン特性式 (6.9) を用いることができる. $I_d = \mu W C_i (V_g - V_t)^2/2L$ となる. (1) しきい電圧は 1.5 V. (2) $\mu W C_i/2L = 0.034^2$ [A/V^2] が成り立つので, $\mu = 0.034^2 \cdot 2L/WC_i = 0.034^2 \cdot 2 \cdot 1.5 \times 10^{-6} \cdot 10^{-8}/(2 \times 10^{-5} \cdot 3.9 \cdot 8.85 \times 10^{-12}) = 0.050$ m^2/Vs を得る.

6.3 式 (6.22) の結果 $g'_m = g_m/(1 + R_s g_m)$ を図示すると図 5 のようになり, g'_m は g_m の増大とともに, 飽和する. V_g の増大により g_m が増大すると, g'_m の g_m に対する低下の度合いはより大きくなる.

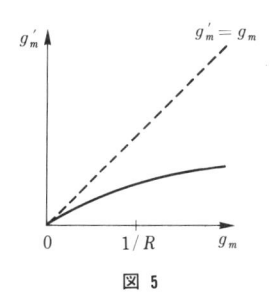

図 5

7.1 $C = \varepsilon_r \varepsilon_0 S/t_i$ より、求める面積 S は $S = Ct_i/\varepsilon_r \varepsilon_0 = 100 \times 10^{-12} \cdot 5 \times 10^{-8}/(3.9 \cdot 8.85 \times 10^{-12}) = 1.45 \times 10^{-7} \mathrm{m}^2 = 0.145\ \mathrm{mm}^2$.

7.2 ベース–コレクタ間を短絡する方がよい。(理由) エミッタ接合をダイオードに用いる場合、順方向バイアスを印加すると少数キャリアがベース領域に注入される。ベース–コレクタ間が開放されていると、注入されたキャリアはベース内で再結合する必要がある。このため、ベース抵抗による電圧降下と、少数キャリアの蓄積を引き起こしてしまい、直流特性と交流特性の両方が劣化する。一方、ベース–コレクタ間が短絡されていると、注入された少数キャリアはコレクタ領域に流れ込み、前述の効果を引き起こさない。

7.3 (1) 式 (7.1) と同様に考えて、ΔQ_b が流れ出たときの電位 V_b は $V_b = \Delta Q_b/(C_s + C_B)$、$\Delta Q_d$ が流れ出たときの電位 V_d は $V_d = \Delta Q_d/(C_s + C_B)$ になる。(2) ビット線 1, 2 が同じ構造とすると、2つのビット線を短絡することにより容量は $2C_B$ となる。また、読み出し時には、強誘電体コンデンサは並列接続になる。したがって、短絡したビット線に現れる基準電位 V_{ref} は、$V_{\mathrm{ref}} = (\Delta Q_b + \Delta Q_d)/(2C_s + 2C_B) = (V_b + V_d)/2$ となる。

8.1 図 8.3(a) と (b) の比較から、接合 J_2 でなだれ増倍により増加した電子正孔対のうち、電子は $p_1n_1p_2$ のベース(n_1)に、正孔は $n_2p_2n_1$ のベース(p_2)に流れ込む。ベース電流の流入は両トランジスタのコレクタ電流の増大を招く。コレクタ電流は互いのベース電流となっているので、正帰還現象が起こり、大きなコレクタ電流が流れる。

8.2 図 8.14(a) の場合、p 形ベース、n 形コレクタ、p 形基板の間で寄生バイポーラトランジスタができている。これと、本来の npn バイポーラトランジスタでサイリスタが構成されている。(b) の CMOS では、pMOS ソース、n 形基板、p ウェル、nMOS ソースでサイリスタが構成される。

8.3 $N_d \gg N_a$ として式 (8.7) と同様に、$N_a = \varepsilon_s \varepsilon_0 F_b^2/2eV_b = 11.9 \cdot 8.85 \times 10^{-12}(3 \times 10^7)^2/(2 \cdot 1.60 \times 10^{-19} \cdot 200) = 1.48 \times 10^{21} \mathrm{m}^{-3}$ を得る。(2) 式 (8.6) より、$R_{\mathrm{on}} = 4 \cdot 200^2/\{11.9 \cdot 8.85 \times 10^{-12} \cdot 0.04 \cdot (3 \times 10^7)^3 \cdot 1 \times 10^{-4}\} = 1.4 \times 10^{-2} \Omega$ となる。(3) $P = I^2 R$ より、$100^2 \cdot 1.4 \times 10^{-2} = 140\ \mathrm{W}$ の熱が発生する。

8.4 構造上 $\mathrm{n^+p(n^-n^+)}$ バイポーラトランジスタができている。この寄生トランジスタの動作を抑制するために、ソースとチャネル用の p 領域を短絡し、寄生トランジスタのエミッタからベースへのキャリア注入が起こらないようにしている。

9.1 (1) 例題 9.1 より $I_A = I_0 - I_T - I_R = I_0 - I_0(1-R)^2 \exp(-\alpha L)/\{1 - R^2 \exp(-2\alpha L)\} - I_0 R\{1 + (1-2R)\exp(-2\alpha L)\}/\{1 - R^2 \exp(-2\alpha L)\} = I_0(1-R)\{1 - \exp(-\alpha L)\}/\{1 - R^2 \exp(-\alpha L)\}$. (2) $\alpha = 0$ のとき、透過率 $I_T/I_0 = (1-R)/(1+R)$、反射率

$I_R/I_0 = 2R/(1+R)$.

9.2 (1) 式 (9.2) より，$1/1.8 \times 10^6 = 5.6 \times 10^{-7}$ m で光強度は $1/e = 0.37$，1.7×10^{-6} m で 0.05 に減衰する．(2) (1) で求めた侵入深さに比べて，Si の厚みは十分大きく，Si に侵入した光はすべて，Si に吸収され，例題 9.1 の繰り返し反射は起こらない．波長 500 nm の光子のエネルギーは，2.48 eV $= 3.97 \times 10^{-19}$ J，500 W/m^2 は光子数にして $500/3.97 \times 10^{-19} = 1.26 \times 10^{21}$ m^{-2}s^{-1} にあたる．このうち，$1.26 \times 10^{21} \cdot 0.59 = 7.43 \times 10^{20}$ m^{-2}s^{-1} が Si 内に侵入する．対生成の量子効率を 1 とすると，$g = 7.43 \times 10^{20}$ m^{-2}s^{-1}．

9.3 太陽電池の出力は $850 \cdot 10 \times 10^{-4} \cdot 0.1 = 0.085$ W．$P = I^2 R = V^2/R$ より，出力電流は 217 mA，出力電圧は 0.391 V．

9.4 式 (9.21) で，定常状態を考えると，$dn/dt = 0$．よって，$Cn^2 = g$．すなわち，$n \propto \sqrt{g}$．ここで，g は単位時間，単位体積当たりに生成している電子正孔対の数であるので，光強度 Φ との間には $g \propto \Phi$ の関係がある．導電率は $\sigma = e(p\mu_p + n\mu_n)$ で表せる．また，問題の条件では $n = p$ といえる．したがって，$\sigma \propto \sqrt{\Phi}$ の関係が成り立ち，光電流は光強度の平方根に比例する．

10.1 例題 10.1 より λ [nm] $= 1.24 \times 10^3/E$ [m]．1.42 eV は 873 nm，2.26 eV は 549 nm，3.44 eV は 360 nm に対応する．

10.2 式 (10.3) で $m = m_1$ に対応する波長を λ_m，$m = m_1 + 1$ に対応する波長を λ_{m+1} とする．縦モードの間隔 $\Delta\lambda$ は $\Delta\lambda = \lambda_m - \lambda_{m+1} = 2nl/m_1(m_1+1) \approx 2nl/m_1^2$ で表される．ここで，通常 $l \gg \lambda/n$ なので，$m_1 \gg 1$ と近似した．$\lambda_{m+1} \approx \lambda_m \equiv \lambda$ から，$\Delta\lambda \approx \lambda^2/2nl$ が得られる．$l = 0.2 \times 10^{-3}$ m，$n = 3.9$，$\lambda = 860 \times 10^{-9}$ m を代入すると，$\Delta\lambda = 4.7 \times 10^{-10}$ m $= 0.47$ nm となる．

10.3 (1) 活性層の両側には pnpn 構造ができている．この構造では印加される電圧の極性に関わらず逆バイアスされるダイオードが存在するので，電流が流れにくい．このため，活性層に電流が効率よく流れる．(2) 例題 8.1 より pnpn 素子がターンオンするのは，$1/M = \alpha_1 + \alpha_2$ が成り立つときである．ここで α_1 は p$_1$n$_1$p$_2$ トランジスタの電流増幅率，α_2 は n$_2$p$_2$n$_1$ トランジスタの電流増幅率である．この条件を成立させない方法の一つは，α_1 および α_2 を小さくすることである．そのためには，p$_1$n$_1$p$_2$ トランジスタのベース層 n$_1$ の膜厚または不純物濃度を大きくする．または，n$_2$p$_2$n$_1$ トランジスタのベース層 p$_2$ の膜厚または不純物濃度を大きくする．

索　　引

〈ア　行〉

アイソプレーナ ……………………… 140
アクセプタ …………………………… 12
アノード ……………………………… 157
アバランシェホトダイオード ……… 184
アーリ効果 …………………………… 109
暗導電率 ……………………………… 176
イオン打ち込み法 …………………… 94
イオン化エネルギー ………………… 6
イオン結合 …………………………… 2
位相空間 ……………………………… 14
インジウムリン ……………………… 3
インバータ …………………………… 115
ウェル ………………………………… 145
エネルギー準位 ……………………… 6
エネルギー帯 ………………………… 7
エミッタ ……………………………… 95
エミッタ接地 ………………………… 96
エミッタ電流集中 …………………… 108
演算増幅器 …………………………… 139
エンハンスメント形 ………………… 124
帯間遷移 ……………………………… 173
帯構造 ………………………………… 7
オーム性接触 ………………………… 78

〈カ　行〉

外因性光導電 ………………………… 178
外因性半導体 ………………………… 11
階段接合 ……………………………… 61
開放電圧 ……………………………… 179
界面準位 ……………………………… 88
カーク効果 …………………………… 113
拡散アドミタンス …………………… 70
拡散距離 ……………………………… 52
拡散長 ………………………………… 52
拡散定数 ……………………………… 32
拡散電位 …………………………… 46, 79
拡散電流 ……………………………… 32
拡散方程式 …………………………… 38
拡散容量 ……………………………… 71
過剰少数キャリア …………………… 50
カソード ……………………………… 157
活　性 ………………………………… 117
活性層 ………………………………… 195
価電子帯 ……………………………… 7
可変容量ダイオード ………………… 65
ガリウムヒ素 ………………………… 3
間接再結合 …………………………… 39
間接遷移 ……………………………… 175
緩和時間 ……………………………… 26
基礎吸収 ……………………………… 173
基底状態 ……………………………… 6
揮発性メモリ ………………………… 145
逆接続 ………………………………… 117
逆導通形 SCR ………………………… 162
逆方向阻止電圧 ……………………… 158
逆方向バイアス ……………………… 47
キャリア ……………………………… 9
キャリア閉じ込め ……………… 119, 195
吸収係数 ……………………………… 171
吸収端 ………………………………… 173
共有結合 ……………………………… 2
強誘電体メモリ ……………………… 150

索　引

局在準位	39
曲線因子	180
許容帯	7
禁制帯	7
禁制帯幅	8
空格子点	4
クラッド層	195
蛍光	187
傾斜接合	64
結晶	2
空乏	90
空乏層	46
空乏層容量	63
ゲート	159
ゲートアレイ	153
ゲルマニウム	3
高移動度トランジスタ	135
光起電	175
格子間原子	4
格子欠陥	4
格子振動	25
格子定数	3
高注入	58
光電効果	175
光電子放出	175
抗電力	150
光導電	175
光導電セル	183
降伏	65
コヒーレント	193
コレクタ	95
コレクタ接地	96

〈サ 行〉

再結合中心	39
再結合電流	57
最高発振周波数	113
サイリスタ	156

酸化物	89
残留分極	150
しきい値電流	194
しきい値利得	193
しきい電圧	123
仕事関数	78
自然放出	191
自発分極	150
遮断	115
遮断周波数	112
集積回路	139
自由電子	8
充満帯	7
寿命	36
順方向バイアス	47
少数キャリア	12
少数キャリアの蓄積効果	71
状態密度	14
障壁高さ	79
障壁容量	63, 85
ショックレイダイオード	157
シリコン	2
真空準位	78
真性キャリア密度	19
真性光導電効果	177
真性半導体	10
真性領域	31
スイッチング電圧	158
スケーリング	130
スナバ回路	161
正孔	9
正孔トラップ	39
生成電流	57
静電誘導トランジスタ	137
整流性接触	78
絶縁ゲートバイポーラトランジスタ	163
接合形電界効果トランジスタ	132
閃亜鉛鉱構造	3

遷移 8
占有確率 14
相互コンダクタンス 127
増倍因子 67
相補 143
ソース 122

〈タ 行〉

大規模集積回路 139
ダイヤモンド構造 3
太陽電池 179
多結晶 2
多重量子井戸 199
多数キャリア 12
縦モード 196
ダブルヘテロ構造 195
ダーリントン接続 164
ターンオフ時間 159
ターンオン 158
ターンオン時間 159
単結晶 2
短チャネル効果 129
短絡エミッタ構造 160
短絡電流 179
置換形 4
蓄積 90
蓄積時間 74
チャネルストッパ 144
中性領域 47
注入 50
注入形エレクトロルミネセンス ... 188
注入率 104
超階段接合 65
直接再結合 39
直接遷移 174
直列抵抗効果 60
ツェナーダイオード 67
ツェナー破壊 66

ディジタルシグナルプロセッサ ... 153
定電圧ダイオード 67
ディプレション形 124
出払い領域 31
転位 4
電位障壁 79
電荷結合デバイス 151
点欠陥 4
点弧 158
電子親和力 79
電子トラップ 39
電流増幅率 97
透過率 170
到達率 103
導電帯 8
ドナー 11
トライアック 162
ドリフト移動度 27
ドリフトトランジスタ 115
ドレイン 122
トレンチ 140
トンネルダイオード 75

〈ナ 行〉

なだれ破壊 66
2次元電子ガス 136
熱電子放出モデル 82
ノーマリオフ 124
ノーマリオン 124

〈ハ 行〉

バイポーラ 95
バイポーラ作用 158
バイポーラ集積回路 140
破壊 65
破壊電圧 66
薄膜トランジスタ 131
刃状転位 4

発光ダイオード ……………………188
発振開始電流 ………………………194
反射率 ………………………………170
半絶縁性 ……………………………133
パンチスルー ………………………109
反　転 ………………………………… 90
反転層 ………………………………… 89
反転分布 ……………………………192
光サイリスタ ………………………161
光閉じ込め …………………………195
非晶質 …………………………………… 2
非晶質 Si ……………………………182
非放射形遷移 ………………………187
標準セル ……………………………153
表面再結合速度 ……………………… 40
表面準位 ……………………………… 88
ピンチオフ …………………………123
ファブリ・ペロー形共振器 ………192
フィールド酸化膜 …………………144
フェルミ準位 ………………………… 16
フェルミ・ディラック ……………… 16
負温度 ………………………………192
深い準位 ……………………………… 39
不揮発性メモリ ……………………146
不純物原子 …………………………… 4
不純物領域 …………………………… 31
浮遊ゲート MOS ……………………148
フラッシュメモリ …………………149
フラットバンド電圧 ………………… 93
分布帰還形 …………………………198
分　離 ………………………………140
平均自由行程 ………………………… 26
ベース ………………………………… 95
ベース接地 …………………………… 96
ベース抵抗 …………………………… 99
ベース幅変調 ………………………108
ヘテロ接合 …………………………118
ヘテロバイポーラトランジスタ …120

変換効率 ……………………………180
変調ドーピング ……………………135
ポアソンの方程式 …………………… 61
放射形遷移 …………………………187
飽　和 ………………………………116
飽和形動作 …………………………117
飽和電流密度 ………………………… 54
飽和ドリフト速度 …………………114
捕獲断面積 …………………………… 40
保持電圧 ……………………………158
保持電流 ……………………………158
補償形 ………………………………… 23
ホトトランジスタ …………………185
ホトリソグラフィ …………………141
ホノン ………………………………… 25
ホモ接合 ……………………………118
ホール移動度 ………………………… 30
ホール係数 …………………………… 30
ホール効果 …………………………… 29
ホール電圧 …………………………… 29
ポンピング …………………………192

〈マ　行〉

マイクロコントローラ ……………153
マイクロプロセッサ ………………140
マクスウェル・ボルツマン ………… 16
マスク ROM …………………………146
マスタスライス ……………………153
メモリ ………………………………140
面　心 ………………………………… 3
面心立方格子 ………………………… 3
モノリシック集積回路 ……………139

〈ヤ　行〉

有効質量 ……………………………… 13
有効状態密度 ………………………… 18
誘電緩和 ……………………………… 42
誘電緩和時間 ………………………… 42

誘導吸収 ………………………… 191
誘導放出 ………………………… 191
ユーザ書き込み ………………… 153
横モード ………………………… 197

〈ラ　行〉

らせん転位 ……………………… 4
理想因子 ………………………… 58
リチャードソン定数 …………… 83
立　方 …………………………… 3
利　得 …………………………… 193
利得係数 ………………………… 177
量子井戸レーザ ………………… 199
リン光 …………………………… 187
ルミネセンス …………………… 187
励　起 …………………………… 11
励起子 …………………………… 173
励起状態 ………………………… 6
レーザ …………………………… 192
連続の方程式 …………………… 37
六　方 …………………………… 3

〈ワ　行〉

割り込み形 ……………………… 4

〈英　名〉

AM 数 …………………………… 181
APD ……………………………… 185
ASIC ……………………………… 153
Bi-CMOS ………………………… 152
BSF ……………………………… 182
CMOS …………………………… 143
DMOSFET ……………………… 165
DRAM …………………………… 146
ECL ……………………………… 117
EEPROM ………………………… 148
EPROM ………………………… 148
GaN ……………………………… 190

GaP ……………………………… 190
GTO サイリスタ ………………… 156
HEMT …………………………… 135
IGBT ……………………………… 156
LOCOS …………………………… 144
LSI ………………………………… 139
MESFET ………………………… 133
MIS ……………………………… 89
MISFET ………………………… 122
MNOS …………………………… 149
MODFET ………………………… 135
MOS ……………………………… 89
MOS 集積回路 …………………… 140
MOSFET ………………………… 122
n 形半導体 ……………………… 12
n チャネル ……………………… 122
n チャネル MOS ………………… 143
npn 形 …………………………… 95
p 形半導体 ……………………… 12
p チャネル ……………………… 122
p チャネル MOS ………………… 143
pin ホトダイオード …………… 184
PLD ……………………………… 153
pn 接合 …………………………… 45
pn 分離 …………………………… 140
pn ホトダイオード ……………… 184
pnp 形 …………………………… 95
pnpn スイッチ素子 ……………… 157
RAM ……………………………… 146
SCR ……………………………… 158
SIT ……………………………… 137
SOI ……………………………… 131
SRAM …………………………… 146
TTL ……………………………… 117
UMOSFET ……………………… 165
VDMOSFET …………………… 166
VLSI ……………………………… 139
VMOSFET ……………………… 165

〈著者紹介〉

松波 弘之（まつなみ　ひろゆき）
　１９６４年　京都大学大学院工学研究科修士課程修了
　専門分野　半導体工学
　現　在　京都大学名誉教授．工学博士

吉本 昌広（よしもと　まさひろ）
　１９８８年　京都大学大学院工学研究科博士後期課程修了
　専門分野　半導体工学
　現　在　京都工芸繊維大学大学院工芸科学研究科電子システム工学部門教授．工学博士

series 電気・電子・情報系 ⑦
半導体デバイス
　　　　　　　　　　　　　　　　　　　　　　　　検印廃止

2000年4月10日　初版1刷発行	著　者	松波　弘之　© 2000
2024年3月1日　初版18刷発行		吉本　昌広
	発行者	南條　光章
	発行所	共立出版株式会社
		〒112-0006
		東京都文京区小日向4丁目6番19号
		電話 03-3947-2511　振替 00110-2-57035
		URL　www.kyoritsu-pub.co.jp

印刷：加藤文明社/製本：ブロケード
NDC 549.8/Printed in Japan

一般社団法人
自然科学書協会
会員

ISBN 978-4-320-08582-4

[JCOPY] <出版者著作権管理機構委託出版物>
本書の無断複製は著作権法上での例外を除き禁じられています．複製される場合は，そのつど事前に，出版者著作権管理機構（TEL：03-5244-5088，FAX：03-5244-5089，e-mail：info@jcopy.or.jp）の許諾を得てください．

■電気・電子工学関連書

www.kyoritsu-pub.co.jp　**共立出版**

次世代ものづくりのための 電気・機械一体モデル (共立SS 3)	長松昌男著
演習 電気回路	庄 善之著
テキスト 電気回路	庄 善之著
エッセンス電気・電子回路	佐々木浩一他著
詳解 電気回路演習 上・下	大下眞二郎著
大学生のための電磁気学演習	沼居貴陽著
大学生のためのエッセンス電磁気学	沼居貴陽著
入門 工系の電磁気学	西浦宏幸他著
基礎と演習 理工系の電磁気学	高橋正雄著
詳解 電磁気学演習	後藤憲一他共編
わかりやすい電気機器	天野耀鴻他著
論理回路 基礎と演習	房岡 璋他共著
電子回路 基礎から応用まで	坂本康正著
学生のための基礎電子回路	亀井且有著
本質を学ぶためのアナログ電子回路入門	宮入圭一監修
マイクロ波回路とスミスチャート	谷口慶治他著
大学生のためのエッセンス量子力学	沼居貴陽著
材料物性の基礎	沼居貴陽著
半導体LSI技術 (未来へつなぐS 7)	牧野博之他著
Verilog HDLによるシステム開発と設計	高橋隆一著
マイクロコンピュータ入門 高性能な8ビットPICマイコンのC言語によるプログラミング	森元 逞他著
デジタル技術とマイクロプロセッサ (未来へつなぐS 9)	小島正典他著
液晶 基礎から最新の科学とディスプレイテクノロジーまで (化学の要点S 19)	竹添秀男他著
基礎制御工学 増補版 (情報・電子入門S 2)	小林伸明他著
PWM電力変換システム パワーエレクトロニクスの基礎	谷口勝則著
情報通信工学	岩下 基著
新編 図解情報通信ネットワークの基礎	田村武志著
電磁波工学エッセンシャルズ 基礎からアンテナ・伝送線路まで	左貝潤一著
小形アンテナハンドブック	藤本京平他編著
基礎 情報伝送工学	古賀正文他著
モバイルネットワーク (未来へつなぐS 33)	水野忠則他監修
IPv6ネットワーク構築実習	前野譲二他著
複雑系フォトニクス レーザカオスの同期と光情報通信への応用	内田淳史著
ディジタル通信 第2版	大下眞二郎他著
画像処理 (未来へつなぐS 28)	白鳥則郎監修
画像情報処理 (情報工学テキストS 3)	渡部広一著
デジタル画像処理 (Rで学ぶDS 11)	勝木健雄他著
原理がわかる信号処理	長谷山美紀著
信号処理のための線形代数入門 特異値解析から機械学習への応用まで	関原謙介著
デジタル信号処理の基礎 例とPythonによる図で説く	岡留 剛著
ディジタル信号処理 (S知能機械工学 6)	毛利哲也著
ベイズ信号処理 信号・ノイズ・推定をベイズ的に考える	関原謙介著
統計的信号処理 信号・ノイズ・推定を理解する	関原謙介著
電気系のための光工学	左貝潤一著
医用工学 医療技術者のための電気・電子工学 第2版	若松秀俊他著